甲殻類学

エビ・カニとその仲間の世界

朝倉 彰 編著

東海大学出版部

Biology of crustaceans—recent topics
edited by Akira ASAKURA

Tokai University Press, 2003
ISBN978-4-486-01611-3

Plate 1

鰓脚綱とムカデエビ綱　1-A．ホウネンエビ（鰓脚綱　無甲目）［写真：山崎浩二］　1-B．カブトエビ（鰓脚綱　背甲目）［写真：山崎浩二］　1-C．ミスジヒメカイエビ（鰓脚綱　双殻目）［写真：齋藤暢宏］　1-D．ヤマトヒメカイエビ（鰓脚綱　双殻目）［写真：齋藤暢宏］　1-E．カイエビ（鰓脚綱　双殻目）［写真：山崎浩二］　1-F．ミジンコ（鰓脚綱　双殻目）［写真：林紀男］　1-G．ムカデエビの一種 Speleonectes ondinae（ムカデエビ綱）．スミソニアン自然史博物館蔵 USNM 216979［写真：朝倉彰］

Plate 2

顎脚綱と貝形虫綱 2-A. ルソンヒトデシダムシ（顎脚綱 鞘甲亜綱 嚢胸下綱），ルソンヒトデに寄生している［写真：藤田喜久・Mark J. Gryger］ 2-B. ウンモンフクロムシ（顎脚綱 鞘甲亜綱 蔓脚下綱 根頭上目），イソガニに寄生している［写真：齋藤暢宏］ 2-C. 同．カニからはずしたところ［写真：齋藤暢宏］ 2-D. チョウ（顎脚綱 鰓尾亜綱）［写真：齋藤暢宏］ 2-E. オンケア属の一種 Oncaea venusta（顎脚綱 カイアシ亜綱），浮遊生活性のコペポーダ［写真：齋藤暢宏］ 2-F. ノルドマンウオジラミ（顎脚綱 カイアシ亜綱），寄生生活性のコペポーダ［写真：齋藤暢宏］ 2-G. スカシソコミジンコの一種（顎脚綱 カイアシ亜綱），底生生活性のコペポーダ［写真：齋藤暢宏］ 2-H. ウミホタル（貝形綱 ミオドコーパ亜綱）［写真：齋藤暢宏］ 2-I. ナガカイミジンコ（貝形虫綱 ポドコーパ亜綱）［写真：齋藤暢宏］

Plate 3

軟甲綱 3-A. コノハエビ（軟甲綱　コノハエビ亜綱）[写真：齋藤暢宏] 3-B. ムカシエビの一種 *Allanaspides helionoma*（軟甲綱　真軟甲亜綱　ムカシエビ上目　ムカシエビ目），全長約14mm，スミソニアン自然史博物館蔵 USNM291482 [写真：朝倉彰] 3-C. オオベニアミの一種 *Gnathophausia gigas*（軟甲綱　真軟甲亜綱　フクロエビ上目　ロホガステル目）[写真：齋藤暢宏] 3-D. ニホンイサザアミ（軟甲綱　真軟甲亜綱　フクロエビ上目　アミ目）[写真：齋藤暢宏] 3-E. オオタルマワシ（軟甲綱　真軟甲亜綱　フクロエビ上目　端脚目のクラゲノミ類）[写真：齋藤暢宏] 3-F. キスイタナイス（軟甲綱　真軟甲亜綱　フクロエビ上目　タナイス目）[写真：齋藤暢宏] 3-G. オキアミの一種 *Thysanopoda monacantha*（軟甲綱　真軟甲亜綱　エビ上目　オキアミ目）[写真：齋藤暢宏]

Plate 4

4-A. モノワレカラの子守. いずれの写真でも, 右側に母親の頭部が位置している. 白っぽく見える眼に注意するとわかるはずである. 周辺の白い糸くずのようなものが幼体である. 幼体はやがて脱皮成長し, 母親の周囲を歩きまわるようになる(右)が, 母親が警戒して触角を振ると, 戻ってきて再び母親の体につかまる(左). やがて大きさが4mmをこえる頃になると分散していく. 九州天草の藻場で潜水撮影した. 水深約2m. 2章の図1A, 図2A参照
4-B. マギレワレカラの子守. 左下から右上にかけて見える太い枝のように見えるのが母親の体. 右上の方に白っぽい眼がある. 母親の体の後部周辺に群がっているのが幼体である. 幼体は体長約1mmで生まれてから, 5mm近い大きさになってもまだ母親の周辺に留まっている. しかし, 成熟する前には母親のもとを去り, 分散していく. 九州天草の藻場で潜水撮影した. 水深約2m. 2章の図2B参照
4-C. オオタルマワシの子守. トロール網で採集したものを船上の水槽で撮影した. 左前側面(左)から見たものと後方から見たもの(右). 左の写真では, 透明なウミタルの中, 左側に母親の頭部がある. 黒い眼があるのでわかるだろう. 母親の体の大きさは約3cm. ピンク色に見える塊の中の粒々の1つひとつが1匹の幼体. 撮影後に幼体を数えたところ, 732匹もいた. 2章の図2E参照
4-D. シカツノウミクワガタのオス. オスの大顎は大きく発達し, 頭部は昆虫のクワガタムシによく似ている. ただし体の大きさは約2mmである. 伊豆下田においてクロイソカイメンから採集されたもの[写真:田中克彦氏]. 2章の図5参照

vi

Plate 5

5-A. クレナイヤドカリテッポウエビ．ヤドカリの宿貝内にすみ，中に入る時には必ず写真のように小鉗によるノック行動が見られる． 5-B. 巣穴を掘るニシキテッポウエビ（亜熱帯型）のペアと門番役のネジリンボウ．エビは触角をハゼに当てて安全を確認している．古見久撮影． 5-C. コトブキテッポウエビ（仮称）とヤシャハゼの人口巣穴内での生活シーン．大鹿達弥撮影． 5-D. 藍藻と共生するツノナシテッポウエビ．エビが抱えているのが巣の材料で餌ともなる藍藻．E：ツノナシテッポウエビのペア（中央下：液浸標本）とその巣（乾燥標本）．生きた藍藻を用いて管状の巣を形成する． 5-F. 藍藻の顕微鏡写真．藍藻は繊維状の体をなし，1本の太さは35μm，長さは数cmある．

Plate 6

6-A. オスからメスになる性転換するホッカイエビ *Pandalus latirostris*［写真：千葉晋］ 6-B. 同時にオスとメスになるヒゲナガモエビ属の仲間 *Lysmata* cf. *ternatenis* のペア，目の後ろ（頭胸甲）で黄色く透けて見えるのは卵．互いに精子を交換してから産卵する．［写真：C. G. Fiedler（琉球大学 JSPS Posdoc fellow）］

Plate 7

7-A. ハクセンシオマネキ（オス）　7-B. ハクセンシオマネキ（メス）　7-C. コメツキガニ（オス）　7-D. コメツキガニ（メス）　7-E. ルリマダラシオマネキ（オス）　7-F. *Uca paradussumieri* 地表交尾のための求愛　7-G. ルリマダラシオマネキ（メス）　7-H. *Uca beebei*（オス）　7-I. *Uca paradussumieri* オス間闘争　7-J. *Uca beebei* 地表交尾，左がオス，右がメス

Plate 8

8-A. ハクセンシオマネキの放浪メスとそれを囲んでいるハクセンシオマネキのオスの群．オスたちはそれぞれ巨大ハサミを活発に振り動かして自分の巣孔に誘い込もうとしている．

Plate 9

沖縄の十脚甲殻類　陸域の種：9-A. オオオカガニ（ネズミを食べている）　9-B. ベンケイガニ　9-C. オオナキオカヤドカリ　河川の種：9-D. サカモトサワガニ　9-E. ツブテナガエビ　9-F. ショキタテナガエビ（交接中, 大きい方がオス, 小さい方がメス）　マングローブの種：9-G. アカテノコギリガザミ　サンゴ礁の種：9-H. アカモンサラサエビ

Plate 10

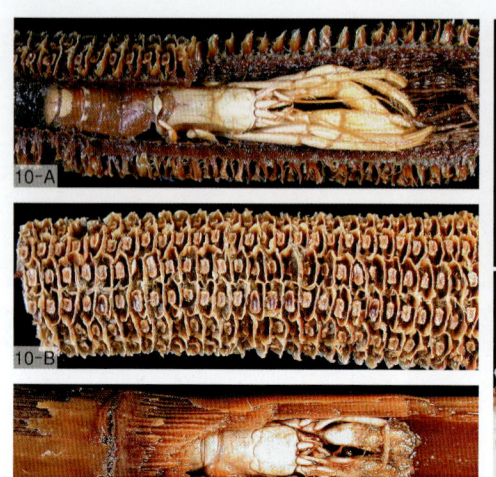
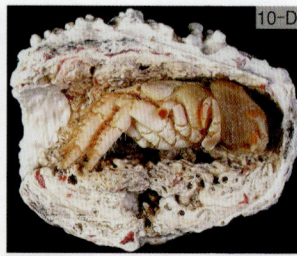
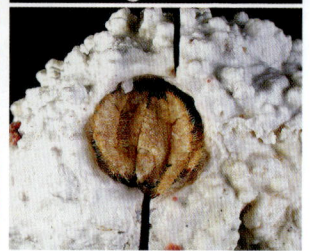

10-A, B. サソリヤドカリ *Parapylocheles scorpio*. この標本はフィリピンの水深280〜440m の海底から採集された. トウモロコシ(B)に入った個体(MNHN Pg 2733). 10-C. カルイシヤドカリの一種 *Pylocheles incisus*. この標本はフィリピンの深海から採集された. 竹に入った個体(MNHN Pg). 10-D. ヤッコヤドカリの一種 *Cancellus types*. この標本は西オーストラリアから採集された (MNHN Pg 1555).

Plate 11

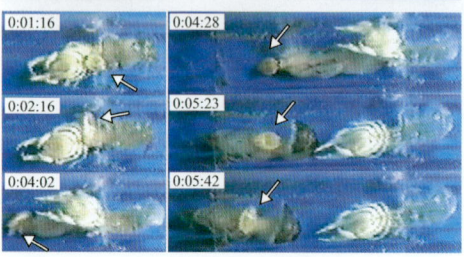

11-A. 左と中, アナジャコの巣穴の中に共生するトリウミアカイソモドキ(Itani, 2002)右, アナジャコの胸部に付着するマゴコロガイと腹部に付着するシタゴコロガニ(Itani, 2002)
11-B. アクリルチューブの巣穴で腹肢を動かして水流を起こし, 懸濁物食を行うアナジャコ. マゴコロガイとシタゴコロガニが共生している. 右下は, シタゴコロガニの捕食痕のあるアナジャコの腹部. 左上はミナミアナジャコに共生するシマノハテマゴコロガイ.
11-C. アナジャコが脱皮をする際にマゴコロガイが移動している (Itani et al., 2002).

はじめに

　甲殻類は，私たちの身近にたくさんいる．食卓にのぼるイセエビやタラバガニ，庭の石を起こすと出てくるダンゴムシ，田んぼの水をのぞき込むとたくさんいるミジンコなど枚挙にいとまがない．甲殻類は昆虫やクモなどと同じ節足動物で，体は外骨格におおわれ，その足には関節の節がある．甲殻類は形態的にも，また種数としても非常に多様性の高い動物群である．

　1996年にフランスの研究者を中心として甲殻類の大きな教科書が出版されたが，それによると地球上の甲殻類の総種数は，およそ52,000種であるという．またもっとも有名な無脊椎動物の教科書であるアメリカのブルスカ（R. C. Brusca）とブルスカ（G. J. Brusca）による本の，2002年発行の第2版では，67,831種となっている．この数字は，動物界においては1つのまとまりある分類群としては，昆虫，貝，クモなどの鋏角類に次いで4番目に多い数である．

　それでも新種は次々に発見されていて，分類法の見直しも活発に行われている．1982年にアメリカのスミソニアン博物館のボウマン研究員（T. E. Bowman）とフロリダ州立大学のエイブル教授（L. G. Abele）によってまとめられた甲殻類全体の分類の論文において，甲殻類の科の数は652であった．ところがその後，研究が活発に進み，2001年にアメリカのロサンジェルス自然史博物館のマーチン研究員（Joel Martin）とデイヴィス研究員（George Davis）がまとめたところ，何とそれよりも197も多い849にまで増加した．

　甲殻類は形態的にも，ムカデエビのように各体節の機能分化が低く，それこそまるでムカデのようなグループから，エビやカニのように頭胸部と腹部がはっきりと認識できるもの，またカニなどに寄生するフクロムシのように，体節性が退化消失し，一見すると何の動物かわからないものまで，実に多様である．大きさの多様性も高く，最大の甲殻類は脚の長さという点からいうと，日本とその近海にすむタカアシガニで，脚を広げると差渡し4 mほどにもな

る．一方，深海性のカイアシ類の第1触角に付着，寄生するヒメヤドリビという甲殻類は，全長わずか90μmほどである．

　本書ではこうした多種多様な甲殻類を，最新の研究成果に基づいて紹介している．著者としてお願いした方々は，私が長年お付き合いをいただいている方々ばかりで，これらの方々と本をつくることができたことを，心からうれしく思う次第である．本書を紐解かれた読者の方が，この本をきっかけに甲殻類に興味をもっていただけると，幸いです．

2003年6月

朝倉　彰

千葉県立中央博物館

目次

はじめに　xi

第1章　甲殻類とは　　　　　　　　　　　　　　（朝倉　彰）　1
甲殻類の体のつくり／甲殻類全体はいくつのグループに分けられるか？／各分類群の紹介
[コラム]　「類」は大した意味はないが便利な言葉—分類の階級について

第2章　フクロエビ類は子煩悩—保育嚢をもつ小さな甲殻類
　　　　　　　　　　　　　　　　　　　　　　　（青木優和）　31
見逃されがちなフクロエビ類／育房の存在がもたらすもの／フクロエビ類の子守行動／繁殖行動アラカルト／フクロエビ類の移動

第3章　海のガンマン—テッポウエビ類の多様性　（野村恵一）　53
はじめに／テッポウエビ類の特徴／不思議な生態あれこれ／私的研究史

第4章　オスがメスであるエビのはなし　　　　　（千葉　晋）　75
甲殻類の雌雄同体現象／隣接的雌雄同体現象／状況判断をするエビ／同時的雌雄同体

第5章　遊泳性エビ類の生態と多様性　　　　　　（菊池知彦）　95
遊泳性のエビとは／遊泳性エビ類はどんな環境に生活しているのか／エビの分類／遊泳性エビ類が生活しているところ／生息水深の変化／海洋の食物網における重要性／遊泳性エビ類の寿命／遊泳性エビ類の化学組成／水産学的に重要な種／おわりに
[コラム]　遊泳性エビ類の採集方法

第6章　様々なヤドカリたち　　　　　　　　　　（朝倉　彰）　123
はじめに／ヤドカリとは？／巻き貝以外のものに入るヤドカリ／深海の奇妙なヤドカリ／ペニスを背負う奇妙なヤドカリ／5つの特殊な属／変わった行動をするヤドカリ

第7章　ハクセンシオマネキ—その興味深い生活　（山口隆男）　159
シオマネキ類について／ハクセンシオマネキの食事活動と行動範囲／喧嘩にはルールがある，平和的な闘い行動／生まれつき決まっていない巨大ハサミの左右性／食事量はオスもメスも同じ／巨大ハサミの役割／表面交尾と交尾様式の謎／長い寿命

第8章　**コメツキガニやシオマネキの仲間に見られる2つの交尾行動**
　　　　　　　　　　　　　　　　　　　　　　　（古賀庸憲）　185
　　　　地下交尾と地表交尾―なぜ2つあるのか？／2つの交尾行動の特徴／
　　　　精子競争―誰が卵の父親か？／利益とコスト―それぞれの交尾の損得
　　　　は？／捕食者による影響

第9章　**エビ・カニ・ヤドカリの幼生時代**　　　（諸喜田茂充）　207
　　　　はじめに／幼生はどのような形をしているのか／陸域の十脚甲殻類／
　　　　河川とマングローブ域の十脚甲殻類／サンゴ礁から深海の十脚甲殻類

第10章　**巣穴の中の共生関係**　　　　　　　　　　（伊谷　行）　233
　　　　共生生活を営む甲殻類／アナジャコがつくる生息空間／アナジャコの
　　　　巣穴を利用する共生者／アナジャコの体を利用する共生者／巣穴の中
　　　　の共生関係から

第11章　**知られざるニホンザリガニの生息環境**（川井唯史）　255
　　　　国内に分布する種類は？／ニホンザリガニの地理分布域／ニホンザリ
　　　　ガニの生息環境は？／生息地の現状は？

おわりに　277
参考文献　279
索引　288

1章
甲殻類とは

朝倉 彰

甲殻類の体のつくり

1. これもあし，あれもあし―基本的体制と付属肢

　甲殻類とは節足動物門にあって，表1のような特徴をもつ分類群である．表1にはやや難しい，なじみの薄い言葉もあるので，以下に解説してみたい．

　たとえばイセエビを食べる前によく見ると，体から様々な形のものが出ている（図1左）．頭には触角があり，口には小さな脚のようなものや半透明のセロファンのようなものが重なっている構造がある．体の前半には歩くための大きな脚がある．食べるとおいしい腹部にも，列をなす二叉の短いヒモのような脚が下面についている．これらはすべて，形こそ違え「付属肢」として呼ばれる起源的には同じものである．また尾は5枚の板からできているが，左右2枚ずつの板は根元でくっついていて，それを考えると3つの部分からなることがわかる（図1右）．この左右の板も付属肢である．

　この付属肢は，人間の「足」とはまったく異なるもので，要するに各体節から突き出ていて関節があって動く構造を，そう呼ぶ．こ

表1　甲殻類の特徴

- 体は，1対の付属肢がある完全節5節および付属肢のない先節からなる頭部と，その後ろの胴部からなる．
- 頭部の完全節5節とは，付属肢としてそれぞれ前方から第1触角，第2触角，大顎，第1小顎，第2小顎のある節である．
- 胴部はしばしば，胸部と腹部に分かれる．胴部の前方の1～数節は，しばしば頭部と癒合し，その付属肢はしばしば顎脚となる．
- 多くの種で頭楯または背甲がある．
- 付属肢は，第1触角を除き，基本的に二叉型である．ただし，場合によって二次的に単肢型，また一部の体節で付属肢の一部あるいは全部が退化していることもある．
- 体の最後部には，基本的に，付属肢を伴わない不完全節である尾節があり，肛門が開口する．尾節には，原始的な甲殻類では，付属肢に似た尾叉と呼ばれる1対の構造をもつ．
- 多くの分類群で単眼と複眼を，生活史のあるステージでもつ．
- ノープリウス幼生をもつ．
- ガス交換は，基本的に鰓を通して水中で行われる．

図1 シマイセエビ．左：全身図．右：尾扇．a, 尾肢．b, 尾節．千葉県立中央博物館北マリアナ調査採集標本．

の付属肢のことを「〜脚」「〜あし」「〜肢」，また若干ニュアンスは異なるが「〜顎」などと様々な名称で呼んでいるが，すべて起源的には同じものである．たとえば「歩脚」「かいあし類」「尾肢」「小顎」などである．起源的に同じものなら，統一した漢字を使えばよさそうなものであるが，そうならないのは，学問のもつ人為的な歴史の結果であろう．

　触角や尾までが「あし」というのは，一般の人には納得がいかないかもしれないが，順次このことについて，説明してみたい．甲殻類の1つの体節には1対の付属肢がつき，その付属肢は二叉に分かれる「二叉形」を基本とし，その体節がたくさん連結されて体ができている．図2にその基本的な形の模式図を示した．ただし実際には体の場所ごとに，大きな変形や退化，消失が起こっている．

　たとえば，甲殻類ではないが同じ節足動物のムカデ，あるいは節足動物以外では，ミミズやゴカイの仲間の環形動物も，体節の繰り返しからできている．つまり，たくさんのリングがつながった形をしていて，リングの1つひとつからあしが出ている．環形動物の場合には，構造的に同じ節の繰り返しからできていて，これを専門用語で「等体節性」または「同規的体節性」と呼ぶ．その一歩進んだ

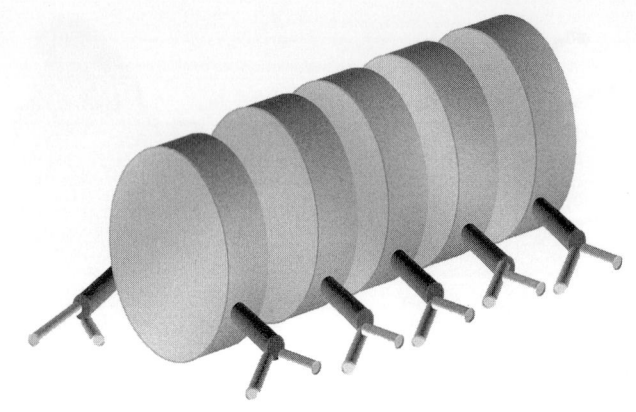

図2 甲殻類の体節性のシェマ．各体節から一対の二叉型の付属肢が出ている．

形が甲殻類で，それぞれの場所にある体節と付属肢が機能的に分化し，形態がかなり異なっている．このような構造を「不等体節性」または「異規的体節性」と呼び，甲殻類の一大特徴である．また，連続する数体節の構造が互いに近似で他の体節群と区別され，これを「合体節性」と呼ぶ．

2. あしは，二叉を基本とする—付属肢の構造

今述べたように甲殻類の付属肢は，二叉に分かれる二叉形を基本の形とする[1]が，これこそが節足動物の中にあって甲殻類の一大特徴である．これに対して昆虫などは，付属肢は枝分かれしない単肢型である．二叉形の付属肢の根本の幹の部分を「原節」と呼び，基本的には2つの節，「底節」と「基節」からなる[2]．原節には外側に「外葉」（副肢と呼ばれることもある）および内側に「内葉」がつくことがある（図3）．

付属肢の二叉部分の，外側の方を「外肢」，内側の方を「内肢」

---

[1] ただし第1触角のみは単肢型を基本とする．なお軟甲類では，第1触角も二叉に分かれることが多いが，これは単肢型のものであったが二次的に二叉に分かれたという説と，もともと二叉であるという説の2つがある．
[2] 前底節または亜底節という構造が認められる分類群も一部にあり，その場合は3つの節からなることになる．

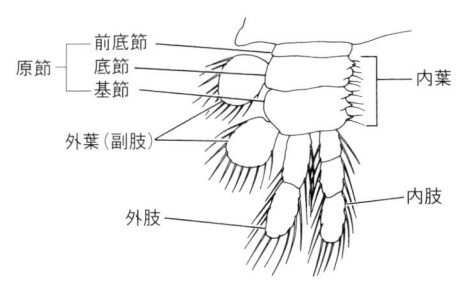

図3　甲殻類の付属肢の基本形図．これは，付属肢に見られるすべてのパーツを含んだ概念図で，実際の付属肢では，これらのパーツの1つからそれ以上が退化消失し，各機能に対応している．Schram（1986）による．著者・出版社の許可を得て転載．

と呼ぶ（図3）．内肢は多くの甲殻類でよく発達し数節からなる．軟甲類以外の甲殻類では，1から7〜8節程度であるが，各節にはとくに名称はない．これに対して，軟甲類では基本的に5つの節からなり，根元から順に坐節，長節，腕節，前節，指節と呼ぶ．内肢は形態的に特殊化し様々な機能をもつ．たとえば，摂餌，感覚器官，歩行，穴を掘る，遊泳などのための形になっている．

外肢には，一般的には2節が認められる．ただし先端の節は，しばしば細かく節が分かれ「鞭状部」となる．外肢は，主として泳ぐための機能をもつが，摂餌あるいは，水流を起こすための構造に特殊化していることもある．なお，内肢が歩行や穴を掘るための形に特殊化している時は，外肢は著しく退化するかまったく欠く場合が多い．たとえばわれわれがカニの足として見ているものは，内肢であり，その付属肢は外肢を欠く．

腹部の体節においては，軟甲類以外の甲殻類ではわずかな種を除いては，付属肢を欠く．しかし軟甲類ではよく発達し，「腹肢」と呼び，多くの種で腹部の最初の4〜5節に一対ずつの，よく発達した二叉形の腹肢がつく．メスの腹肢は受精卵を付着させて抱える機能をも果たす場合が多い．腹部の最終節の付属肢を「尾肢」と呼び，体の最後節で付属肢をもたない不完全節である「尾節」とともに，扇のような形になる「尾扇」という構造をつくることがある．てんぷらで食べるエビの「尾」の部分のことである．

3. 頭部を覆うカバー

　頭部の各節は一部の分類群を除き完全に癒合しているため，外から見て各節を認識することはできない．たとえばダンゴムシを見ると眼がついている節があるが，これが頭部である．これはもともとは分かれていたと考えられる頭部各体節の上板が癒合して，1つの固いクチクラの板となったもので，この構造を「頭楯」と呼ぶ[3]．

　頭部から胸部にかけて，あるいは分類群によってはほぼ全身が「背甲」（「甲」も同じ意味）[4]と呼ばれる構造に覆われることがある．たとえばカブトエビやミジンコなどでよく発達している．これは前述の頭楯にさらに主として第1小顎，第2小顎のある体節から由来する板がくっつき，後ろへと伸びて頭部から胸部（場合によってはさらに後ろまで）を保護するカバーのように発達した構造である．この背甲は時に頭部と胸部を上面と側面からすっぽり覆い，1〜数節の胸部体節と癒合して，いわゆる「頭胸部」を形成する．エビやカニなどで見られるものである．またこの背甲は，前方に伸びて頭から先に突き出て，「額角」を形成することもある．エビの角のように見える部分である．図4には，軟甲類における頭楯と背甲の発達および付属肢と保育嚢の発達から見た，体制図の模式図を示した．

4. 頭にもあし，顎はアゴにあらず―頭部の体節と付属肢

　頭部がもともといくつの節からできていたかを判断するのは，付属肢から体節の数を推測する．つまり1つの体節に1対の付属肢がついているのを基本とするので，何対の付属肢があるかで，いくつの体節があったかを認識しようとする．そのような観点から見た場合，第1体節の付属肢は第1触角となる．以下同様に第2体節には

---

[3]「頭楯」とは難しい漢字だが，ヘッド・シールド head shield またはセファリック・シールド cephalic shield（セファリックは頭の意味）の訳語である．シールドというのは，たて（盾）のことで，最近のコンピュータゲームの戦闘ゲームなどで，相手の弾丸や光線をはねのける「シールド」，ひと昔前ならばバリアーといっていたものである．
[4] 背甲または甲は，キャラペイス（carapace）の訳語．
[5] ただし後述するように，原始的体制をもつ甲殻類，たとえばヒゲエビ類などでは，頭部の体節性がかなり認識できる場合もある．

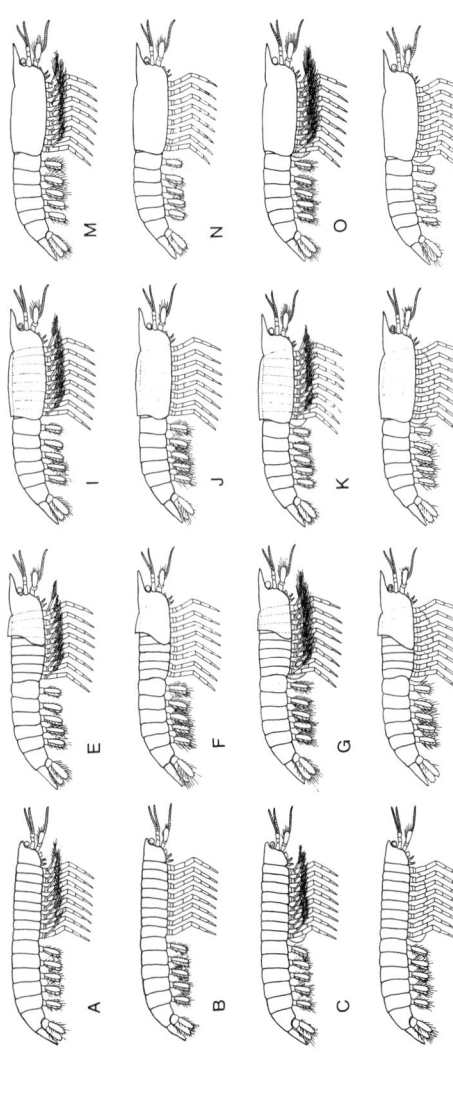

図4 説明のために模式的に表現した実現可能なすべての体制の組み合わせ。これは甲(背甲)の発達の度合い，保育嚢をもつかもたないか，の3つの観点から，それらを組み合わせてつくってある。真軟甲類の場合，胸部体節の発達の度合い，胸部体節の発達の度合い(縦にAからDまで)：甲は発達せず頭楯のみがある。第2列(縦にEからHまで)：短い甲がある。第3列(縦にIからLまで)：胸部後端まで達するが完全に癒合せず，胸部と癒合していない。第4列(縦にMからPまで)：胸部後端まで達する完全に発達した甲がある。第1行(横にAからMまで)と第1行：胸部体節の付属肢は単肢型(外肢が退化している)。第2行(横にBからNまで)と第2行(横にBからNまで)：胸部体節の付属肢は二叉型(外肢が退化している)。第3行(横にCからOまで)と第4行(横にDからPまで)：胸部の下部に保育嚢がある。これらに該当する分類群：A．ムカシエビ類．D．端脚類と等脚類．E．テルモスバエナ類．G．クーマ類．タナイス類．スペリオグリフス類．I．ウオーターストネラ類 Waterstonellidea (化石のみ知られる)．J．ベロテルソン類 Belotelsonidea (化石のみ知られる)．K．アミ類．N．十脚類．O．オキアミ類．P．アンフィオニデス類．B・C・F・H・L・Mの6つについては，このような体制をもつ分類群は知られていない。Schram (1983) による。著者・出版社の許可を得て転載。

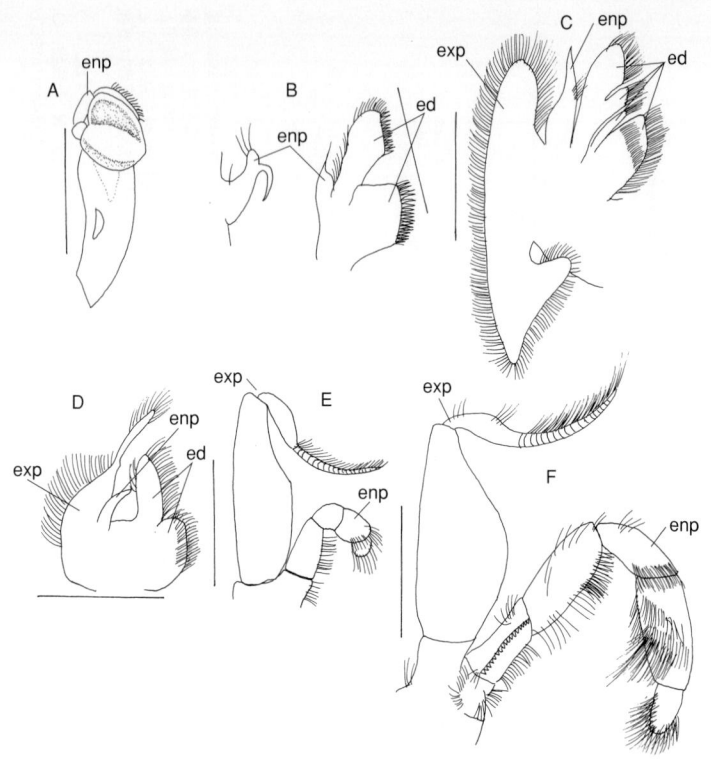

図5 口器（左側を内側から見たところ）．カザリサンゴヤドカリの場合．A：大顎．B：第1小顎．C：第2小顎．D：第1顎脚．E：第2顎脚．F：第3顎脚．enp, 内肢．exp, 外肢．ed, 内葉．大顎〜第1小顎までの内肢は鬚，第2小顎の外肢は顎舟葉と呼ばれることがある．スケールは1mm．[朝倉彰原図]

第2触角，第3体節には大顎，第4体節には第1小顎，第5体節には第2小顎がついている．多くの分類群でこの大顎以下は，口についている「口器」である（図5）．つまり頭部は5節からなる．

　なお頭部の最先端には付属肢のない不完全節があり，「先節」と呼び発生の途中で現れるのだが，これも含めると6節である．色々な本で紹介されている甲殻類の体節と付属肢の関係の表では，頭部の体節に順番に6つまで番号がふられている[6]．しかし今日では体節の議論が付属肢をもつ完全節について行われ，その観点から5節という数字が出てくるので，ここでもそれにしたがう．つまり頭部

は正確にいうと完全節が5節,不完全節を含めると6節である.

なお,この「小顎」「大顎」という言葉に出てくる「アゴ」というのは,人間の顎とはまったく関係がない構造で,要するに頭部の付属肢をそのような名称で呼ぶ.これは昔の学者が,これらの付属肢が口の中の構造物なので,人間の口の上顎や下顎になぞらえて命名したのかもしれない.しかし原始的な体制をもつ甲殻類,たとえば後述するヒゲエビ類では,頭部付属肢は小顎も大顎も,遊泳または歩行のための大きく発達した「足」の形をしており,この名称と実際の形に違和感がある.

ところで,料亭で出るクルマエビやズワイガニなどを見ると,眼が柄の先についていて,この形から推測すると,これも付属肢かと思うかもしれない.しかし,眼は発生の段階でどの段階にも二叉形になることがなく,付属肢でないとされている.

5. 体のメイン・パート─胴部

頭部の後ろには胴が続く.多くの甲殻類で胴は,前が胸部,後ろが腹部となるような区別がつく.ただしムカデエビ類と鰓脚類の一部ではその区別はなく,同じような体節の連結が続く.またカシラエビ類とヒゲエビ類でも,胸部と腹部は同じような形の体節からなるが,後方の節は付属肢を欠くのでその部分を腹部と呼んでいる.

しかし軟甲類では,たとえばてんぷらにするエビのように,はっきりと胸部(長い歩くための脚が出ている部分)と腹部(人間が食べる部分)の機能的な分化が見られ,なおかつ胸部と頭部が癒合し,その上を背甲と呼ばれるカバーが覆っているため,「頭部+胴部」ではなくて,「頭胸部+腹部」という形になっている.

胴部の第1節の付属肢が,「顎脚」として口器の一部を形成することは,多くの甲殻類で見られる(図5).胴部の脚というのは,通常歩行や遊泳のために大きく発達しているが,それが食事をとる

---

[6] たとえば三宅貞祥(1998)『原色日本大型甲殻類図鑑(Ⅰ)』(保育社)p. 49,武田正倫(1995)エビカニの繁殖戦略 p. 54など.これは Borradaile & Potts (1961) の見解に基づくもの.

ための脚に変化したものを顎脚と呼ぶ．たとえばムカデエビ類，ヒゲエビ類，コペポーダ，シャコ類，そして大部分のエビ・カニなどの軟甲類である．これらのグループでは，さらに胴部の第2節から数節目までの付属肢も，顎脚として口器の一部を形成することがしばしば見られる．たとえばアメリカザリガニを前から見ると，口に小さな2対の足のような付属肢がある．これは第2顎脚と第3顎脚である．その奥には何層かのセロファンのようなものがあるが，これらは手前から第1顎脚，第2小顎，第1小顎である．そして一番奥には人間の歯と同じような白い歯が見えるが，これが大顎である．

　胴の最後部には尾節がつく．これは付属肢をもたない不完全な節である．てんぷらのエビの尾をつくっている板のうち，中央の1枚がこれに該当する．原始的な甲殻類では，その尾節に，「尾叉」と呼ばれる1対の後ろに伸びる構造がつくが，これは付属肢ではない．

甲殻類全体はいくつのグループに分けられるか？

1. 難題中の難題─系統の推定

　甲殻類全体はいくつのグループに分けられるか，ということは，実はかなりの難題である．生物を分類するには，系統性を念頭におく必要がある．つまり，ある生物を何らかの共通性によってくくって属，科，目などを設定する時，そのグループが共通の祖先から進化したと考えられる（これを単系統性と呼ぶ）ことが必要である．たとえば人間にも由緒正しい家には家系図があり，親兄弟，親戚がどのような血のつながりがあるか，示されている．いくら顔が似ているからといって，他人のそら似では，同じ家系とは見なされない．

　ところが当然ながら，進化は人間の人生よりもはるかに長い時間をかけて起こるので，どの種とどの種が共通の祖先から進化したかを，人間がリアルタイムで観察できない．したがって，方法としては，系統をおそらく表していると思われる何らかの情報に基づき，系統を「推測」することになる．甲殻類でも，共通の形質を有するとか，幼生が似ているなどということから，系統を推測してきた．しかし不確実な部分も多く，研究者によって分類法にかなりの開き

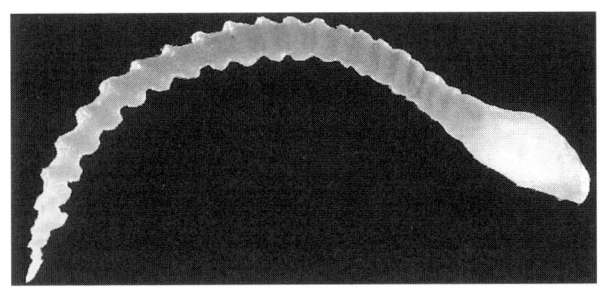

図6　シタムシ(顎脚綱　五口亜綱)，長さ約60mm，目黒寄生虫館提供標本，千葉県立中央博物館蔵〔写真：朝倉彰〕．

があった．またイヌなどに内部寄生するシタムシ（五口動物）（図6）のように，内臓を調べると環形動物と甲殻類に近いが，系統性については検討がつかないので，とりあえず無脊椎動物のどこかに納めていたものもある．

　ところが近年，系統性を推測する方法に発展が見られた．たとえば，分岐分類学的手法（外部形態を見る，精子と精包の形態に基づく場合などがある），DNAやRNAの塩基配列，ホメオティク遺伝子，化石がよく残っている場合にはそれを調べる方法などである．それによって，かなり大幅な分類法の見直しが行われつつある．たとえば先のシタムシの類は，五口動物門という1つの独立した門であったが，18sRNAおよび精子の形態から，甲殻類の顎脚綱の下の1つの亜綱となった．つまり1つの動物門が廃止になった．

2．2001年，新世紀の分類法

　こうしたなかで2001年に，ロサンゼルス自然史博物館のジョエル・マーチンとジョージ・デイヴィスは，甲殻類の最新の分類法を発表した．本章はこの分類法に基づく．なお，この甲殻類の大分類については，現在まだまだ発展途上で，彼らの分類法には異論も多い．そこで彼らはこの論文を発表するにあたり，実に99人の甲殻類学者の意見を聞き，それらの人たちの代表的な意見を賛否両論とりまぜて，論文の後ろに12ページにわたって掲載した．これはなかなかユニークなやり方である．もちろん甲殻類のすべての分類群にわ

たって系統性を明らかにし，高次分類群の分類法を確定するのは，おそらくあと100年たってもできないであろう．またある研究者の試算では，現在の新種の発見速度から計算すると，地球上にはあと5倍くらいの甲殻類がいるという．したがって暫定的な形でも，高次分類群の分類法を発表するのは大いに意味がある．

　マーチンとデイヴィスは甲殻類を，表2のように6つの大きなグループ（綱）に分けた．彼らは，このうちミジンコやカブトエビの仲間である鰓脚綱を，もっとも原始的な甲殻類と考えた．これは化石的証拠，幼生発生，分子生物的データに基づくものである．ただしこれには，実に多くの異論がある．たとえば，ムカデエビ類の方がより原始的であると考える研究者もいて，これは成体の外部形態および精子の形態に基づく考えである．またカシラエビをもっとも原始的と考える研究者もいる．これらの論争に決着はついていない．

「類」は大した意味はないが便利な言葉—分類の階級について

　動物を分類する時には，大きなくくりから順番に，門，綱，目，科，属という言葉を使う．これは分類群の階級（ヒエラルキー）というが，たとえてみれば，県，市，町のような関係，つまり県の中にはいくつもの市があり，市の中にはいくつもの町がある，というのと同じである．また，この基本的な階級ではたりない時は，亜，下，上などという言葉をつけて，くくりかたを増やす．たとえば，亜綱，下綱，上目などである．

　ではよくきくように，たとえば「甲殻類」「ヨコエビ類」「ヤドカリ類」という時の「類」という言葉は何か？　実は，これは先の階級を表している学術的な言葉ではなくて，「その仲間」という一般的な意味の言葉である．したがって大した意味はなく学問的ではない分，どの階級にも使えるオールマイティな言葉である．たとえば今，書店で手に入る本を開いてみても，「甲殻動物門」，「甲殻綱」，「甲殻亜門」など本によって色々な呼び方があり，これらは執筆している学者の見解の相違であるが，このように複数の意見が錯綜している時も，「甲殻類」といってしまえば，それを指していることになる．

表2 甲殻類の綱までの分類（マーチンとデイヴィス，2001による）．各分類群には，いくつかの呼び方があり，それも合わせて示す．

　節足動物門
　　甲殻亜門
　　　　鰓脚綱（ミジンコ綱）
　　　　ムカデエビ綱
　　　　カシラエビ綱
　　　　顎脚綱（アゴアシ綱）
　　　　貝形虫綱
　　　　軟甲綱（エビ綱）

各分類群の紹介

　甲殻類の各分類群について，代表的なものを紹介する．これらの分類法には，各分類群ごとに外部形態で分ける基準があり「標徴」と呼ぶ．ただし一部特殊な分類群，たとえば五口類のように，分子生物学的データと精子の形態によってのみ位置づけられる，という例外もある．この標徴は専門用語で記述され，一般の読者には難解でここでは省略する．専門的に興味のある方は，後ろに掲げた参考文献を参照していただくとして，ここでは大づかみに，各分類群を解説する．なお各分類群名には，一部カッコ書きの名称があるが，これは同じ意味で用いられているものである．

1. 鰓脚綱（ミジンコ綱）—田んぼで活躍するものたち

（表3，口絵1 A-F）

　池や沼にいるミジンコ（口絵1F），熱帯魚の餌にするブラインシュリンプ，ホウネンエビ（口絵1A），水田で見られるカブトエビ（日本でみられるものは外国からの移入種，口絵1B）やカイエビ（口絵1 C-E）などの仲間．現生種は820種以上で，大部分は小型で3〜30mm程度（最大種で100mm前後）．主として陸水に生息し，純淡水から塩湖にすむものまで様々である．ただしミジンコの仲間には，ごく少数の種で海洋にすむものもいる．雌雄異体種が多い．単為生殖をする種，雌雄同体種もまた多く知られている．長期間の乾燥や高温に耐える耐性卵を生む時期と，すぐに孵化する卵を

表3　鰓脚綱の下目までの分類（マーチンとデイヴィス，2001による）

```
鰓脚綱（ミジンコ綱）
　無甲亜綱（ホウネンエビ亜綱）
　　　無甲目（ホウネンエビ目）
　葉脚亜綱
　　　背甲目（カブトエビ目）
　　　双殻目（ミジンコ目）
　　　　　Laevicaudata 亜目
　　　　　Spinicaudata 亜目
　　　　　Cyclestherida 亜目
　　　　　枝角亜目（ミジンコ亜目）
　　　　　　　櫛脚下目
　　　　　　　異脚下目
　　　　　　　鉤脚下目
　　　　　　　単脚下目
```

産む時期があるのが普通である．商品のブラインシュリンプの卵は，この耐性卵である．もっとも繁栄しているグループは枝角亜目（ミジンコ亜目）で，現生種は少なくとも600種以上が知られる．背中で2つに折れている背甲によって体の大半が覆われている．

　ミジンコ，カブトエビ，ブラインシュリンプは，一見するとかなり異なる形態を有しているように見えるが，18s rDNAのデータ，幼生の特徴，精子の形態，口器の形態，成体の細かい形態的特徴のすべての証拠が，この綱が単系統群（同一の祖先から生じたグループ）であることを示している．

2．カシラエビ綱―眼のない砂中の住人（図7）

　大きさは最大で4mm程度の小さな甲殻類．眼はなく，半球形の頭部と8節（9節とする説もある）からなる胸部があり，その後ろに胸部よりは幅の狭い11節からなる腹部がある．海産で潮間帯から水深1500mまでの，海底の細砂の表層近くに潜って暮らしている．日本，オーストラリア，インド洋，大西洋，東太平洋などの温帯～熱帯から9種が知られ，唯一の目である短脚目の唯一の科であるハッチンソニエラ科に属する．1955年に初めて報告された分類群である．もっともよく知られた種はハッチンソニエラ・マクラカンタ

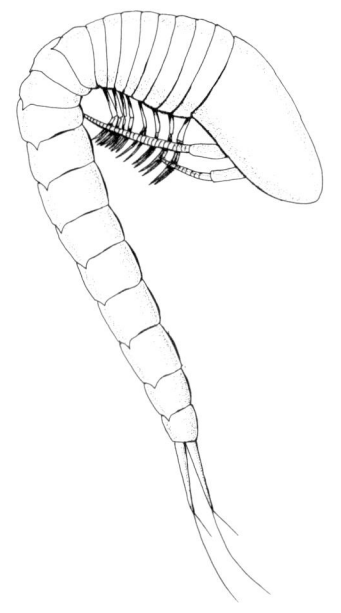

図7 カシラエビの一種 *Hutchinsoniella macracantha*（カシラエビ綱），全長約2.5mm，スミソニアン自然史博物館蔵 USNM182028より描く［朝倉彰原図］

Hutchinsoniella macracantha で，北米からブラジルの沿岸まで広く分布する．雌雄同体で，輸卵管と輸精管が出口付近で合一して1つの共通の管となって開口している．卵は一度に2個しか産まず，幼生は最初から海底にすみプランクトン期がない．日本産の種はカシラエビ *Sandersiella acuminata* で，九州の天草の富岡湾のアマモ場の海底から発見され1965年に報告された．

3．ムカデエビ綱：洞窟の不気味な住人（口絵1G）

1981年に記載された最近知られるようになった分類群．一見とても甲殻類には見えない．眼はなく，丸い頭部の後ろにゴカイのような長い胴部がある．胴部は胸部と腹部の分化はなく同規的体節性を示すことから，もっとも原始的な甲殻類と考えられたこともあったが，現在では分子レベルでの系統の検討から顎脚綱に近いグループと考えられている．体長15〜43mm程度で，現生種は10種が知られ，大西洋の西インドのバハマ諸島，ユカタン半島，カナリー諸島の海

底洞窟から発見されている．唯一の目である泳脚目に2つの科，スペレオネクティス科とゴジラ科 Godzillidae がある．このゴジラ科というのは，これを記載した論文には名前の由来として，この分類群としてはモンスターのように大きいのでゴジラと命名した旨が書かれている．つまりゴジラは世界的に怪獣の代名詞となっているようである．さすがハリウッド映画になっただけのことはある．

4．顎脚綱（アゴアシ綱）―多士済々なものたち（口絵2 A-F）
1）鞘甲亜綱（フジツボ亜綱）
⑴　彫甲下綱（ハンセノカリス下綱）―私の親は誰？（図8 A, B）

謎の生物である．そしてここに所属させるべきかどうか，論議がある．なにしろ幼生のみが知られ，いまだに成体がわからない．いわゆる「y‐幼生」といわれるものである．yは記号で，19世紀に大西洋のプランクトン中に出ている甲殻類幼生を調べたハンセン（H. J. Hansen, 1899）が，よくわからないものに α，β などの記号をつけて区別していたが，その時「y」という記号をつけられていた，ということに由来する．y‐幼生には2タイプあり，ノープリウスyとキプリスyである．いずれも背面に特徴的な，場合によっては幾何学的な美しい彫刻がある．日本沿岸からも多数採集されている．幼生の形態から，嚢胸下綱（キンチャクムシ下綱）に類縁関係があると考えられている．

⑵　嚢胸下綱（キンチャクムシ下綱）―これでも甲殻類？

（口絵2 A）

寄生性のグループで，六放サンゴ類，八放サンゴ類，棘皮動物のヒトデ類やウミユリ類に，外部あるいは内部寄生する．世界から70種ほどが知られる．形態の変化が著しく，外部寄生するものは，一見して，何かの塊のようで，甲殻類には見えない．雌雄異体でオスは非常に小さいが，サンゴカクレムシ科は雌雄同体である．日本では，キンチャクムシ科，サンゴカクレムシ科，シダムシ科，ウミユリカクレムシ科の4つの科が知られる．

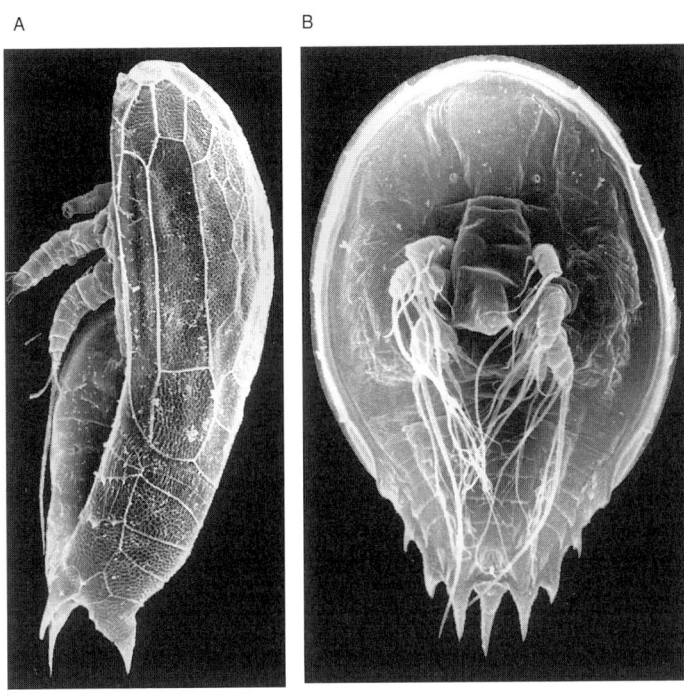
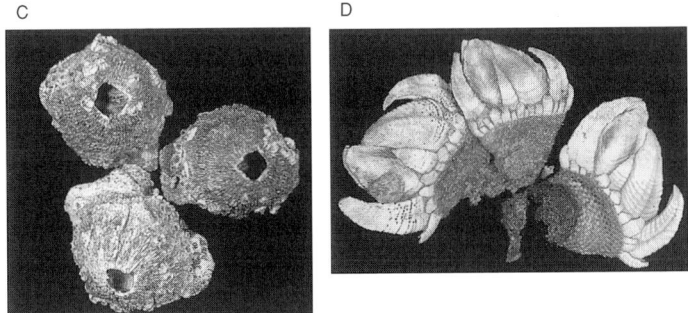

図8 y-幼生．A：沖縄で採集されたノープリウスYの未記載種（側面），全長約0.39mm．B：沖縄で採集されたノープリウスYの別の未記載種，全長約0.28mm（下面）（顎脚綱　鞘甲亜綱　彫甲下綱）［写真：Mark J. Gryger］．
フジツボ類．C：クロフジツボ，直径約30mm．D：カメノテ，幅約35mm（顎脚綱　鞘甲亜綱　蔓脚下綱　完胸上目）［写真：朝倉彰］．

表4　顎脚綱の現生種の上目までの分類．ただしカイアシ亜綱のみ目まで示す．
（マーチンとデイヴィス，2001による）

顎脚綱（アゴアシ綱）
　鞘甲亜綱（フジツボ亜綱）
　　彫甲下綱（ハンセノカリス下綱）
　　囊胸下綱（キンチャクムシ下綱）
　　蔓脚下綱（フジツボ下綱）
　　　尖胸上目（ツボムシ上目）
　　　根頭上目（フクロムシ上目）
　　　完胸上目（フジツボ上目）
　ヒメヤドリエビ亜綱（バシポデラ亜綱）
　鰓尾亜綱（エラオ亜綱）
　五口亜綱（舌形亜綱）
　ヒゲエビ亜綱
　カイアシ亜綱
　　原始前脚下綱
　　　　　　　プラティコピア目
　　新カイアシ下綱
　　　　前脚上目
　　　　　　カラヌス目
　　　　後脚上目
　　　　　　ミソフリア目
　　　　　　ケンミジンコ目
　　　　　　ゲリエラ目
　　　　　　モルモニラ目
　　　　　　ソコミジンコ目
　　　　　　ツブムシ目
　　　　　　ウオジラミ目
　　　　　　モンストリラ目

(3) 蔓脚下綱（フジツボ下綱）—物に固着するこだわり

　およそ1000種が知られ，化石も多い．何か物に固着するか，寄生性の動物である．
　尖胸上目（ツボムシ上目）は55種ほどが知られ，海洋に生息する．石灰質の基質，たとえば生きているあるいは死んだサンゴの骨格，石灰岩，貝殻に穿孔する．その穴の口はスリット状をなすので，外からは動物体をほとんど見ることができない．雌雄異体で，穴を掘るのはメスで，オスは著しく小さく，メスあるいはメスがつくった穴の壁に付着している．オスは口器がない．通常幼生はノープリウ

ス期を卵の中ですごし，キプリスで孵化する．世界の海から知られるがとくにインド洋と西太平洋に多い．

　根頭上目（フクロムシ上目）（口絵2B）は寄生性で，とくに十脚類に寄生する．250種以上がいるといわれるが，分類的に問題のある種も多い．体は袋状で，一見するととても甲殻類には見えない．磯やテトラポットの隙間によくいるイソガニの腹部を見ると，黄色い軟らかいものが，はみ出ていることがある．これはウンモンフクロムシである．そのほかヤドカリに寄生するナガフクロムシなどが，一般的に見られる．雌雄異体で，オスはキプリスで機能的にオスの役割を果たす．

　完胸上目（フジツボ上目）（図8C, D）は，おなじみのフジツボ，カメノテなどの仲間である．港の岩壁，くい，岩の表面にたくさんついている．およそ800種ほどが知られる．石灰質の板で体が覆われる．大部分雌雄同体である．主として海洋に生息するが汽水域にも見られ，潮間帯から深海まで幅広く分布し，様々な硬い基質，たとえば岩，くい，貝殻に付着するほか，他の動物，たとえばカニやカメの甲や植物体の上にも付着する．基本的には濾過食を行う自由生活者だが，カイメンやサンゴなどの中に入る寄生性の種もいる．

2）ヒメヤドリエビ亜綱（バシポデラ亜綱）―極超微小甲殻類

(図9A, B)

　1983年に記載された新しい分類群で，30種が知られる．極端に小さな甲殻類で，コペポーダ，貝形虫，等脚類のミズムシ類，タナイス，クーマなどの小型甲殻類の体表に外部寄生する．小さい種は全長が90μmほどである．甲殻類らしいのは幼体の時期だけで，その時は頭部と6節からなる胸部と腹部がある．成体になると寄生生活になるため，胸部の体節性は失われ，腹部は退化的となる．多くは深海産だが潮間帯からも発見され，全世界の海洋に分布する．雌雄異体による生活環と，単為生殖メスだけによる生活環がある．日本からもイトウヒメヤドリエビ *Itoitantulus misophricola* を初めとして4種が，広島大学の大塚攻博士らにより報告されている．

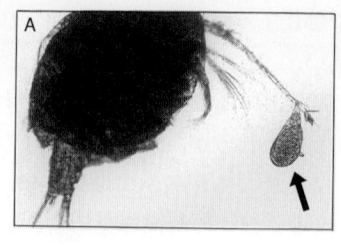
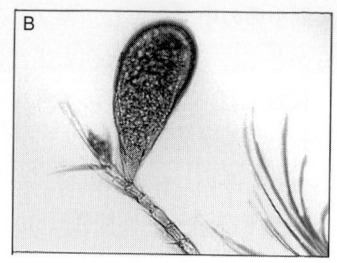
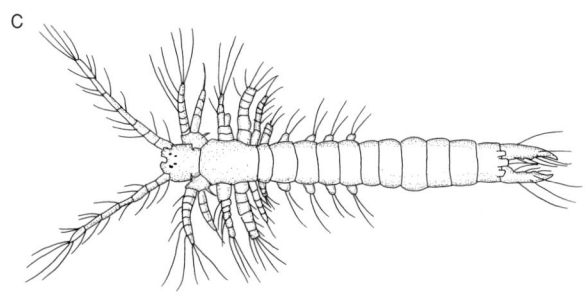

図9　イトウヒメヤドリエビの単為生殖メス．A：カイアシ類に寄生している状態（矢印）．B：Aの拡大図，全長約0.23mm（顎脚綱　ヒメヤドリエビ亜綱）［写真：大塚攻］．C：ヒゲエビの一種 *Derochelicaris*（顎脚綱　ヒゲエビ亜綱），全長約0.9mm，Kaestner（1970）を改変．

3）鰓尾亜綱（エラオ亜綱）—金魚愛好家の敵（口絵2C）

　金魚や錦鯉を飼育している人ならば，円盤状の透明な寄生虫がつくことがあるのを知っていると思うが，これはチョウ，または俗称でウオジラミ（標準和名におけるコペポーダの仲間のウオジラミとは別）と呼ばれるもので，この亜綱の代表的な動物である．唯一の科におよそ150種ほどが知られ，寄生性で冷血性脊椎動物，とくに魚の体表に外部寄生する．世界中に分布し，淡水，汽水，海洋のどの水域にも出現する．

4）五口亜綱（舌形亜綱）—私はどこから来てどこへ行くの？（図6）

　舌形動物も同じ意味．いわゆるシタムシの仲間．生活史のどの時期をとっても外見はまったく甲殻類には見えず，しかし内臓系は甲殻類との類縁性が古くから指摘され，所属がよくわからず，とりあ

えず独立の動物門とされていた．しかし18sRNA および精子の形態による系統解析により分類学的な位置がここになった．100種ほどが知られ，脊椎動物の体内に寄生し，宿主として，イヌ，キツネ，ヤギ，ウマなどの哺乳類，ヘビ，ワニ，トカゲ，カメなどの爬虫類，鳥類が知られる．数ミリメートルから15cm ほどの大きさで，柔らかい体には最大90個ほどの環節がある．雌雄異体で，メスはオスよりはるかに大きくなる．

5) ヒゲエビ亜綱─砂の中の原始的な住人（図9C）

　最大でも0.5mm ほどの小さな甲殻類で，いわゆる間隙性生物で，海底の砂粒の間にすんでいる．唯一の科ノドグチエビ科に10種が知られる．最初の種は1943年に潮間帯の砂の中より発見された．幼生も砂粒の間にすんでいる．北米大西洋岸，メキシコ湾，地中海，アフリカの東岸および西岸，南米の西岸から発見されている．

6) カイアシ亜綱─大洋はコペポーダの王国（口絵2D-F）

　コペポーダの仲間．8500種以上がいる．9つの目に分かれているが，生態的には3つの方向への進化があったと考えられる．第一は自由生活性のプランクトン（口絵2D）で，海洋で大変よく種分化しているが淡水種も多数知られ，ケンミジンコがその代表である．魚類の餌として食物連鎖の中で重要な役割を果たす．第二は寄生性のグループ（口絵2E）で，カイメン，刺胞動物，貝，ゴカイ，甲殻類，棘皮動物，ホヤ，魚，クジラなどに寄生する．第三は底生性のグループ（口絵2F）でソコミジンコの仲間が含まれる．ただし少数だか陸産の種も知られている．

5．貝形虫綱（カイムシ綱）─東京湾のウミホタル（口絵2G, H）

　少なくとも3万種が知られその多くは化石種であるが，現生種も6000種以上はいる大きな分類群である．背中側で蝶番または靱帯でつながっている2枚の殻に体が覆われる．幼生はノープリウスだが2枚の殻をもっている．一般になじみのあるのは東京湾横断道路の中継点の名前でも知られるウミホタルで，発光生物としても有名である．貝形虫類は潮間帯から水深3000m の深海まで幅広く分布し

ているが，水深200mまでの浅海域に多い．また種多様性は熱帯でもっとも高い．現生種は2つのグループに分かれ，ミオドコーパ亜綱（ウミホタル亜綱）（口絵2G）は海産で，およそ630種が知られる．ポドコーパ亜綱（カイミジンコ亜綱）（口絵2H）は，およそ5000種が知られ，海産種，淡水産種が多いが，数種の陸産種も知られる．

6．軟甲綱（エビ綱）—もっとも繁栄しているグループ（口絵3）

1）コノハエビ亜綱（葉蝦亜綱）木の葉のような君なりき

(口絵3A)

　二枚貝状の背甲をもつ小型の半透明の甲殻類．海洋に生息し，水深10〜400mから採集される．雌雄異体．一般に底生性といわれているが，プランクトンとして採集されることもある．ただしウキコノハエビ *Nebaliopsis* は，外洋の中層で漂泳生活をする．2001年までに世界から38種が知られる．なお世界中の多くの標本が *Nebalia bipes* と同定されているが，今後の詳細な分類学的検討が必要とされている[7]．内湾の泥底にすむ．*Nebalia bipes* は，直達発生をし，受精卵は胸部下面にある育房内で保護され，成体に近い構造になるまで育てられる．本亜綱に属する種は，基本的にプランクトン幼生期はないが，ウキコノハエビにはプランクトン幼生期がある．

2）トゲエビ亜綱（シャコ亜綱）—エルボースマッシュはアサリも砕く

(図10A)

　寿司のネタでもおなじみのシャコの仲間．寿司ネタのシャコは，北は北海道まで広く分布するが，大半の種は亜熱帯から熱帯にすみ，世界で350種以上が知られる．多くの種は浅海域に分布するが，少数の種は深海にも分布する．汽水域にすむものも少数いる．砂泥底やサンゴ礁などにすみ，基本的に海底に坑道をつくって暮らす．肉食性で強大な1対の捕脚を使って，魚類，大型甲殻類，とくに十脚

---

[7] 日本産種に，西村（1995）（『原色検索日本海岸動物図鑑II』：保育社）は *Nebalia japanensis* Claus, 1888の学名を使っている．

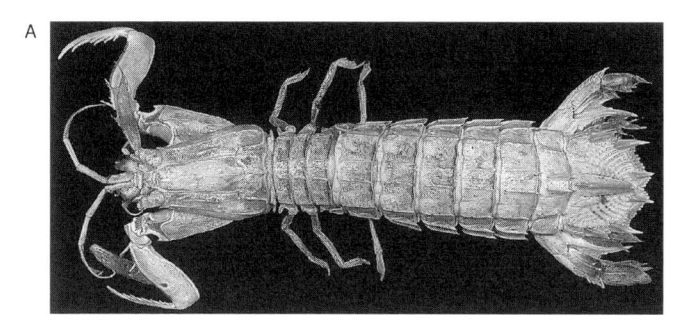

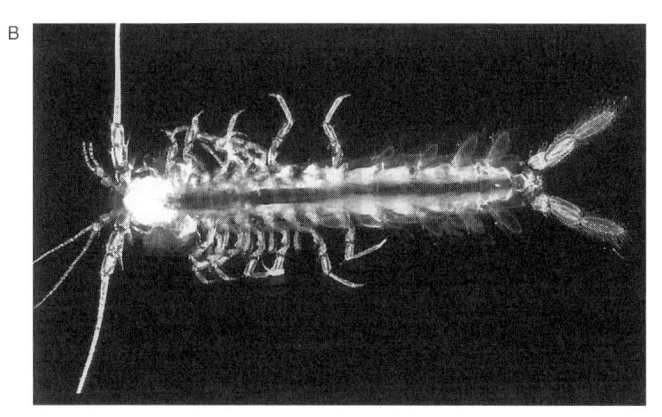

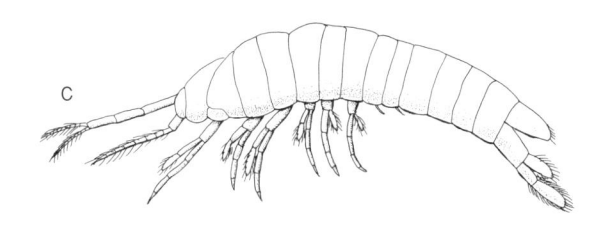

図10　A：シャコ（軟甲綱，トゲエビ亜綱，口脚目），全長約12cm，千葉県立中央博物館所蔵標本［写真：朝倉彰］．B：スペリオグリフスの一種 *Spelaeogriphus lepidops*（軟甲綱　真軟甲亜綱　フクロエビ上目　スペリオグリフス目），全長約9.2mm，スミソニアン自然史博物館蔵 USNM 172994［写真：朝倉彰］．C：テルモスバエナの一種 *Halobaena acanthura*（軟甲綱　真軟甲亜綱　フクロエビ上目　テルモスバエナ目），全長約2.6mm，スミソニアン自然史博物館蔵 USNM268719より描く［朝倉彰原図］．

甲殻類，また貝を捕らえて食べる．硬い貝殻も捕脚でたたき割ってしまう．これをプロレスの技，エルボースマッシュに見立てたのは下関水産大学校の浜野龍夫博士であるが，アサリをたたき割る時は，バチンという大きな音がする．熱帯には美麗な色彩の種がいて，ペットショップで売っていることもある．

3）真軟甲亜綱（エビ亜綱）

(1) ムカシエビ上目（原蝦上目）―井戸の中からこんにちは

(口絵3B)

　この上目はもともと化石甲殻類に対して設けられたものであるが，19世紀後半になって現生種が発見され，その後次々に世界各地の地下水などで発見されている．現生種はムカシエビ目とアナスピデス目に分かれる．

　ムカシエビ目に属する種は80種ほどで，多くは淡水産で，洞窟，地下水などにすむが，50℃の温泉から見つかった種もある．ただし数種が汽水域または海洋に分布するが，これは淡水から二次的に海洋に進出したと考えられている．ほとんどの種で体長2mmに満たない．卵は水中に放出されるが，孵化した幼体は親とよく似た形である．南極大陸を除く世界の大陸，ニュージーランド，日本，マダガスカルに分布する．日本産種は15種2亜種ほどでサイコクムカシエビ *Bathynella inlandica*（中国四国の井戸水中），セトゲオナガムカシエビ *Allobathynella carinata*（東京周辺の地下水）などがいる．

　アナスピデス目（口絵3B）に属する種は13種ほどですべて淡水産で，河川の伏流水，井戸，洞窟，高山の湖などにすむ．体長2〜50mm程度．雌雄異体．オーストラリア，ニュージーランド，タスマニアなど南半球に限って分布する．卵は水底に産み，直達発生で，成体とほとんど同じ形で孵化する．石や水草の間を這いまわり，時に背を下にして緩やかに泳ぐ．

(2) フクロエビ上目（嚢蝦上目）―子供はおふくろのフクロで育つ

　スペリオグリフス目（図10B）は，現生種が最初に報告されたのは1957年で，南アフリカのケープタウンのテーブルマウンテンにある洞窟内の淡水の流れの中から見つかった．体をゆすり速やかに泳

表5 軟甲綱の現生種の目までの分類.（マーチンとデイヴィス，2001による）

軟甲綱（エビ綱）
 コノハエビ亜綱（葉蝦亜綱）
   狭甲目（薄甲目，コノハエビ目）
 トゲエビ亜綱（シャコ亜綱）
   口脚目（シャコ目）
 真軟甲亜綱（エビ亜綱）
  ムカシエビ上目（原蝦上目）
   ムカシエビ目
   アナスピデス目
  フクロエビ上目
   スペリオグリフス目
   テルモスバエナ目
   ロホガステル目
   アミ目
   ミクトカリス目
   端脚目（ヨコエビ目）
   等脚目（ワラジムシ目）
   タナイス目
   クーマ目
  エビ上目（ホンエビ上目，真蝦上目）
   オキアミ目
   アンフィオニデス目
   十脚目（エビ目）

ぐという．現在まで現生種は3種で，南米，南アフリカ，オーストラリアから知られる．化石種は，中国のジュラ紀の地層や，カナダの石炭紀の地層から知られている．体長は9mmに満たない．雌雄異体で，直達発生すると考えられている．

　テルモスバエナ目（図10C）は大きさが最大で4mm程度の小さな甲殻類で，世界から8種が知られる．陸水に生息し温泉，地下水，洞窟内，井戸水，海と一部で連結している内陸水から見つかっているが，最高48℃になる温泉や塩分が64‰になる塩湖からも発見されている．雌雄異体で，子は育房内で親に近い形まで成長する[8]．

---

[8] ボウマンとエイブル（1982）を初めとする甲殻類の分類の本や論文で，この目はフクロエビ上目ではなく，独立の皆エビ上目 Pancarida に所属させていることが多いが，系統解析の研究によって，2001年のマーチンとデイヴィスの分類では，この位置になり皆エビ上目を廃止としている．

ロホガステル目[9]（口絵3C）は，アミ目より原始的なグループとされ，主として深海にすむ．世界から40種以上が知られ日本からは11種が記録されている．大型の種が多く，日本にも分布するオオベニアミ Gnathophausia ingens は最大の種で全長35cmの記録がある．口器から発光物質を分泌する種もいる．

　アミ目（口絵3D）は，世界で1000種近くが知られる．大半は海洋に生息し，小型で時に大集団を形成する．海洋の食物連鎖の中で魚類の餌として重要な役割を果たし，人間にとっても食用や漁業のまき餌，魚の養殖の餌料として重要である．浮遊生活を送るが，底生種もいる．汽水産種や淡水産種も知られ，関東地方ではつくだにとして食卓にあがる体長10mmほどのイサザアミ Neomysis intermedia は，霞ヶ浦に大量に産する．海から汽水湖に変わった時に，その環境の変化に適応して生き残ったいわゆる海跡動物である．

　ミクトカリス目（図11A）は，ごく最近知られるようになった分類群で，2つの科ミクトカリス科とヒルスチア科がある．体長数ミリメートルの程度．ミクトカリス科の最初の種は，バミューダの水深15〜20mの海底洞窟から発見され1985年に報告された．ヒルスチア科の最初の種は，熱帯大西洋の水深1000mの深海の泥底から同じ1985年に報告され，これらをもとにミクトカリス目がつくられた．ヒルスチア科の第二の種は，オーストラリアから1988年に，第三の種はバハマの海底洞窟から1998年に報告されている．第四の種は，カリブ海のグランドケイマン島の海底洞窟より発見され，日本の大塚攻博士らによって2002年に報告されている[10]．

　端脚目（ヨコエビ目）は，6000種近くが知られる巨大な分類群である．雌雄異体で，直達発生をする．海洋に多くの種がすみ，潮間

---

[9] アミ目の1つの分類とする意見もあったが，マーチンとデイヴィスの分類ではこの位置になった．

[10] したがってこの目の所属する種は全部で5種ということになるが，この目のたて方には異論があり，ルーマニアの国立自然史博物館のモデスト・グッツらは1998年に，ヒルスチア科に対して新しい目 Bochusacea をたて，ミクトカリス科は前述のスペレオグリフィスとともに，やはり新しくたてた目 Cosinzeneacea に所属させている．しかしここではマーチンとデイヴィスの2001年の分類にしたがって，分類している．

帯から深海まで多数の種が見られるが,陸上にも多くの種が知られ,海岸付近から4000mの高山にまで分布する.大きく3つのグループに分かれ,狭い意味でのヨコエビ類 Gammaridea,ワレカラ類 Caprellidea,クラゲノミ類 Hyperiidea(口絵3E)である.狭い意味でのヨコエビ類は,海洋から4000種ほどが知られるが未記載種も相当多い.個体数が非常に大量に見出され,海洋の食物連鎖の中で重要な役割を果たす.自由生活者が多いが,海藻や木材などに穿孔したり,海藻の破片などで巣をつくるものもいる.淡水産種は800

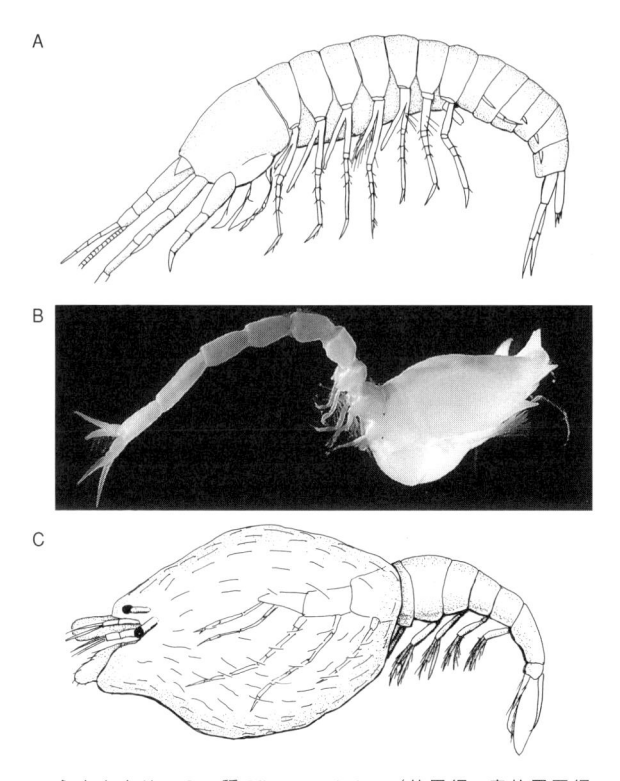

図11　A:ミクトカリスの一種 Mictocaris halope(軟甲綱　真軟甲亜綱　フクロエビ上目　ミクトカリス目),全長約2.5mm,スミソニアン自然史博物館蔵 USNM250599より描く[朝倉彰原図].B:ハリダシクーマ(軟甲綱　真軟甲亜綱　フクロエビ上目　クーマ目)[写真:青木優和].C:アンフィオニデス Amphionides reynaudii(軟甲綱　真軟甲亜綱　エビ上目　アンフィオニデス目),全長約13mm,大英自然史博物館蔵 NHM1984.403より描く[朝倉彰原図].

種以上が知られ，主として温帯から冷帯域で高い多様性が見られる．陸産種は220種以上が知られ，海岸付近の草むらの中や，森林の落ち葉の下などにすむ．ワレカラ類は海洋にすみ，海藻などにくっついて暮らしている生物で，一見すると小さなカマキリのようであるが，外見と色が海藻によく似ている．300種以上が知られるが熱帯域には少なく，温帯から冷温帯で高い多様性がみられる．クラゲノミ類は外洋で浮遊生活をするグループで，多くの種が熱帯域にすむ．体は前が大きく大きな複眼をもち，頭部のほとんどを占める．450種ほどが知られる．寄生または共生性で，クラゲと共生するものはそのカサの下や胃溝中にすむ．またタルマワシはサルパの総排出腔に侵入し組織を食べてしまい，空になったサルパを自分とその胚のための住居とする．この分類群の詳細な解説と写真は，2章の保育嚢をもつ小さな甲殻類（青木優和氏）を参照されたい．

等脚目（ワラジムシ目）は世界で9000種以上いるといわれている巨大な分類群である．大きさは数ミリメートル程度のものから，ダイオウグソクムシのように40cmに達するものもいる．ダンゴムシ，ワラジムシ，フナムシなどおなじみの種類も多い．自由生活のものが多いが，ウミクワガタのような寄生性の種もいる．

タナイス目（口絵3F）は海産で泥の中，海藻中，動物群体などから見出され500種以上が知られる．稀に汽水産または淡水産もいる．潮間帯から水深8300mの深海にも産する．雌雄異体で，直達発生をする．第2胸肢が強大な鎌状に発達し，とくにオスで大きい．

クーマ目（図11B）は小型で多くの種が1〜10mm程度であるが，稀に20mmに達する種もいる．700種以上が知られる．大部分の種が海産で，潮間帯から水深5000mの深海にも産する．ごくわずかの種が汽水に住む．雌雄異体で，直達発生をする．軟泥中にすむが，浅海産種では夜間に遊泳して表層に出る．

(3) エビ上目（ホンエビ上目，真蝦上目）─オキアミ，エビ，カニ，おなじみの甲殻類

オキアミ目（口絵3G）は海産，浮遊性で多くは大洋にすみ，時に大群を形成する．幼生も浮遊性である．86種が知られる．エビに

よく似ているが，胸脚のつけねに筒状の鰓をもつ．環極地性または環赤道性の非常に広い分布域をもつ種が多い．ヒゲクジラなどの餌動物として重要であるばかりでなく，釣り餌としてもよく使われる．

アンフィオニデス目（図11C）は，ただ1種 *Amphionides reynaudii* を含む．大きさは成体で20〜30mm程度で非常に軟弱な体である．本種の存在はすでに1832年には知られていたが，長らくエビの一種と考えられていた．しかし詳細な形態的研究から，エビはもちろん，エビ・カニ・ヤドカリを含むすべての十脚甲殻類とは異なることが明らかになって，1973年に新しい目がたてられ独立した．浮遊性の種で主に2000〜5000mの深海から採集されているが，幼生はもっと浅いところに分布する傾向があり，水深30m程度のところから採集されている．環熱帯的分布を示し世界の海の北緯36度から南緯36度の範囲に分布する．日本近海では東シナ海から採集され，1995年に報告されている．

十脚目（エビ目）は，おなじみのエビ，カニ，ヤドカリの仲間で，非常に繁栄しているグループである．この中でクルマエビ類とサクラエビ類は，鰓の形や幼生の発生様式から原始的な分類群とされ，他の分類群とは区別される．本書では十脚目の多数の研究成果が収録されている（3〜9章，11章）ので，詳しくはそちらに譲る．

謝　辞：貴重な写真を使わせていただいた齋藤暢宏氏（水土舎），大塚攻氏（広島大学），Mark J. Grygier 氏（琵琶湖博物館），藤田喜久氏（琉球大学），青木優和氏（筑波大学臨海実験センター），林紀男氏（千葉県立中央博物館），山崎浩二氏（ピーシーズ），学名とその和名についての助言をいただいた大塚攻氏と林紀男氏，貴重な標本を観察する機会を与えていただいた Rafael Lemaitre 氏と Janice Clark Walker 氏（アメリカ・スミソニアン自然史博物館），Paul Clark 氏（イギリス・大英自然史博物館），目黒寄生虫館，図の使用許可をいただいた Frederick R. Schram 氏（オランダ・アムステルダム大学），原稿を読んで批判していただいた大塚攻氏・齋藤暢宏氏に深く感謝いたします．

2章
フクロエビ類は子煩悩
―保育嚢をもつ小さな甲殻類

青木優和

見逃されがちなフクロエビ類

　大学の臨海実習の定番メニューに磯の生物の採集と観察，それにプランクトンの観察がある．磯採集では，学生たちは目についた珍奇な生き物たちを競ってバケツに入れて実験室に持ち帰り，肉眼で観察する．また，プランクトンの観察では，小さな生き物たちを水中からスポイトで吸い取っては透過光型の光学顕微鏡で神妙に観察する．実は，これらの臨海実習メニューでは見逃されてしまう動物たちが大変に多い．透過光型の顕微鏡の最低倍率は普通40倍くらいだ．このため，小さくて肉眼では見づらいが体が透けるほどは小さくないという，約10〜40倍の倍率の範囲で観察されうるような動物は，観察対象から外されてしまっていることが，とても多いのである．

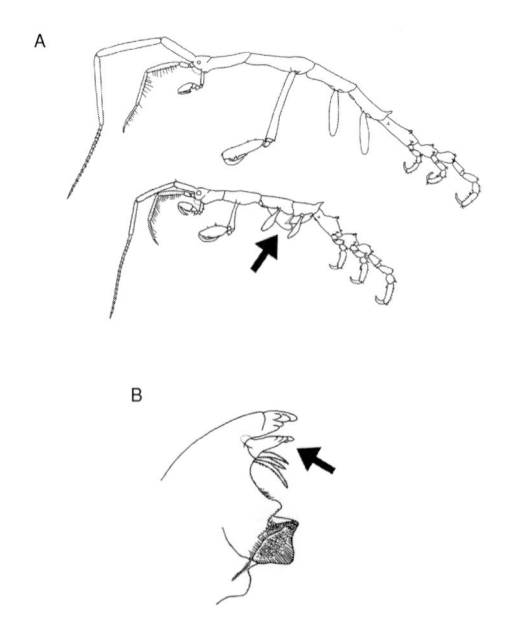

図1　フクロエビ類の特徴（Aoki & Kikuchi, 1990改変）．A：モノワレカラのオス（上）とメス（下）．矢印の示すところがメスの育房．B：モノワレカラの左大顎．矢印の示すところがラキニア・モビリス．

さて，このような動物たちの中に，甲殻類に属する「フクロエビ」と呼ばれる動物たちの一群がある．フクロエビ類は成熟した雌の体の腹側に大きな保育嚢があるものたちで，産み出された卵が「育房」と呼ばれるこの保育嚢（図1A）の中で子供の形になるまで育つ．他には，口を形づくる部品の1つの大顎にラキニア・モビリス *lacinia mobilis* という構造（図1B）が成体で見られる（甲殻類の他のグループで幼生期に見られるものがある）ことなどにより，他の甲殻類から区別されている．大きさは，普通1 mmよりは大きいが，1〜2 cm以下のものが多く，深海にすむ例外的に大きなものを除いては，大きくても3〜4 cm程度である．したがって，観察には双眼実体顕微鏡が必須となる．これらは大きさが中途半端で見逃される機会が多いせいか，大型甲殻類やプランクトン性の甲殻類に比して不思議なほど分類学の研究が進んでおらず，また生態学的な研究もわずかしか行われていない．普段の生活でよく目にするものは，陸にすむ仲間のダンゴムシやワラジムシ，海の近くを走りまわるフナムシだが，これらはフクロエビ類の中でも陸性または半陸性になったかなり特殊なものたちである．淡水にすむものもあるが，種数として一番多いのは海産のものだ．

育房の存在がもたらすもの

　フクロエビ類のメスの腹側の「育房」の存在は，エビやカニなど大型の十脚甲殻類とは異なる特徴をフクロエビ類にもたらした．エビやカニなどでは一部例外的なものを除いては多数の浮遊型の幼生を海中に放出する．ところがフクロエビ類では子は育房の中で育ち，小さいけれども親とほぼ同型の体になってから出てくる．育房の存在によって，母親は子を長期間保護し初期の生残率を上げることができる．また，子が親の周辺に留まる機会が増えれば，必然的に多世代が共存する機会も多くなる．しかも大型甲殻類に比べて早く成熟し寿命の短い傾向があるため，短期間で局所的に集団の密度が高くなりがちである．そのような集団内では，親子や雌雄間の個体間関係に関わる様々な社会性が発達する可能性がある．一方で，浮遊

幼生期をもたないということから，フクロエビ類が移動・分散をどうやって行っているのかという謎も生じる．フクロエビ類は分布する地域が狭いかといえば，そうとは限らない．世界に広く分布する種も多いのである．本章では，母子関係や雌雄関係などフクロエビ類の繁殖に関わる話題と，保護をするがゆえに困難に見える移動と分散の問題についてお話ししていきたい．

フクロエビ類の子守行動

1.「子守行動」研究事始

　端脚類という分類群に属するワレカラは，海岸にとくに春先に多く見かけられる小さな動物で，体の後ろの方に3対ある脚で普通は海藻やヒドロ虫類につかまって生活している．形は昆虫のナナフシにカマキリの鎌を取り付けたような格好で（図1A），日本近海からは約100種類が知られている．今から20年近く前，私が大学院でワレカラの個体群研究を始め，生活史を調べるための室内飼育実験をしていた時のことである．数種類で，育房から出た子がなかなか母親を離れていかないことに気がついた．その期間は1週間以上にわたった．その後の観察や実験から，その期間に子は母親の近くで成長し，母親が子を侵入者から守ってやっていることや，母親がいる方が子の生残率や成長率が大きくなることもわかってきた．ワレカラ類では母親が防衛行動などによって子の保護を行うことはわかったが，子に給餌することは観察されなかった．このため，ワレカラにおける子の保護行動を「子育て行動」と呼ぶのは，私には少し抵抗があった．ワレカラの母親が子を体にのせて歩きまわる姿は子守のように見える．そこでワレカラの母親による子の保護行動は「子守行動」と呼ぶことにした．

　ワレカラ類の子守行動は，昆虫のカメムシ類に見られる母子関係に似た「亜社会性」行動というべきものであった．しかし，そのころ甲殻類の社会性というと，主に大型甲殻類の雌雄関係についての研究が主で，昆虫の世界でハチやアリに知られるような意味での多世代共存を基本とした社会性というのはまったく未開拓の研究分野

であった．1996年になって，アメリカの研究者でウィリアム・メリー大学のダフィー博士によって，中央アメリカのベリゼ近海にすむテッポウエビの仲間で真社会性を発見したとする報告がなされた．しかし，テッポウエビ類で真社会性があるとしても，甲殻類十脚目のグループの中では，かなり例外的なものであることは疑いない．私にとっては，多世代共存の機会の多いフクロエビ類の方が，海産甲殻類における社会性の発展について包括的に探っていくためにはおもしろい動物群であると思える．まず，フクロエビ類の子守行動の色々な例を紹介する．

2. 色々な子守行動

ワレカラ類のほとんどの種類では，親の育房をはい出した子たちは，すぐに親離れをしてどこかへ散っていく．ところが，これまで知られる中では5種類のワレカラで，母親による子守行動が知られている．私が研究していた3種類のうち，モノワレカラ *Caprella monoceros* とトゲワレカラ *Caprella scaura* では，育房を出た子たちが，すぐに母親の体の細い部分にしがみつく．トゲワレカラで7～10日間以下，モノワレカラでは2週間以上（図2A），子らは母親の体につかまったまま脱皮・成長を繰り返す．この期間，母親は，他の場所に行く時もじっとしている時も，つねに体の上に数十匹の子をのせたままである．他の小さな動物が近寄ってくると，攻撃をしかけたり，時には子を連れたまま逃げ出したりもする．1.5cmそこそこのモノワレカラの母親が，5mmくらいまで大きくなった50匹以上の子を体じゅうにびっしりとつけた姿は，まるで綿くず玉のように見える．九州天草下島の富岡半島のホンダワラ類の藻場で，モノワレカラの繁殖の最盛期に海に潜ると，2m以上も丈のあるホンダワラ類の枝の上のあちこちに，この綿くず玉が揺れているのを見ることができる．さらにもう1種類の子守ワレカラは，マギレワレカラ *Caprella decipiens* という．この種類では，育房を出た100匹を超える子らが母親のまわりに居残って集団をつくり，そこで脱皮・成長を繰り返す（図2B）．母親の脱皮間隔が子守期間よりも

短いために2腹以上の子が集団の中に存在することもある．子らは成熟間近になるとコロニーを去っていく．1腹の子当たり約30日間続く子守期間の間に，もしこの集団内への侵入者があると，母親は激しく攻撃をして追い払う．やむをえず移動しなければならない時には，母親が子らを体にのせて運ぶこともある．

　オニナナフシといわれる等脚類の仲間にも母親の体に子がつかまるタイプの子守をするものがある．等脚類というのはフナムシやダンゴムシの仲間である．ノルウェーの水深20〜50mの海底にすむアスタシラ・ロンギコルニス *Astacilla longicornis* は，子が2cmくらいになるまで約1週間にわたって触角の上にのせている．同様に触角に子をのせるものには北極海にすむアークチュルス・バッフィニ *Arcturus baffini* がある．この種はフクロエビ類の中でもかなり大型で7cmくらいになるものがある．育房から出た大きさ1cmくらいの数十匹の子は，母親の長い触角につかまって脱皮を繰り返して成長する．3cmくらいの大きさになってもなお親の体にしがみついているものがあるという（図2C）．親子は櫛のように毛の生えた脚を使ってプランクトンを濾し取って食べる．母親は，危険のない時は上半身を持ち上げて触角の上の子らを高く掲げている．この行動は，少しでも子らが餌を取りやすいようにするためであるという．

　ワレカラと同じ端脚類に属するものでヨコエビ類という動物群がある．体の左右に扁平なものが多く，ワレカラよりも大きなグループで，日本産はすでに300種以上が知られている．しかし，まだまだ調査研究が不十分であるため，少なくともその倍の種数は日本近海にいることが見込まれている．この仲間の中で，形がワレカラとヨコエビの中間のような形をしていて，ワレカラの祖先であると考えられている「ドロノミ」というグループがある．この仲間でも子守行動が知られているが，それはかなり風変わりなものである．アメリカの大西洋岸の海底にすむドロノミ類のデュリキア・ラブドプラスティス *Dulichia rhabdoplastis* は，ウニのトゲの上に糞や泥などで最大高さ4cmくらいのマスト状の構造物を築く．このマストは

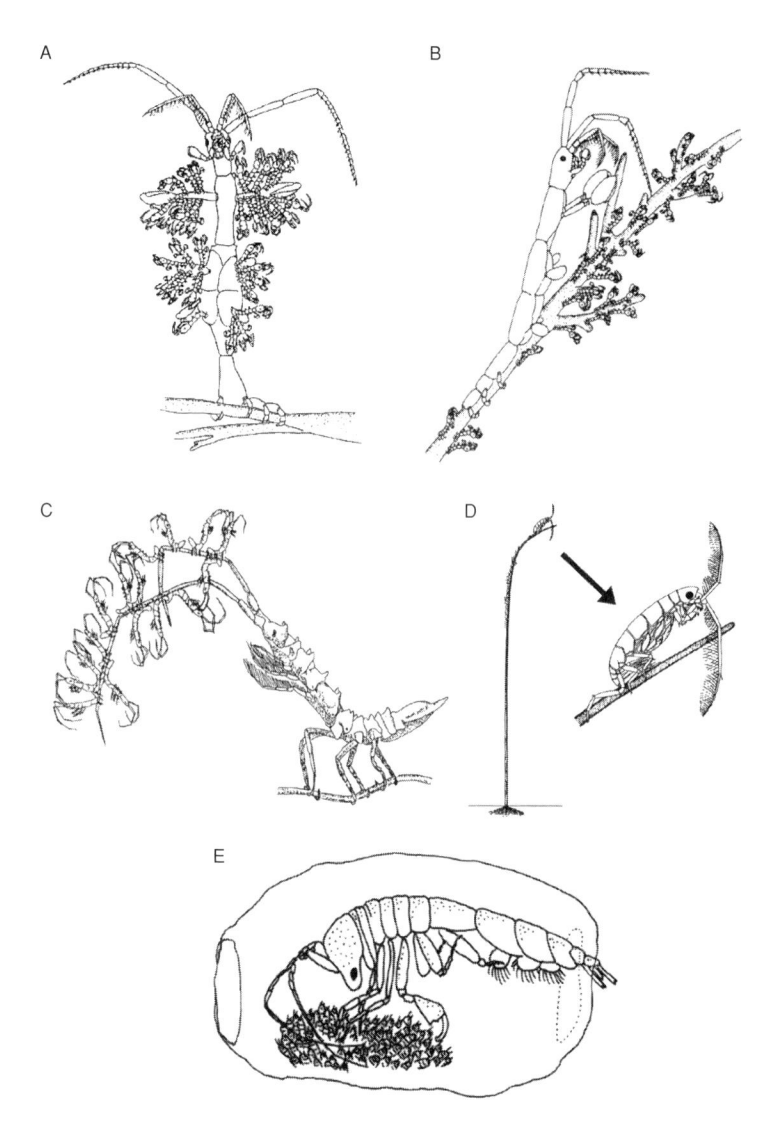

図2 色々な子守行動．A：モノワレカラの子守．メス親の体の上には多数の幼体がつかまっている（Aoki & Kikuchi, 1991；口絵4-A参照）．B：マギレワレカラの子守．メス親の周辺には幼体が集まっている（Aoki & Kikuchi, 1991；口絵4-B参照）．C：アークチュルス・バッフィニの子守．幼体がメス親の触角につかまっている（Barnes, 1980改変）．D：ディオペドス・モナカンサスの子守．マスト状構造物の最上部にメス親がいて、その下に幼体が並んでつかまっている（Mattson & Cedhagen, 1989改変）．E：オオタルマワシの子守．ウミタルの中にメス親が潜り込み、タルの内壁に産み付けた幼体を保護する（青木，原図；口絵4-C参照）．

流れの中に身をおくことによって餌取りを容易にするためのものらしいのだが，メスはこのマスト上に育房から出た子らとともにすみ，ここをテリトリーとして防衛する．同様の行動は同じ仲間でスウェーデン西岸の砂泥底に最大高さ8cmくらいのやはりマスト状の構造物をつくるディオペドス・モナカンサス *Dyopedos monacanthus* やディオペドス・ポレクタス *Dyopedos porrectus* でも知られている．ディオペドス・モナカンサスでは体長0.8mm以下の子は親の近くにいて餌をとり，この間，母親の防衛行動によって保護される（図2D）が，1.0～1.5mmに達すると母親のマストを離れて，その近くに自分のマストを築くという．

さて，これまで述べてきた子守行動は，子が開けた場所で親の体やマスト状構造物につかまるタイプのものだったが，穴を掘って巣をつくり，その中で子守をするものも知られている．米国大西洋岸メイン州の河口域砂泥底にすむヨコエビ類の2種は砂泥中に深さ10cm程度のU字型または枝分かれした巣穴を掘り，その中で母親が子の保護を行う．レプトケイルス・ピングウィス *Leptocheirus pinguis* では，最大140匹の子を最長2カ月程度，カスコ・ビジェロウィ *Casco bigelowi* では，最大60匹くらいの子が最長4カ月程度母親と同じ巣穴に留まり，魚類捕食者などから身を守る．また，等脚類には，砂ではなく岩に穴を掘って，その中で子守をするものもある．和歌山県田辺湾の潮間帯で，砂岩に穴を掘ってすむイワホリコツブムシ *Sphaeroma wadai* がそれである．育房を出たばかりの2～3mmの子は，母親と同じ穴の中に最長4カ月いて，亜成体になる前に巣穴を去るという．さらに，同じコツブムシの仲間で米国大西洋岸などのマングローブ林にすむスフェロマ・テレブランス *Sphaeroma terebrans* はマングローブの気根に穴を掘ってすみ，その中で子守をする．子守の期間はこの種では最長40日間くらいのようだ．いずれの種でもオス親が同じ穴に共存する時期があるようだが，基本的には子が雌親のもとに残って保護を受けるようである．イワホリコツブムシではオスはメスよりも巣穴の出口側にいる傾向があり，またスフェロマ・テレブランスでは，メスが巣穴を自らの

尾節で塞いで子を外敵から防御し，腹肢を動かして水流を起こすことによって巣穴内の換水を行う．いずれの種でも，オスは最初はひとり暮らしをしていて，繁殖時にメスの巣穴を訪ねてゆくのだろう．

　端脚類の中にはワレカラやヨコエビの他にクラゲノミというグループもある．クラゲ類などに取り付く寄生生活をするものが多いためにこの名があるのだが，この中に，他の動物のからだの中に潜り込んで，その中で子守をするものたちがある．それはクラゲノミ類の中でもとくに変わった暮らしをしている動物で，タルマワシという．タルマワシは「樽回し」である．ここで「樽」というのは，海に浮かんで外洋を漂う大型プランクトンのうちサルパやウミタルというホヤに近い仲間のほとんど透明な動物の一群である．この樽のような動物の体の中に潜り込み，その中身を食べて，透明な皮だけにし，その中にまるで宇宙船に乗り込むように潜り込むのである．本当に樽を回しているわけではないのだが，外から見るとそんなふうに見えるのだろう．タルマワシの姿は怪異ともいえるもので，映画『エイリアン』シリーズに出てくる女王エイリアンにとてもよく似ている．タルマワシにもたくさんの種類があるのだが，その中で大きさが5 cmに達することのあるオオタルマワシ *Phronima sedentaria* の母親は，樽の内壁に産み付けた数百匹の子の面倒をみる（図2E）．子の数は最大700匹以上に達する．樽の内部には樽の前から後ろへと向かう水流があり，放っておけば子らは皆押し流されてしまうため，母親は子がいつも放射状に丸く固まってそばにいるように，たえず樽の中央に押し戻してやる．母親さえそばにいてくれれば，樽の内部は子らにとって最高のすみかなのである．

　アミ類はフクロエビ類の中でもつねに遊泳生活を送っている唯一の動物群で，大きな群れをつくって泳ぐものが多い．海に潜っている時に，藻場の近くで，エビと魚の合いの子のような形の小さなものが，向こうが見えなくなるくらいの集団をつくって泳いでいるのを見かけることがある．よく見るとたいていそれはアミ類の群れである．一網でたくさん採れるので，釣りの撒き餌に使われることも

ある．このアミ類に集団子守とでもいうべき不思議な「養子とり行動」が知られている．レプトミシス *Leptomysis* やニッポノミシス *Nipponomysis* などのアミ類では，育房の中で発生中の子が，発生の途中で育房から外にこぼれ落ちることがある．これを同じ群れの他のメスが拾って自分の育房内に取り込むのだ．子は，海底に沈んでいく途中で拾われることもあるし海底に沈んだのちに拾い上げられることもあるようで，群れサイズが大きい時は，こぼれ落ちた子はまず間違いなく拾われるようである．また，海底に近いところにすむ種類ほどよく養子とりをするという報告もある．メスはほぼ同種の子しか拾わないようで，自分がその時に育房内に抱えている卵や子より発生段階の進んだもののみしか拾わない傾向があるという．死んで体の一部しか残っていない子も拾われることから，子から出る何らかの物質を母親が感知している可能性が高いといわれているが，詳しいことは，まだわかっていない．

繁殖行動アラカルト

1. 雌雄の出会うタイミング

　フクロエビ類では，繁殖のためには交尾または交接が必要である．交尾ではオスの交尾器をメスの生殖孔に挿入するが，交接では生み出された卵にすぐに精子を振りかけられるようにオスがメスに体を接する．しかし，ややこしくなるので，この章ではまとめて「交尾」と呼んでおくことにする．他の甲殻類と同様に，フクロエビ類も成長するために脱皮をする．オスもメスも脱皮するが，メスの交尾できる期間は脱皮した直後に限られる．したがって，メスが子を産むまでの経過は，

　　　脱皮→交尾→産卵→育房内に抱卵→子が育房を出る

となるわけである．交尾できる期間が限られていることは，メスにとってもオスにとっても大きな問題だ．オスとメスはそれまでに出会い，期間内に交尾をしなければならない．このために，色々な工夫がある．

2. メスを抱えて歩く―交尾前ガード

「交尾前ガード」という行動がある．文字通り「交尾の前にオスがメスをガードしてやる」行動である．この行動をとる種はたいてい巣をもたない．オスはそろそろ脱皮する可能性のあるメスにめぐり会うと，つかまえて逃がさず，メスが脱皮して交尾可能になるまでメスを抱えて歩く．メスに逃げられたり，他のオスにメスをとられたりしないように，しっかりガードして，メスが脱皮するのをじっと待つわけである．いつごろメスが脱皮しそうか，メスがどのよ

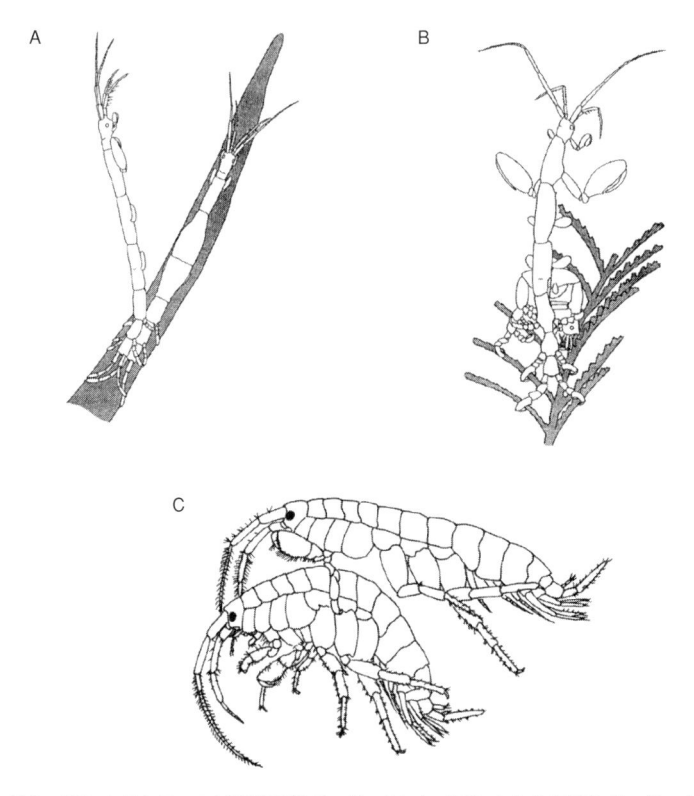

図3 ワレカラとヨコエビの交尾前ガード．A：ホソワレカラの交尾前ガード．オス（左）が体の後部をメス（右）と重ね，1対の脚（第5胸脚）で後ろからメスを抱え込んでいる（Aoki, 1996）．B：スベスベワレカラの交尾前ガード．オスがメスを馬蹄状に折りたたみ，1対の脚（第5胸脚）で抱え込んでいる（Aoki, 1996）．C：メリタヨコエビの一種の交尾前ガード．オス（上）が1対の脚（第1咬脚）でメス（下）をつかんでいる（Borowsky, 1984改変）．

うな繁殖ステージにあるかは，ちょっとメスに触ってみるとわかるらしい．この交尾前ガードの方法には色々なタイプがある．ワレカラの中には，ホソワレカラ *Caprella danilevskii* などに見られる，オスがメスを後ろからそっと抱え込むタイプのもの（図3A）と，スベスベワレカラ *Caprella glabra* などに見られる，オスがメスを押さえ込んで馬蹄型にたたみ，それを自分の脚を使って抱えて歩くもの（図3B）がある．また，メリタヨコエビ類では，オスが体の前方の1対の脚（本当は第1咬脚という）で，メスの背中をつかんで運ぶものがある（図3C）．この仲間では，オスがつかまえやすいような切れ込みがメスの体側（第6底節板といわれる部位）につくられている．その切れ込みの形は種によって異なっていて，別種のオスにはうまくつかめないという．

3. メスを求めてさまよう—クルージングメール

　ヨコエビ類の中でも，ドロクダムシ類など巣をつくってすんでいるものは，交尾前ガードを行わない．オスはメスの巣を探しだせば，いつでも訪ねていけるわけで，苦労して交尾前ガードをする必要はないのだろう．オスは，徘徊してメスの巣を訪ねてまわる．メスが受け入れてくれたなら，交尾ができるまでメスの巣に住みつくわけである．こうしてさまようオスは遊弋雄（ゆうよくおす；クルージング・メール）と呼ばれている．また，普段は海底にすんで巣をもつものでも，泳ぐ力が大きなものでは，夜になるとオスが一斉に水中に泳ぎ出す．スガメソコエビ類などがそれに当てはまるが，その遊泳タイミングは潮の周期に一致していることが多いらしい．水中に飛び出すということは捕食魚の餌食になる可能性も高く，このような種ではオスの占める割合がとても低いことがある．

4. ハーレムとスニーカー

　多くのメスを自分の巣に確保してハーレムをつくるのも，オスがメスを確保するための有効な手段である．しかし，大きな強いオスがメスを独占してしまうと，あぶれてしまうオスが出てくることに

なる．しかし，あぶれオスも負けているばかりではない．米国カリフォルニア湾のパラセルセイス・スカルプタ *Paracerceis sculpta*（図4A）というコツブムシの仲間の等脚類では，オスに3つのタイプがあり，大きさと形が違っている．もっとも大きなものは，ハーレムをつくる立派な姿のオスで，中くらいのオスは体つきがメスにとてもよく似ている．そして，もう1つのタイプはとても小さなオスである．メスに似たオスは大きなオスのハーレムにメスのふりをして潜り込み，ハーレムオスの目を盗んでハーレム内のメスと交尾する．一方，体の小さなオスはオスがふさぎきれない巣の入口のすき間などからハーレム内に潜り込んで，やはりハーレムオスの目を盗んでメスを奪う．このように，他のオス個体の目を盗んで利益を奪う者たちは，そっと忍び込むというイメージから「スニーカー」と呼ばれている．

5．性転換

　オスが相手を探している時に，なかなか相手が見つからないうえに，たまに出会う相手がオスばかりだったら，さぞやがっかりすることだろう．このような場合に，せっかくオスがいるのだから自分がメスになってしまおう，とオスからメスへ性転換するものたちがある（雄性先熟）．逆に，最初はメスで次にオスに性転換するものたちもある（雌性先熟）．こういうやり方は便利だと見えて，広く色々な動物群に見られる．フクロエビ類でも，両方のタイプの性転換の存在が知られている．

　雄性先熟は，等脚類のヤドリムシ類，ワラジムシ類，ウオノエ類，それから端脚類のツノヒゲソコエビやフクレソコエビの一部に見られる．ヤドリムシは主に他の甲殻類の背甲内などに寄生するもので，またウオノエは魚に寄生するものである．どうも寄生性のもので雄性先熟になる傾向があるようだ．その理由は，寄生性のものは寄主に一夫一妻で入っていることが多く，寄主へ先着のものがオスからメスに変わることによって後着のオスとペアを組み，一夫一妻を必ず確保できるためだと思われる．一夫一妻で寄主に潜り込んでいる

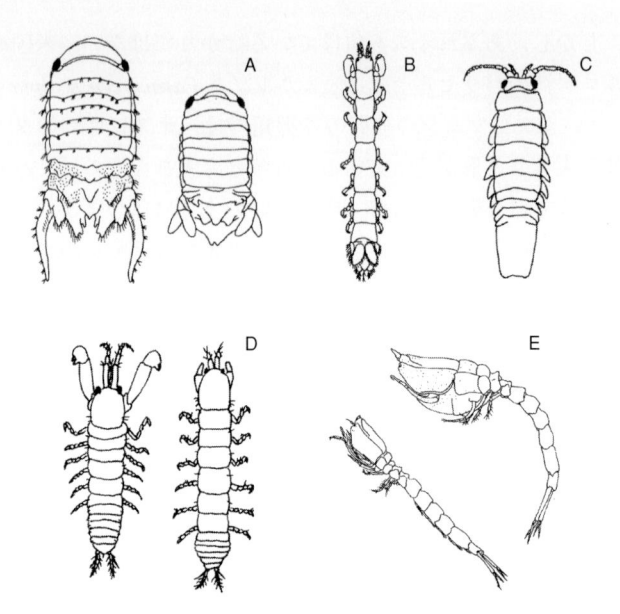

図4 色々なフクロエビ類. A：パラセルセイス・スカルプタのオス（左）とメス（右）（Shuster, 1991改変）. B：シアンチュラ・カリナータのオス（Marques *et al.*, 1994）. C：ナガレモヘラムシのオス（Naylor, 1995改変）. D：ホソツメタナイスのオス（左）とメス（右）（Isaac, 1995改変）. E：ミナミナギサクーマのオス（左下）とメス（右上）（Gamo, 1962改変）.

場合，体の大きなものがメスになった方が子をたくさん産むこともできるだろう．

　雌性先熟のもので，よく知られているのはタナイスとスナウミナナフシである．また，日本産のチョウセンコブムシを含む等脚類のコブムシ類の数種にも知られている．タナイスは，昆虫のケラによく似ていて，円筒状の体の前端に大きなハサミをもっている．見た目通り，やはり穴掘りが得意なようで，砂や泥に穴を掘って巣をつくる．このタナイス類では，1つの種の中に，成熟してすぐにオスになるものと，まずメスを経てからオスになるものとの，異なるタイプのオスが見られる場合が知られている．米国大西洋岸やヨーロッパ沿岸から知られるホソツメタナイス *Leptochelia savignyi* では，メスからオスへ性転換するタイミングの違いから，4つのタイプのオスの存在が知られている．また，この種ではオスの存在がメ

スの性転換を抑えるともいわれている．スナウミナナフシは，細長い円筒形の体をもち，砂に潜って生活している．ヨーロッパ沿岸にすむシアンチュラ・カリナータ *Cyanthura carinata* という種類（図4B）についてはよく研究が行われていて，やはり，すぐにオスになるタイプとメスを経てオスになるタイプとが知られている．タナイスもウミナナフシも高密度で砂泥底にすんでいることの多い動物で，繁殖時にはメスをめぐる争いも多いのだろう．実際にホソツメタナイスでは儀式的な行動をも含むオス間の闘争行動が知られている．大きなオスほど争いに勝つ可能性が高いのであれば，大きくなるとオスになる雌性先熟の性転換を行う理由もわかるように思える．

フクロエビ類の移動

1. どうやって移動するのか？

　海産のエビやカニ（十脚目の甲殻類）の幼生たちは雌親によって海中に放出され，プランクトン生活を送る．微小な幼生の形は親とは似ても似つかないもので，長い棘をもつものが多い．これは浮力を保持するための工夫であるといわれている．この幼生たちは，長い漂泳生活の間に成長し，いくつかの幼生段階を経たのちに成体になる．エビやカニに見られるこの幼生期は，1つの種がその分布域を拡大していくためにはとても役立つはずである．なにしろ水中を浮遊するということは，陸上でいえば，空を飛ぶことと同じなのだ．さて，話はフクロエビ類に戻る．浮遊専門の幼生期をもたない彼らは，陸上でいうところの飛べない動物と一緒だということになる．母親に守られて生まれてくるために，フクロエビ類はエビやカニに比べると，より大きな子を少数生む．大きな子というのは浮遊生活にはますますもって不向きである．では，フクロエビ類では，遠くまで移動をすることや，1つの種類が広い範囲にわたって分布することがないのだろうか．実は，そんなことはない．もちろん，固有種といわれる，ある地域にしか見られないような種類たちもある．しかし，その一方で，いくつもの海にわたって世界中に分布している種類もある．では，彼らはいったいどうやって遠くへ移動するの

だろうか？ 長い時間スケールの中で，少しずつ移動して分布を拡大していったのだろうか．夏には姿を消す大型海藻類が，秋から次第に生長して春を迎えるころ，おびただしい数のヨコエビやワレカラが加入してくる．海藻のない時期に彼らはどのようにすごし，どうやって加入してくるのだろうか．また，砂地に囲まれた海の真ん中にぽつんと浮いているブイにも，いつの間にかヨコエビやワレカラやタナイスが群がってくる．伝い歩くもののない水塊の中を，彼らは何時どうやって渡ってくるのだろう．

2．流れ藻にのって

　ホンダワラ類などの藻体に浮きをもった大型海藻は，切れて流された後も海表面を漂う「流れ藻」となる．流れ藻は海流にのって，長いものでは2カ月間，距離にして1000km以上を移動するといわれている．この流れ藻は，移動するフクロエビ類にとってのよい乗り物となりそうである．海底を離れた多くの種類のフクロエビ類たちが，流れ藻に潜んで移動しようとしているはずだ．しかし，実際に流れ藻を採集してみると，期待はずれである．そこに見つかるのは，漂流物を生活の場とするような限られた種類のみで，普段海底に見られるような種類はまるで見出すことができないのだ．流れ藻生活を日常とするフクロエビ類の代表格は，等脚類のナガレモヘラムシ *Idotea metallica*（図4C）であろう．ナガレモヘラムシは海底の藻場からは，なかなか発見できず，流れ藻を渡り歩いて生活してものと考えられる．実は，流れ藻が生じる過程で，海藻が海底から切り離されて浮上するまでの間に，ほとんどの葉上動物が落下したり，逃げ出したりしてしまうようなのである．確かに，海藻の浮上は葉上動物にとっては大変に大きな環境の変化であろう．漂流物には，そこを生活の場とする独特の生物群集があり，移動のために気軽にただ乗りできる乗り物ではなさそうである．したがって，流れ藻は，沿岸のごく短距離の移動に役に立つことはあるかもしれないが，遠距離移動にはとても役に立ちそうにない．

3. 漂泊と遊泳

　プランクトン生活を送れるほど小さくはなく，ほとんど泳ぐことができなくても，沈みさえしなければある程度の距離を移動していけるはずである．実際に，海藻に隠れすむ動物たちを，海中で海藻から揺すり出してみると，海中に放り出されてしばらくの間はドタバタしながらも一定の深さに留まっているものがある．そうしているうちに，それらが近隣の海藻にたどりつくこともある．とくに，強風の時などに押し流されるようにして移動することはありそうだ．さらに，もう1つの機構として表面張力による移送も考えられる．アサガオガイやルリガイなど，貝類には，表面張力を利用した海表面生活を行うものがある．海水面の裏側に張り付くようにして移動する，そういうやり方は遠距離移動に使えそうだ．フクロエビ類でも，表面張力によって海面にトラップされたタナイスとヨコエビについて，そこに留まっている時間と，その間の生き残りについて調べた実験がある．その結果，親よりも子の方が長く浮いていることがわかり，ホソツメタナイス *Leptochelia savignyi*（図4D）では5日以上，アゴナガヨコエビの一種では2日程度は生きて水面に留まっていることができたという．海面にしばらくいれば，流れ藻や流木にしがみつくチャンスもめぐってくるかもしれない．

　子が遊泳能力に乏しいのであれば，親が遊泳すればよい．ある程度の遊泳力をもつものたちでは，人間たちの知らぬ間にこっそりと大群で移動していくようなことが，あるのかもしれない．長距離の移動をするわけではないのだろうが，一斉に遊泳することが知られているものもある．繁殖のために泳ぎ上がるものについては前に述べたが，生息場所の密度が上がると泳ぎ出すものもあるらしい．フクロエビ類の中でももっとも顕著な遊泳活動を示すのはクーマ類である．昼間は砂に埋もれているものが，夜になると水面付近まで泳ぎ上がっていくのである．

4. クーマの夜間遊泳

　クーマは，ヘルメットのような背甲に細長い有節の尾がついて

いる．まるで，オタマジャクシをロボット化したような生き物である．大きさは，深海の大型のものを除けば，普通最大2 cmくらい．昼間は頭を少し出した状態で砂泥の表層に潜っている．日本の近海におおむね100種がいる．クーマは昼はじっとして砂の中ですごす．そして，夜が来ると砂の寝床を抜け出して水面まで泳いでいき，ひとしきり泳ぐと海の底に戻る．種類によって泳ぎ方が異なるようで，泳ぎ出す時にすべてが泳ぎ出す場合もあれば，若いものだけ泳いだり，雄だけ泳いだり，また，泳ぐ時間帯や季節が色々にずれている．夜に泳ぐのは，昼間よりも魚などの捕食者たちに見つかりにくいからだろうが，なぜ水面近くまで泳ぎ上がる必要があるのだろうか．クーマの背甲は，アミやヨコエビに比べて厚みがある．重い甲羅を身につけて砂からはい出し，水面まで泳いでいくのは大変な労働だし，大きな危険もありそうだ．泳ぎ出せば，捕食者に狙われる機会も増す．たいていの種類は砂の中にいる時でも水流を引き込んで餌取りできそうなので，餌のためにわざわざ泳いで出かけるとは思えない．脱皮成長や繁殖のため，というのがもっとも考えられそうな理由である．伊豆下田で行われた研究では，ミナミナギサクーマ *Bodotria similis*（図4 E）という種類について海底にすむものの組成と夜中に泳ぎ出してくるものの組成とを通年比較した．この種では卵を抱いたメスは必ず海底にいて，脱皮する個体や雄はさかんに泳ぐことがわかった．水面辺りまで泳ぎ出せば，水の流れで今までの居場所と違う場所に運ばれて新しい相手と巡り会える可能性も高くなる．毎夜泳ぎ出ていれば，生息密度の調節を行うこともでき，また，新たなすみ場所の開拓にも役立つのかもしれない．

　さて，泳ぎ出すことがわかり，そのタイミングがわかっても，行き先を特定することは難しい．このため，海の中で移動をきちんと把握することは大変に難しい．ところが，生活史の中の必要に迫られて，2つの場所を行き来して移動することのはっきり解明されているものがある．それは等脚類のウミクワガタという動物である．その独特の生活史について，少し述べてみたい．

5. 吸血のための移動

　ウミクワガタが行き来する2つの場所は，普段ねぐらにしている場所と餌をとる場所なのだが，この餌をとる場所が一風変わっている．ねぐらの近くにすむ魚の体の上なのだ．すなわちウミクワガタは魚の血を吸って自らの栄養としているのである．7年にわたって伊豆下田で行われたシカツノウミクワガタ *Elaphognathia cornigera* の研究では，ねぐらは潮間帯の海綿で主要な吸血対象魚はアゴハゼであった．魚からの吸血を行うのは子の時期のみだが，ねぐらから魚までを往復する回数は3回と決まっている（図5）．ウミクワガタの生態に関する他の研究はわずかだが，生活史の一部のわかっている他の種でも，この3回という回数は変わらない．子の口の構造は昆虫の蚊の口のそれによく似ている．吸血するごとにねぐらに戻り，脱皮して大きくなることを繰り返して3往復した後は，摂食せず繁殖活動のみに専念する成体となる．成体になる時の脱皮で，オスには昆虫のクワガタムシのものとそっくりの大顎が生じる．一方，メスは体のほとんどが卵で満たされたウインナーのような形になり，

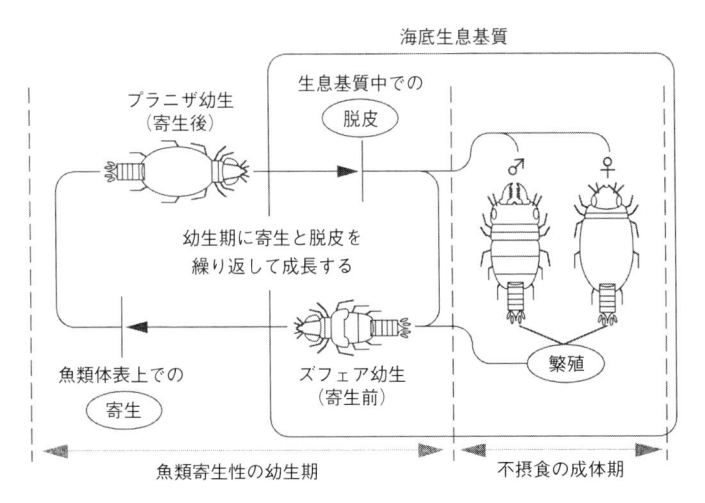

図5　シカツノウミクワガタの生活環．幼生期にはクロイソカイメンなどの生息基質から泳ぎ出し，魚類体表に寄生して吸血する．この行き来は3回繰り返され，やがて成体になると餌をとらずに繁殖を行う（田中，原図；口絵4-D参照）．

やがて1回だけ子を放つと死んでしまう．

6. 人の手を借りての移動

　余談といえるが，フクロエビ類が人の手を借りて移動していく場合もある．人が関わってフクロエビ類が移動する場合，2つの可能性がある．1つは，人が意識的に彼らの移動に手を貸す場合，もう1つは知らずに彼らを運んでいる場合だ．前者としては，餌としての利用を目的としたものがある．シベリアやウラル地方では，魚を増やすために大量のヨコエビ類を湖から湖へと運ぶことがよく行われていた．5年間にバケツ2万杯分のヨコエビを運んだ記録や1年間に10tものヨコエビを運んだという記録も残っている．

　人がそれと知らずにフクロエビ類を運ぶ場合は色々とある．まず船によるものがあげられる．木造船の船底にはキクイムシなどが潜り込んでいる．また，船底についた海藻にしがみついているものたちもある．浮力調整用のバラスト水は，海水を出し入れするので，海の動物たちにとっては乗合バスのようなものかもしれない．食用や養殖用など商業的な目的で海藻や魚介類を輸出入する場合は，どさくさに紛れて色々な動物たちが密航者として潜り込んで運ばれる．さらに，運河が築かれて海がつながった場合，水路が変えられた場合などにも，動物たちの移動にいつの間にか人が手を貸していることがある．

7. フクロエビ類は「海の昆虫」か？

　陸上ではありふれていてごく普通に見かけるのに，海の中ではその仲間の姿をまったく見ることのできない動物の中に昆虫類がある．沿岸域や外洋の海表面に進出しているものはわずかにあるのだが，陸の覇者ともいうべき種類数と個体数を誇るのにも関わらず，昆虫類は海の中にはまったく進出していない．なぜだろうか？　当然考えられるのは，体のしくみによる制約である．気管呼吸を行う体の構造が水中生活に向かないのは明らかだ．しかし，川や湖などの陸水にはタガメやゲンゴロウ，ミズカマキリといった水生昆虫たちも

いるのに，海の中で海生昆虫を見かけることはない．気管に空気を保持して潜水すると透明な体の場合空気の泡が水中でとても目立ち捕食者に狙われるから，海への進出を果たせなかったのではないか，などという仮説もあるが，昆虫ほどの強者なら呼吸法に何らかの工夫をほどこして海の中で生活してもよさそうなものである．哺乳類にさえ海中で生活しているものがあるのだ．

「生態学的地位」という言葉がある．色々な生物たちが相互に関係しあいながらつくっている生物の世界を「生物群集」と呼ぶが，その中でそれぞれの生物たちがもっている役割，すなわち職業のようなもののことをこう呼ぶ．海の中に昆虫がいないとすると，陸上で昆虫たちが占めているのに相当する生態学的地位は，海の中ではいったい誰が占めているのだろう？　もちろん，まったく環境の異なる陸上の世界と海の中の世界を並べて考えれば，その中での生物たちのもつべき職業も全然違うはずだから，単純な比較はできない．しかし，空を飛ぶことができたり，植物を食い荒らしたり，鳥に食べられたりする，また中には社会性をもつものもある昆虫たちと似たような役割を果たしている動物は海にはいないのだろうか？　考えようによってはフクロエビ類は大変に「海の昆虫」的な要素をもつといえる．ちょうど陸上の昆虫くらいの範囲の大きさで，魚（魚は海の鳥といえるだろう）の餌となるものが多い．また，浮遊する幼生期がなく，子は母親の育房からいきなり出てくるため親子関係や雌雄関係などの社会関係が発達しやすい．そのへんの事情を考えてのことだろうか，それとも単に形が似ているだけのためだろうか，フクロエビ類には昆虫のような呼び名をもつものがいくつもある．ウミナナフシ・ウミクワガタ・ウミセミ・ウミノミ・ウミミズムシ・ヘラムシ等々．「海の昆虫」という観点から，陸上の昆虫との生態系の中における位置づけの違いを比べながら研究を進めていくことは，たとえば植物との関係を考える時でも，また社会性の発展段階について考える時でも，なかなかおもしろいのではないかと，私は考えている．

3章

海のガンマン
―テッポウエビ類の多様性

野村恵一

はじめに

　私の研究対象はテッポウエビ類という体長5cm前後の小さなエビたちである．本類は十脚目コエビ下目テッポウエビ科に属する種の総称で，世界でおよそ35属500種を含む大所帯をなし，この種数は十脚目の中でもっとも種多様性の高い科の1つといえる．ただし，分類学的研究，とくに種群の整理はあまり進んでおらず，まだまだ，底知れぬ埋在種[1]をはらんでいる．また，高い適応放散の結果，本類の生息場は多岐にわたり，共生種も少なくなく，その中には，とりわけユニークな生態をもつものも多い．さらに，大鉗という強力な武器を備えてサンゴ礁域に君臨したり，社会性昆虫と同様の高度な社会を形成する種までいる．ここでは，こんな多彩なエビたちの一面を，私のこれまでの研究史をまじえて紹介したい．

テッポウエビ類の特徴

1. 海のガンマン

　テッポウエビ類の外観は属によって様々であるが，額角を欠くかあっても小さいこと，目の一部もしくは全部が甲羅の下に隠れること，前方2対の胸脚がハサミ脚となり，そのうちの前方1対はとくに長大となること，第2胸脚の腕節が3～5分節することなどの特徴で，他のコエビ類と区別される（図1A）．

　テッポウエビ類は大きな破裂音を発するエビとして有名で，本類の和名や英名（pistol shrimp, snapping shrimp）はこの生態に由来する．磯遊びをしていて本類が音を発するのを体験された方も多いと思われるが，海中ではさらにエビが出す多量のノイズにあふれ，実に騒がしい．陸上の喧噪から逃れた海の中は「沈黙の世界」とも表現されるが，それは本類がすまない場所での話なのである．テッポウエビ類が音を出すしくみは，第1胸脚のハサミの部分にある．

---

[1] 埋在種 *cryptic species*：形態的には区別しがたいが，生殖的隔離が成立した系統的に近縁な別種．

テッポウエビ類の主要属であるテッポウエビ属の第1胸脚を見ると，左右不相称のハサミ脚となり，大きい方のハサミは大鉗，小さい方は小鉗と呼ばれる（図1A）．音を発するのは大鉗の方で，ここの筋肉はよく発達し，指部内縁には臼・杵（プランジャー・ソケット）状の噛み合わせ構造がある（図1B）．指部は最大に開いた状態から，瞬発的に閉じることができる．その際，プランジャーによってソケット内の水が前方に向かって急激に押し出され，疎密波

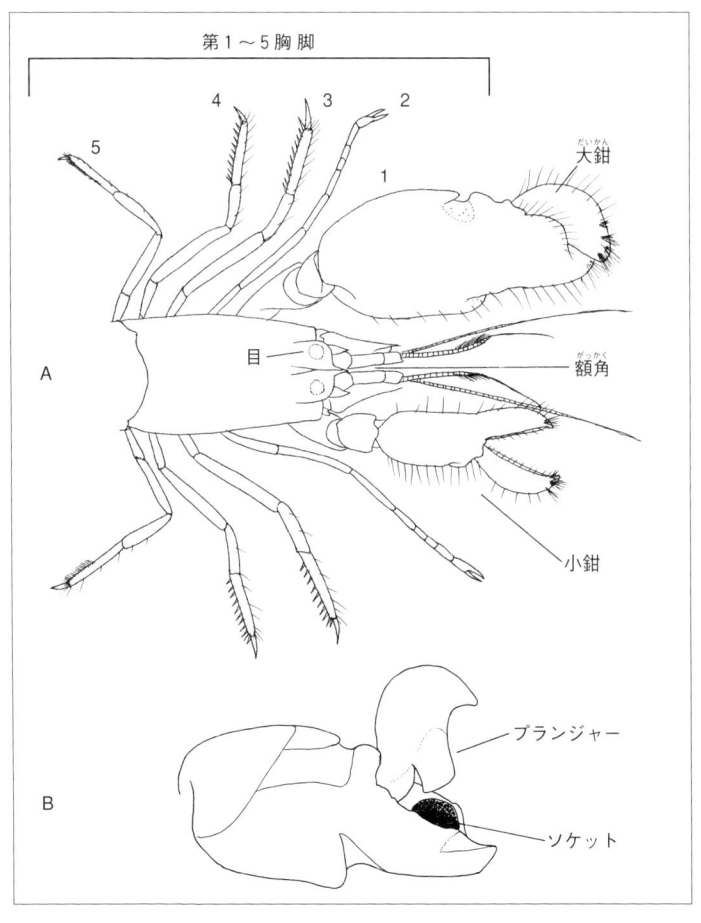

図1 テッポウエビ類の形態と名称．A：テッポウエビ属 *Alpheus* の体前半部，B：テッポウエビ属の大鉗指部のスナッピング構造．

表1 日本産テッポウエビ類の属別の種組成

No.	属名	種数	生活様式			未記載または分類学的問題種	スナッピング構造
			自由生活	共生	不明		
1	ヨリアイテッポウエビ属 Alpheopsis	5	5	0	0	2	
2	テッポウエビ属 Alpheus	170	135	35	0	105	○
3	ヤドリエビ属 Arete	6	0	6	0	4	
4	ヤドカリテッポウエビ属 Aretopsis	1	0	1	0	0	
5	ムラサキエビモドキ属 Athanas	12	12	0	0	2	
6	ムラサキエビモドキ属 Athanopsis	1	0	1	0	0	
7	オトヒメテッポウエビ属 Automate	2	2	0	0	0	
8	テッポウエビモドキ属 Betaeus	2	2	0	0	0	
9	チャセンテッポウエビ属 Betella	1	1	0	0	0	
10	ドウクツテッポウエビ属 Metabetaeus	2	2	0	0	0	○
11	オカメテッポウエビ属 Metalpheus	2	2	0	0	0	
12	オガミテッポウエビ属 Nennalpheus	2	2	0	0	1	
13	ヘンゲテッポウエビ属 Parabetaeus	2	2	0	0	0	
14	フドウノテッポウエビ属 Prionalpheus	2	2	0	0	1	
15	Pseudathanas	1	0	0	1	0	
16	アザミサンゴテッポウエビ属 Racilius	1	0	1	0	0	○
17	ノコギリテッポウエビ属 Salmoneus	7	7	0	0	2	
18	Stenalpheops	1	0	1	0	0	
19	ツノテッポウエビ属 Synalpheus	27	3	20	4	8	○
20	シンエンテッポウエビ属 Vexillipar	1	0	1	0	0	
	合計	248	177	66	5	125	

資料は個人的および既存の知見に基づく

を伴った衝撃的な水の流れ（ジェット水流）が生じる．この引き金式の拳銃にも似た動作はスナッピングと呼ばれ，その威力は小石を吹き飛ばす程度とされ，大きな動物や離れているものへの効果は少ない．ただし，本類が潜む岩の隙間や砂泥に掘った管状の巣穴内への進入者に対しては，狭い空間内で直撃波を浴びせられる形となり，かなりの威嚇力を発揮することが予想される．また，大鉗に直接挟まれたりすると，小動物ならたちどころにバラバラにされてしまう．したがって，大鉗は威嚇用にも殺傷用にもなる強力な武器といえる．

ところで，肝心の破裂音は，スナッピングの際に二次的に生じる反響音とされ，ジェット水流の単なる副産物にすぎない．となれば，テッポウエビ類の出す音の適応性を考えるのはあまり意味をもたないが，本類同士が接近した巣穴から互いに上半身を乗り出し，音を連発して応酬し合う様は，まさに西部劇のガンマンさながらであり，観察していてとても楽しい．また，私などは破裂音に驚いて採集をしそこなうこともあり，音は少なくとも気弱な人間には十分な威嚇効果がある．

表1に日本産テッポウエビ類の属別の種組成を示す．これまで国内で確認されたのは20属248種で，第1優占属はテッポウエビ属の170種（69%），続いてツノテッポウエビ属の27種（11%）で，残りの属の出現比率はいずれも5%以下と少ない．そして，日本産テッポウエビ類の中で，スナッピング構造を有する，すなわち，「鉄砲」が打てる属はテッポウエビ属やツノテッポウエビ属などわずか4属にすぎない．ただし，上述したように，テッポウエビ属とツノテッポウエビ属の2属は種分化が著しく進んでおり，種数の割合（80%）で見れば，スナッピングは本類の一般的な特性と見なすことができる．なお，種分化の進んだこれら2属は，テッポウエビ類の中でもっとも繁栄しているといえる．これは，鉄砲という強力な武器の入手が原動力となったことは想像に難くない．

2. サンゴ礁のエビ

テッポウエビ類は熱帯域，とくに浅海サンゴ礁域を中心に分布す

る動物群である．個人的な資料も含め，黒潮流域各地の本類の出現種数を比較すると，八重山（170種），串本（90種），関東（30種），東北（5種）となる．これより，サンゴ礁域（八重山）は他の非サンゴ礁域に比べて種数が圧倒的に多く，黒潮が北上し水温が低下するにしたがい漸次減少することがわかる．また，サンゴ礁域のエビ類相に占めるテッポウエビ類の割合は高い．琉球列島中部に位置するケラマ諸島は，浅海十脚類相が国内のサンゴ礁域の中でも比較的詳しく調べられている．この調査記録からエビ類の各分類群別の出現種数を抜粋すると，クルマエビ類2種，オトヒメエビ類5種，コエビ類128種，イセエビ類6種の合計141種となり，エビ類の中ではコエビ類がもっとも卓越している．さらに，コエビ類内の各科の組成を見ると，テッポウエビ科11属71種，テナガエビ科14属40種，その他7科17種となり，テッポウエビ科とテナガエビ科の2科がエビ類全体の80％をも占めている．したがって，浅海サンゴ礁域のエビ類の高い種多様性を支えているのは，これら2科のエビ類といえる．ところで，テナガエビ科の構成種はほとんどがカクレエビ亜科に属する．本亜科は他の動物と共生するという特殊な方向に展開した分類群で，出現場所が限られている上に，個体数も多くはない．一方，テッポウエビ類は生物・非生物を問わず，様々な基質を生息基盤として利用しており，また，生きたサンゴの基盤や死んだサンゴの間隙にはすこぶる多い．したがって，種多様性ばかりでなく，サンゴ礁域におけるテッポウエビ類のバイオマスは，エビ類の中でも突出して大きい．なお，属多様性で見ればさすがのテッポウエビ類もカクレエビ亜科にはかなわない．本亜科はインド・西太平洋域だけでも66属330種が報告されており，その分化様相は例外もあるが1属1種群のごときである．

3．適応放散

　テッポウエビ類は高い適応放散の結果として，多様な生息場を開拓した．熱帯から寒帯，淡水から水深1000mを超える深海と幅広く出現し，さらに，生活基質も非生物（自由生活）から他の生物の

体（共生）と多岐にわたっている．また，共生種の中には，特異な生態をもつ種も少なくない．たとえば，ショウガサンゴ類の枝間にすみ，同じ宿主の優占的・排他的支配者であるサンゴガニ類に対し，その排除行動を防止するための「なだめ行動」を行うサンゴテッポウエビ *Alpheus lottini*，ヤドカリ類の宿貝内にすみ，貝殻進入時に奇妙なダンス行動（小鉗を小刻みに振りながら殻口のまわりを泳ぎまわる）を見せるクレナイヤドカリテッポウエビ *Aretopsis amabilis*（口絵5A），ハゼ類と分業的な相利共生をみせるテッポウエビ属のエビたち（後出；口絵5B, C），ムラサキウニに共生し，戦略的な性転換を行うムラサキヤドリエビ *Arete dorsalis* = *Athanas kominatoensis*，海綿類に共生し真社会性を有するツノテッポウエビ属の一種 *Synalpheus regalis*（後出）などがおり，本類の共生現象は広く認知されている．しかしながら，表1にも示してあるように，共生種は全体の3割程度と意外に少なく，大半は自由生活種である．また，共生生活に特化した属は，ヤドリエビ属やツノテッポウエビ属などを除けば，どれも数種からなる小さな属である．テッポウエビ属は共生種を多産しているが，属内の比率からするとわずか2割にすぎない．国内で確認された共生テッポウエビ類の同居相手の分類群組成を見ると，藻類2種（3％），海綿類21種（32％），刺胞類7種（11％），棘皮類12種（19％），甲殻類2種（3％），ユムシ類2種（3％），魚類約20種（31％）となり，海綿類と魚類がともに卓越する．

共生テッポウエビ類と同居相手との種間関係は，一般に互いの利益の損得から，相利共生（両者共に利益を得る），偏利共生（一方は利益を得，他方は利益も害も受けない），寄生（一方は利益を得，他方は長期にわたって害を受ける）の3つに分類される．そして，共生種の多くは，偏利共生の範疇に含まれる．ただし，上述した種間関係の分類は，見た目の姿が色濃く反映されている．そのため，厳密に調べれば，偏利共生とされるほとんどの種は，寄生の範疇に移行されるであろう（見掛け上，相手に害を与えていないように見えても，実際には栄養やエネルギーを摂取している）．ところで，

水平的・鉛直的な広域分布や共生生態を有するエビ類は，テッポウエビ類ばかりでなく他の科（たとえばテナガエビ科やモエビ科）でも見られる．そこで，次項では，他のエビ類では見られない本類に特有の生態現象をいくつか詳述する．

不思議な生態あれこれ

1. 真社会性テッポウエビ類

　最近，驚愕すべき生態をもつテッポウエビ類が発見された．それは，カリブ海のサンゴ礁域に分布するツノテッポウエビ属の一種 *Synalpheus regalis* である．本種は大型の海綿類と共生し，時に300個体以上の群れをなして生活する．群れの中で子を産めるのはたった1個体の女王エビのみに限られ，女王エビ以外のメスは繁殖に関わることなく，子供の共同保育や集団防衛を行って仕事を分業化している．稚エビは直接発生によって生まれ，宿主から離れずに残るため，宿主内の集団は複数の兄弟世代によって構成される．そして，本種で見られる共同保育，繁殖の分業化，複数世代の同居は，本種が正に真社会（eusociality）を形成することを明示する．真社会性動物としては，ハチ類やシロアリ類など昆虫類ではよく知られていたが，これまで他のエビ類はおろかすべての海産無脊椎動物で確認されておらず，本種の生態は驚異の大発見といえる．この後，カリブ海では続々と真社会性テッポウエビ類が確認されており，そのすべての種はツノテッポウエビ属の中の *Gambarelloides* 群に属し，海綿類と共生し，さらに，カリブ海のみに産するといった共通性をもつ．本群は約30種を含み，分布は大西洋域に偏っており，インド・太平洋域の分布種は全体の1割程度にすぎない．これらのことから，テッポウエビ類の真社会性は，カリブ海が太平洋と遮断された鮮新世末期以降に，カリブ海にすむ *Gambarelloides* 群のある種によって奇跡的に獲得され，それが子孫種に受け継がれていったと解釈することができる．

　ここで，テッポウエビ類の中の優占属であるテッポウエビ属とツノテッポウエビ属の間で用いられる，「群：group」とう分類階級

について説明を加えておきたい．テッポウエビ属は7群に，ツノテッポウエビ属は6群にそれぞれ分けられている．この群は，外見的な類似性を基に考えられた便宜的な階級であり，一般の分類概念にはない．亜属と似たような位置に相当するが，様々な系統の種や種群が含まれる．群の創設はすでに100年ほど前になされており，近年までの間に群の一部を亜属もしくは属に昇格させる試みもあったが，総括的な属内の整理はいまだになされていない．そして，現在は，群は系統を適切に反映していないという理由で，分類学者の間では重要視されなくなっている．そうはいっても，群は属内を整理したり，種の検索をしたりする上で便利な階級であり，私は重宝している．

2．ハゼとの共進化
1）エビは穴掘りに，ハゼは見張りに

相利共生の代表格はなんといっても，ハゼ類と同居するテッポウエビ類である．エビは砂や泥地に細長い巣穴を掘り，ハゼはエビとともにこの穴に同居する．エビは住居の維持・拡張，索餌，場合によっては伴侶との出会いのために絶えず穴を掘り続ける．穴掘りに使うのは胸脚で，第2以下の胸脚で土砂をかき出し，巨大な第1胸脚をブルドーザーのように用いて土砂を穴の外へ排出する．そして，エビが土砂を捨てに外へ出た瞬間は，捕食に遭う危険性がもっとも高まる．その危険回避に役立っているのがハゼによる警報システムである．ハゼは穴の口で番をし，危険が迫ると穴内に逃げ込む．そこで，ハゼが穴外に出ていれば安全の証であり，それを頼りにエビは外に出られる．また，エビは穴の外で藻類を食むことがあるが，視力が弱いので[2]，長い触角でハゼの体に触れることによって外出中も安全を探知することができる（口絵5B）．しかも，この間，ハゼは外敵の接近を発見すると尾びれを小刻みに振動させ，触角を

---

[2] テッポウエビ属の視力：本属は穴蔵生活への適応のため，目を頭胸甲の下に埋めてしまった．そのため，視力はあまり発達していない．物は透明な甲らを透かして見ることになるが，明暗の変化に対してすばやく反応できる．

通して危険をエビに知らせる．エビがこれを感知すると，一目散に穴内に逃げ込む．このように両者の間には，すばらしい協調関係が確立しているのである．

　ところで，共生エビの中には中途半端な種もいる．それはテッポウエビ *Alpheus brevicristatus* である．本種は干潟やアマモ場の普通種であり，エビだけで見つかることもあるし，スジハゼと同居することもある．両種の関係は淡泊なようで，エビはハゼをあまりあてにしていないし，ハゼも穴の口で番らしい振る舞いを見せるが，行動は気まぐれである．私は，両種のこのような弱い結び付きは，高度な協調関係を発展させる前段階の姿を反映しているのではないかと考えている．また，ハゼの中には，ハナハゼのように，決まった巣穴をもたずに気ままに泳ぎまわって自由生活し，緊急時にのみ手近な所にある共生ハゼの巣穴に逃げ込むちゃっかりものもいる．そこで，これらの事例を基にして，エビとハゼが高度な共生生態を確立するに至った歴史を想像してみた．「エビはもともとは単独で穴を掘り，自由生活していた．そこへ，ハゼが居候を決め込むようになった．始めハゼはエビに追い出され，穴の外でうろうろし，危険時にのみエビの穴に緊急避難していた．それが，いつしかエビはハゼの同居を嫌がらなくなり，さらに危険探知をハゼに依存するようになり，今日のような高度な関係にまで発展した」．これは史実とは異なるかもしれないが，長い歴史を経た共進化（互いに影響をおよぼしあいながら進化する現象）によって協調関係を展開していったことは間違いない．

2）エビとハゼの組み合わせ

　ハゼと共生するテッポウエビ類は，そのほとんどがテッポウエビ属の中のテッポウエビ（*Brevirostris*）群に含まれる．この群は世界から40種ほどが報告されており，大鋏の断面が平たいことが特徴である．これは，土砂を効率良く排出するのに特化した形態と思われる．この群の中でハゼとの共生生態が確認されている種は全体の2割ほどであり，この生態は本群の普遍的特性とは言い難いが，野外での観察が増えれば，もっと比率は高まるはずである．一方，共生

ハゼの方は国内で11属約40種が知られ，これはハゼ科全体の1割に当たる．したがって，ハゼの方も，共生生態は全体の中では異端の部類に属する．

表2に国内で見られる代表的なエビとハゼの組み合わせを示す．両者の組み合わせには3つのパターンが認められる．1つは，クマドリテッポウエビ（仮称）[3]のように特定のハゼとしか共生しない種特異性をもつタイプ，2番目はトウゾクテッポウエビのように特定属内の複数種のハゼと共生する属特異性をもつタイプ，そして3番目はモンツキテッポウエビ，ニシキテッポウエビ亜熱帯型（口絵5B）[4]，コトブキテッポウエビ（仮称：口絵5C）[3]のように複数の属のハゼと共生するタイプである．この3タイプの中では，3番目のタイプがもっとも種が多い．なぜ種によってこのように組み合わせに大きな幅があるかについては現時点では説明がつかないが，エビとハゼの進化史を考える上で大変興味深い問題である．

ところで，もっともハゼ選択幅の広いコトブキテッポウエビは，ハゼとの共生種を輩出するテッポウエビ群には含まれず，エドワールテッポウエビ（*Edwardsii*）群に属する．後者の群はテッポウエビ属全体の半数の種を含むほどの本属最大の群で，すべて自由生活種からなり，唯一例外的な共生種がコトブキテッポウエビなのである．テッポウエビ群とエドワールテッポウエビ群とは系統的に異なっていることから，本種はテッポウエビ群とはまったく独自に，それと同様の生態を確立したことになる．そして，本種のこの独自進化とハゼ選択幅の広さとの関連についても，興味がもたれる．さら

---

[3] 仮称和名：共生テッポウエビ類の分類は遅れているため，よく知られている種でも標準和名が与えられていないものが多い．そのため，様々な方面で種の扱いに不便が生じている．その解消のために，手持ちの標本に限るが，日本産共生テッポウエビ類を再検討した簡単な報文を準備中である．本文に登場する2種の仮称和名は，その報文で正式な標準和名として掲載する予定である．

[4] ニシキテッポウエビ亜熱帯型：ニシキテッポウエビ *Alpheus bellulus* には，形態的には区別がつかないが，色彩的・地理分布的に異なった型が認められる．縞模様の明瞭な亜熱帯型の他に，茶色味の強い温帯型，縞模様の薄い熱帯型がある．これらの多型が単なる地域変異なのか，種の違いなのかの結論は，今後の詳細な研究結果を待たねばならない．

表2 国内で見られる代表的な共生テッポウエビ類とハゼ類との組み合わせ.

ハゼ類	モンツキテッポウエビ A. djeddensis sp. 1	クマドリテッポウエビ A. djeddensis sp. 2	ニシキテッポウエビ重轟溶型 A. bellulus	トウゾクテッポウエビ A. rapax	コトブキテッポウエビ(仮称) A. randalli
オニハゼ Tomiyamichthys oni					○
ホタテツノハゼ Flabelligobius sp.					○
ネジリンボウ Stenogobiops xanthorhinica					◎
ヒレナガネジリンボウ S. nematodes					○
キツネメネジリンボウ S. pentafasciata					○
ヤシャハゼ Stenogobiops sp.					◎
クロホシハゼ Cryptocentrus nigrocellatus		◎			
タカノハハゼ C. caeruleomaculatus				◎	
オイランハゼ C. singapurensis				○	
ヤマブキハゼ Amblyeleotris guttata			○		
ダテハゼ A. japonica			◎		
ヒメダテハゼ A. steinitzi	◎				
クビアカハゼ A. wheeleri			○		
ヤノダテハゼ A. yanoi					◎
ヒメシノビハゼ Ctenogobiops feroculus	◎				

◎は一般的, ○は希な組み合わせ. 資料は個人的観察と既任の知見に基づく.

に，本種は紅白の大変派手な体色をもつが，これに共生するハゼもまたヤシャハゼ（口絵5C）やヤノダテハゼといったきれいどころが多い．この美男美女の符合も偶然の所産ではないであろう．エビとハゼの進化史はまだまだ不思議が一杯ある．

3）研究の道のり

テッポウエビ類は分類学的研究が遅れているが，その中にあってとくに研究が進んでいないのがハゼと共生するテッポウエビ類である．国内だけを見ても，10種以上の未記載種と，5種以上の分類学的問題種があり，種名が確定しているのはわずか5種にすぎない．つまり，ほとんどの共生種には名前がついていないのである．なぜこんなにも研究が遅れているかというと，本類の分類の混乱もあるが，もっとも大きな要因は採集が難しく材料が集まらないことにある．エビの巣穴は深く長い（1mを超える）ため，とても水中では掘りきれない．そのため，エビが穴の外に出てきた時にエビの退路を遮断して捕まえることになるが，上述したように，エビとハゼとの間には，ハゼによる警報システムが発達している．これが災いして，採集者が穴の口に接近すると，ハゼもろともエビは穴の奥に隠れてしまう．しかも，いったん驚かすと，ハゼの警戒心が増すし，「絶対採ってやる」と意気込んで待ちかまえると，殺気を感じてか，姿をなかなか見せてくれない．さらに，やっと出てきても，エビの反射神経は驚くほど高く，採集が空振りに終わることが多い．

ところで，近年は一眼レフカメラの水中への導入が普及し，質の高いすばらしい写真を頻繁に目にするようになった．一番人気の被写体はウミウシ類だそうであるが，ハゼとエビのツーショットもよくダイビング雑誌に登場する．その人気ぶりを反映してか，たまに，共生エビの種の同定のために私の所へ写真が送られてくる．そのほとんどは，残念ながら「テッポウエビ類の一種 *Alpheus* sp.」という返事に終わり，そのつど，自分の努力不足を大いに恥じることになるが，同定依頼の写真には見たこともない種が多数あったり，エビが巣穴を遠く離れ採集が容易な位置で写っていたりする．自己採集がはかどらない私にとっては，垂涎ものばかりであり，返事と一

緒に採集をお願いしているのであるが,標本が送られてきたためしはほとんどない.研究の道のりは険しい.

3. 藻類を栽培して生活するベジタリアン
1) ツノナシテッポウエビ

本章では,ツノナシテッポウエビ *Alpheus frontalis* の生態について詳しく述べる.本文の基になるのは,八重山諸島黒島での野外調査や室内実験の古い知見である.さらに詳細なデータ収集を行って研究を完成させる予定であったが,転勤によるフィールドの消失,生態から分類への興味の移行などがあいまって中断し,論文に結び付くことなく忘却されていた.闇に葬るには惜しい知見があり,また,研究のために犠牲にしたエビたちへの餞のために,この機会に本種のユニークな生活の一端を紹介する.

ツノナシテッポウエビはアフリカ東岸からハワイにかけてのインド・西太平洋域に広く分布し,和名の通り,本種が属するテッポウエビ属に普通備わる額角を欠くことが特徴である.体長40mmほどになり,暗紫色の体に小さな白点を散りばめた体色を呈する(口絵5D).ツノナシテッポウエビはテッポウエビ属の中のスベスベテッポウエビ *Crinitus* 群に属する.この群の種はカイメン類の胃腔内にすむものが多いが,中には繊維状の藻類を用いて巣を形成する特異な種群(アミメテッポウエビ種群)があり,本種もこれに含まれる.

2) エビは手芸名人

ツノナシテッポウエビが巣の材料とするのは,藍藻綱ユレモ目の一種 *Microcoleus lyngbyaceus* (以後,単に藍藻と呼ぶ)である.藍藻は太さ約35μm,長さ数センチメートルの糸状体からなる(口絵5F).エビがどうやって藍藻を用いて巣をつくるかというと,器用な第2胸脚に秘密がある.エビの前方2対の胸脚はともにハサミをもつが,1番目が強大であるのに対し,2番目は小さくて細長い.しかも,腕節が5分節しているので自在に曲がる(図1A).この脚で藍藻を1本1本つかみ,目にもとまらぬ早さで編み込みなが

ら，管状の巣を形成するのである（口絵5E）．乾燥標本の計測では，平均的な巣の長さは35（最大68）cm，幅は3cm，面積は130cm^{2}あり，所々に短い分岐をもつ．巣は生きた藍藻によってつくられ，生時も乾燥標本も暗紫色をしている．なお，エビの体色はこの巣の色彩に同調している．

3）エビと藍藻の相利共生？

　藍藻はエビによって管状の集合体に整形されているが，エビが介在しない自然状態では綿くずのように繊維がもつれ合った形をなし，しかも，繁茂時期は限られ，春から夏にかけて海底面や海藻上に出現する．また，この藍藻は人に皮膚炎を発症させる有毒種としても知られている．ところが，エビやその住居である管状の巣は周年存在し，出現の季節性は認められない．これは，エビが絶え間なく藍藻をケアすること（付着物や痛んだ部分の除去，上方に伸びた繊維の繕い）によって藍藻の枯死を防いでいるからである．というのも，エビのすむ巣は1年以上もの長期にわたって飼育可能であるが，エビを取り除いた巣はすぐに繊維1本1本が上方に伸びて形が崩れ，やがて全体が枯死してしまうからである．ところで，エビの餌は自分の巣，すなわち藍藻である．藍藻の成長はすこぶる早いため，それを食しながらもせっせとケアすることによって巣を維持していくことができる．これらのことから，藍藻はエビにケアされることによって周年枯れることなく生育でき，エビは藍藻を餌と巣の材料として利用するという，相利的な種間関係が浮かび上がる．この関係は，糸状藻類と縄張り内にそれを栽培し餌とするサンゴ礁性スズメダイ類によく似ており，これは相利共生の中の捕食共生として定義されている．ところで，エビと藍藻との種間関係においては，まだ藍藻の利害面で不鮮明な部分が残る．確かに藍藻はエビによって周年生育が可能にはなっているが，生殖に関してつつがなく行われているかどうかについては把握できていないからだ．藍藻類は有性生殖を行わない下等な藻類であり，その中のユレモ類は細胞の2分裂と連鎖体分散[5]の2つの生殖方法が知られる．そして，エビの巣となった状態での藍藻の連鎖体分散に関しては，まったく知見がな

い．仮に，エビの活発なケアによって，藍藻の生殖方法の1つである連鎖帯分散が抑制されているようであれば，エビと藍藻の関係は真の相利共生とは認められなくなる．

4）体の大きさに合った家造り

　エビは若い内（体長15mm以内）に，雌雄のペアと巣を形成する．ペア間では必ずメスの方がオスよりも一回りほど体が大きい．ただし，大鉗の長さは，これとは反対にオス（体長の0.6倍）の方がメス（体長の0.4倍）よりも大きい．これは，オスは闘争に有利な大きな大鉗をもつことに，メスは体を大きくして抱卵数を増やすために，それぞれ体資源を配分しているためである．エビの巣は外に対して閉じており，たまさかに糞や脱皮殻，幼生の放出時などに巣に穴を空けるものの，突発的な事故以外で巣の外に出ることはない．水槽内でエビのペアが入った巣を1つ入れて観察する限り，オスの巨大な大鉗の威力が発揮されることはなく，忙しく巣のケアをして立ち働いているのはもっぱらメスであり，オスは暇をもてあまして

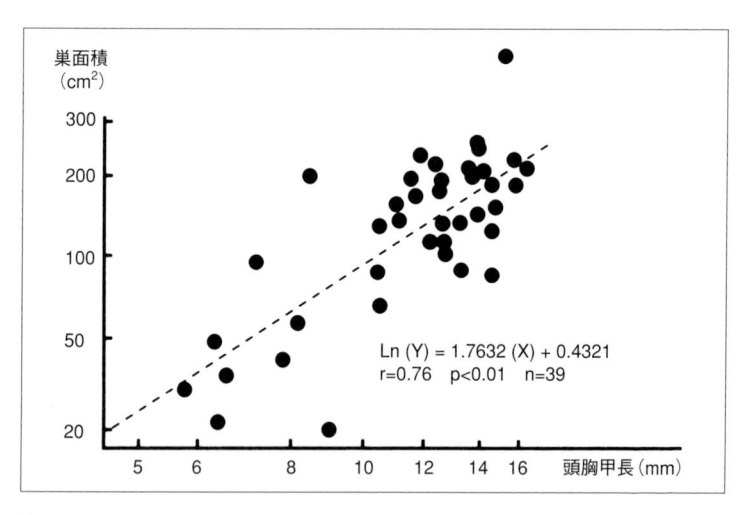

図2　メスのツノナシテッポウエビの頭胸甲長と巣の面積との関係．

$Ln(Y) = 1.7632(X) + 0.4321$
$r=0.76$　$p<0.01$　$n=39$

---

[5] 連鎖体分散：糸状体の先端部に生じる小片のつながりを連鎖体と呼び，これが胞子のように分散し，離れた場所の基質に付着して成長する．

いるように映る．巣形成の役割を担うと目されるメスの大きさ（頭胸甲長）と巣の大きさ（面積）との関係を調べたところ，バラツキが大きいながらも両者に相関が認められた（図2）．これは，小型個体の巣は小さく，逆に大型個体の巣は大きい傾向があることを意味する．したがって，本種は小さい時期にペアと巣の形成を行い，自分の成長に応じて巣を拡張していることが窺える．

5）競合を避ける近縁種

ツノナシテッポウエビは潮間帯の潮溜まりから，礁斜面下の水深20mあたりまで分布するが，もっとも密度が高いのが浅い礁池内の細かな枝上サンゴ類の密生域である．なぜこのような場所に多いかというと，枝状サンゴ群落は茂みを形成し，巣を食べる藻食性魚類の進入を防いでくれること，浅所であれば藍藻の成長に必要な光が茂みの中まで到達するからである．黒島の礁池内には本種の巣がとくに多く見られ，1 m^2 当たり平均15個もの巣が確認された一帯もあった．この巣の多さには驚かされたが，さらに驚かされたのが，同所で見つかった近縁のアミメテッポウエビ *Alpheus pachychilus* の巣の多さである．アミメテッポウエビもツノナシテッポウエビと同様に藍藻を材料に巣を形成するが，巣の数は 1 m^2 当たり平均33個と，ツノナシテッポウエビの倍以上もあった．ただし，アミメテッポウエビの体長や巣の幅および長さはツノナシテッポウエビの半分ほどしかない．両種のように生態が類似し，同所的に分布する間柄では競合が生じ，小型のアミメテッポウエビには圧倒的に不利のように思える．しかし，本種はこの小型の特性を活かし，ツノナシテッポウエビが利用できない微細なサンゴ間隙を営巣地に利用し，大型種との競合を避けているのである．なお，アミメテッポウエビの巣の材料となる藍藻は，分類学的にはツノナシテッポウエビのものと同種として扱われるが，色彩はやや緑がかり，繊維の太さも約30μmで，ツノナシテッポウエビのものよりも一回り細い．もし，両者の巣の材料が別種だとしたら，巣資源の使い分けによっても競合を回避していることになる．

6）ペア間の相互干渉の観察

　上述したように，礁池内のサンゴの茂みは，2種のアミメテッポウエビ類の巣が入り乱れ，本類の楽園の様相を呈した．そして，この過密ともいえる高密度状態の中でも，巣同士は立体交差しながら互いの距離を10cm以上保って分布した．そのため，「彼らはどのようにして巣間距離を維持し，また，密度調整をしているのか」不思議に思えた．そこで，ツノナシテッポウエビの巣数や巣間距離を違えた複数の飼育観察を行って，ペア間の相互干渉について調べてみた．図3は，10cm以上の間隔を空けて3つのペアの巣を水槽内に配置し，その後の巣の状況を1年間にわたって観察した経過の一部を示したものである．エビの体長は雌雄ともに巣A＞巣B＞巣Cの順に大きく，巣Aは採集後3カ月，巣B・Cはともに1週間水槽内で馴化し，巣B・Cを巣Aを飼育していた水槽に移して観察を開始した（図3-①）．したがって，巣Aのエビはリラックスしているが，巣B・Cはそうではない．エビは巣底面の数カ所を海底の基質にくくって巣を固定するが，固定部を操作することによって巣の形状を自在に変えたり，移動させることができる．観察開始1日後には，早くも巣Aが巣Cに接触し，両巣間で数時間にわたる断続的なスナッピングによる闘争が行われ，この時は巣Aの退去により闘争は終了した．2日後になると，今度は巣Bが巣Cに接触し，両巣間でスナッピングによる闘争後，巣Cのメスは巣外へ逃避した．本メスの小鉗は脱落しており，闘争によるものと思われた（図3-②）．巣Bと巣Cが接合した状態で1日が経過し，今度は巣Aが再び巣Cに接触を開始した．巣Aと巣Cのオス間でスナッピングが行われたが，巣Cのオスが闘争中に死亡し，巣Cは巣Aに奪取された（図3-③）．その後，巣Aは巣Bとの闘争に移るが，巣Bは自巣を半分残して切り離し，巣ごと逃避した．この一連の闘争で，巣Aは観察期間中における最大の巣面積を得るが，1週間後に巣の右半分を枯死させ，この部分を切断，廃棄した（巣3-④）．巣の一部の枯死，廃棄は，闘争による巣の増加後でなくても，巣が大きくなりすぎると頻繁に観察された．観察30日後には，巣Aが

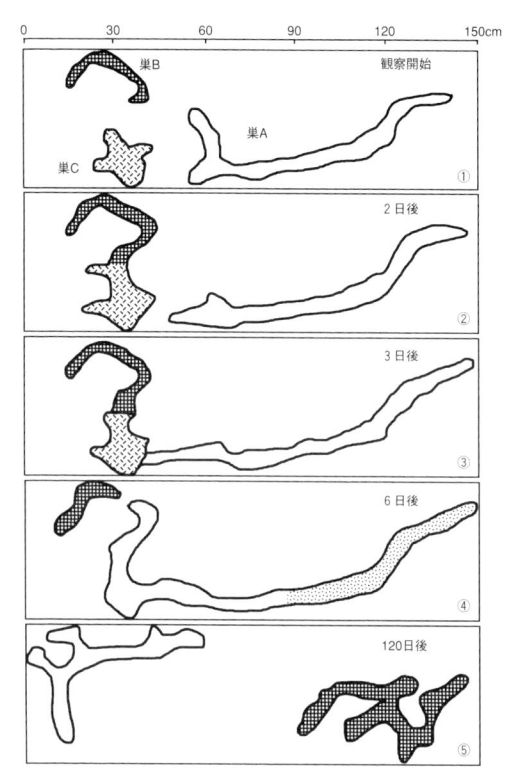

図3 水槽内におけるツノナシテッポウエビの巣の経時変化．図の説明については本文を参照されたい．

巣Bに再度接触し，闘争が行われた後，巣Bは巣の半分を切断して，水槽の右側へ巣ごと移動し，その後半年にわたって水槽右側に定着して巣を成長させた．また，巣Aも水槽の左側に定着した（図3-⑤）．

7）密度調整

上項を含めた複数の水槽観察によって，ツノナシテッポウエビの巣同士の接触に伴うペア間の闘争行動は以下のようにまとめられる．エビは絶えず巣を成長させるため，近隣の巣との接触によるペア間の相互干渉が起こり，干渉はスナッピングによる闘争へと直結する．闘争はたいがいオス同士で行われるが，稀にメス同士で争うことも

ある．勝利の軍配は相対的に体の大きい方に上がることがほとんどであり，闘争によって互いのサイズを認識するものと考えられるが，稀に，小さくても激しくスナッピングすることによって相手を打ち負かす場合もある．闘争によって一方が負け（劣勢）を認めると，敗者側のペアは自己の巣の半分以下を切断して巣ごと逃走するが，勝者は敗者が放棄した巣を奪取し巣の拡張に成功する．ただし，勝者は敗者の巣をすべて奪うことはなく，敗者が巣の一部をもって逃げ去ることを容認する．したがって，敗北は全財産の消失や死につながらないが，闘争によるけがで稀に死ぬ場合もある．体の大きなペアは，周囲の巣のぶんどりに成功し，巣を大きくすることができる．ただし，大きすぎる巣はケア不能となり，巣の一部を枯死させてしまう．

　このように，一見，幼なじみのペアのまま，藍藻の巣内で平和に一生を送っているように思えるツノナシテッポウエビであるが，好環境下では人口増ならぬ個体群増加の弊害である手痛い相互干渉によって，密度調整がなされていたのである．また，人間の世界では，強者は豪邸を建築する性向をもつが，エビ界でも同様である．ただし，エビの場合は余剰財産，すなわち豪邸の維持には成功しない．ケア不可能な大きすぎる巣は，部分枯死につながるからである．実は，第4項で述べた巣の面積と体の大きさとの相関のバラツキは（図2），過剰な巣の獲得による部分枯死や頻繁な闘争による巣の増減によって生じていたのである．エビの生活も何かと大変である．

私的研究史

1. 埋在種の苦労話

　私が研究を始めた当初は，エビ類の分類よりも生態，とくに共生種と宿主との種間関係に興味があった．しかし，15年以上も前に沖縄県黒島にある八重山海中公園研究所に出向し，着任早々に着手したエビ類相調査がきっかけとなり，テッポウエビ類の分類にのめり込むようになった．というのは，島の浅所で採集されるコエビ類は多種多量のテッポウエビ類ばかり，そして，その多くが国内の文献

では同定できず，テッポウエビ類の多様性の高さに驚嘆する一方，種名を確定できないことへの強度のストレスが溜まったからである．その後，海外の文献を調査することにより，確定種は徐々に増えていったが，それでも，その種数は未確定種数に比べて多くはなく，とくに原記載（新種の設立時になされた記載）や他の海外の記載と形態や色彩が完全に一致する種が少ないことへのいらだちは増す一方であった．このイライラ解消のヒントになったのが，おりよく発表されたスミソニアン研究所の Knowlton 博士らの研究である．博士はカリブ海ジャマイカのディスカバリー湾において，イソギンチャク類と共生するテッポウエビ属の一種 *Alpheus armatus* の詳細な生態研究を行い，さらに，本種の性選択や性的二型という興味深い現象の解明にも取り組んだが，後に重大な落とし穴があることに気がついた．それは，対象種は形態的，生態的，そして色彩的に酷似する複数の埋在種からなる種群を形成し，同種と見なしていた個体群は複数の種を含んでいたのである．最終的に博士らは，カリブ海において *Alpheus armatus* とされていた種を，3 新種を含む 4 種に細分した．博士らの一連の研究は，テッポウエビ類は予想以上に種の分化が進み，有名な既知種であっても複数の埋在種を含有する可能性を明確に示したものである．これを知ることにより，分類作業を混乱させ，ストレスの元になっていたのは，山のように存在する埋在種であることに得心がいった．

2. 沖縄をきわめる

テッポウエビ類の多くの種はインド・西太平洋域に共通して分布するとされているが，「テッポウエビ類は埋在種で溢れている」という分類観を得てからは，本類は地域的な分化が進み，詳しく調べれば広域分布種は意外と少ないのではないかという疑問を抱くようになった．そこで，この検証のために，地理分布区が異なり，しかも，かつてまとまったテッポウエビ類の報告がなされたことがある，インド洋中央部に浮かぶモルジブ諸島を調査地に選び採集を試みた．その結果，採集された34種（未同定種5種を除く）のうち，インド

洋固有種はわずか3種（9％），広域分布種は31種（91％）で，先の地理分布観は大いに覆された．やはり，インド・西太平洋域という一繋がりの海洋生物地理区の概念は存在したのである．ただし，大きな収穫もあった．それは，モルジブで採集されたテッポウエビ類のおよそ8割は沖縄と共通したのである．この共通性の高さは，沖縄がインド・西太平洋域を代表するほどの多様なテッポウエビ類相を保有していることを表す．つまり，沖縄をきわめることは，インド・西太平洋をきわめることに等しく，わざわざ海外に行かなくとも大半は事たりるのである．これは，テッポウエビ類だけに留まらず，すべてのサンゴ礁生物に適用されよう．

3．ノルマと寿命

　沖縄や和歌山を拠点に長期にわたって国内各地を採集して回り，やっとおぼろげながら国内のテッポウエビ類相の全体像がつかめてきた．おぼろげというのは，標本の精査はまだ緒についたばかりであるからだ．現時点では国内で確認できたのは約250種，そして，その半分は未記載種もしくは分類学的問題種という有様である（表1）．この未同定種の多さは，本類の分類学的研究の遅れを如実に表している．未同定種の大半は，慎重に調べなければ区別が困難な埋在種である．この抽出には色々な手法があろうが，まず第1に生時の色彩を重視している．テッポウエビ類の色彩差は基本的に種の相違を反映している．そのため，採集時に気になった個体は標本固定する前に写真撮影をするように努め，後に近縁群の標本を精査する際に，色彩差と形態差との整合性を吟味して埋在種を検出するのである．

　私のライフワークは，国内の埋在種を発掘し，テッポウエビ類のきわめて多様な種分化の様相を明らかにすることである．しかし，目の前にある埋在種の山は巨大すぎ，私の能力と現在の研究ペースからすれば，とても命あるうちに目標を達成できそうにない．せいぜい達者で研究が持続できるように，昨今は健康に気を配るようになった．

4章
オスがメスであるエビのはなし

千葉 晋

甲殻類の雌雄同体現象

　人間を含むほとんどの動物は生まれながらにしてオスかメス，どちらかの1つの性にだけ属している．また，その性が生涯変わることもない．ところが，一部の動物はオスとして繁殖してからメスへ，逆にメスとして繁殖してからオスへ性を変えることができる．これは隣接的雌雄同体という現象であり，一般に性転換と呼ばれている．先にオスになる性転換を雄性先熟の性転換，メスが先の場合は雌性先熟の性転換と呼ぶ．雄性先熟とは，オスとして先に成熟するという意味である．また，性転換はある時期を境に完全に性が変わってしまう現象だが，それとは別に，ある同じ時期にオスでありメスでもある，つまり精巣と卵巣を同時にもつ，というケースもある．これは同時的雌雄同体という現象で，性転換と区別するために性の役割交代と呼ばれることがある．

　他の動物と比較すると雌雄同体の甲殻類は少なくはない．エビ類に限ってみれば1999年の時点で11科40種での性転換が知られ，そのすべての場合が雄性先熟の性転換，すなわちオスとして繁殖してからメスになる性転換である．ちなみに，カニ類での雌雄同体は報告されていない．しかし，甲殻類の多くは脱皮するたびに甲殻とともに過去の履歴（年齢形質など）の多くを脱ぎ捨ててしまうので，いつ，どこで，どちらの性だったかなどという情報を得ることは容易ではない．それゆえ，甲殻類は性転換研究を進める上で少々やっかいな分類群である．今後の研究いかんで性転換を行う甲殻類の種数は，現在の報告数よりもずっと増えることが予想される．甲殻類ではメスがオスよりも大きいことがしばしばあるのだが，よく調べてみたら，実はオスからメスへ性転換していたという報告例も出てくることだろう．また，エビ類でも雄性先熟以外の性転換パターンが確認されるかもしれない．事実，ヒゲナガモエビ属 *Lysmata*（ロウソクモエビ科）のエビのいくつかは，これまで単純な雄性先熟として扱われてきたのだが，実験や組織学的な観察を行ってみたところ，オスからメスへ性転換した後の生殖巣は，精巣であり卵巣でもある

（同時的雌雄同体）ことがわかってきた．少なくともこの属で知られている雄性先熟の性転換は再検討が必要だと考えられている．このように最新の研究によって，甲殻類の雌雄同体現象は，かつて考えられていたものよりずっと複雑であることが解明されつつある．この章ではその興味深い現象について，エビ類に関する研究を中心に紹介したい．

隣接的雌雄同体現象

1. なぜ性を変えるのか？

では，なぜこのようにエビを含む一部の動物では，生涯の中で2つの性を経験するのだろうか？　話は少し理論的になるが，性転換に関して現在考えられている学説を説明してみたい．

動物が子供を産み，その子供が孫を産むことで，次の世代へと遺伝子は受け継がれていく．この次世代への遺伝的貢献度のことを「適応度」と呼ぶことがある．平たくいえば，次の世代にどれだけ子孫を残せるか，その度合い，ということである．そのため適応度の高さは，生物のとる行動や特性などの「有利さ」を表す指標として扱われ，適応度が高いほど，その個体は子孫（遺伝子）をより多く残せることになる．

一般に，性転換の進化はそれぞれの性での体の大きさと適応度との関係で説明される．体の大きさが年齢とともに増加するなら，年齢と適応度の関係として考えてもいい．この考え方は，体が大きいほどたくさんの子供を残せる確率が高くなるという単純な仮定に基づいている．オスとメスの適応度を，配偶子（精子と卵）の問題として考えてみると理解しやすいかもしれない．

エビ類で見られるオスからメスへの性転換（雄性先熟）の場合，体の大きさと適応度の関係は図1のように表すことができる[1]．体が小さい時は，成長に多くのエネルギーを配分する必要があるので，

---

[1] ここでは，オスとメスは互いに繁殖相手を選り好みすることなく繁殖し（ランダム交配），オスとメスの適応度はそれぞれの体の大きさに応じて異なった割合で変化していくと仮定される．

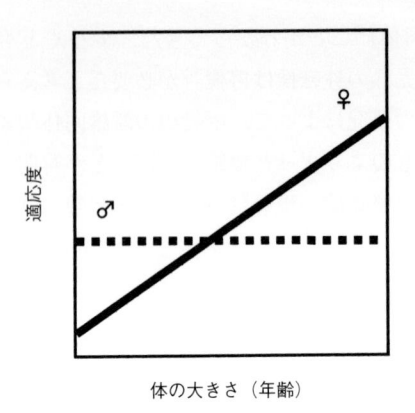

図1 雄性先熟動物における体の大きさ(年齢)と適応度の関係．破線がオスの適応度を，実線がメスの適応度を表している．(Warner 1975を改変)

配偶子生産にまわすエネルギーはどうしても少なくなる．しかし，多くの動物の精子は卵よりも圧倒的に小さく，少ないエネルギー投資でつくることができる．このことは，体が小さい時でも，子孫を残すのに十分な精子生産を可能にするのである．一方，大きい配偶子である卵の生産にはたくさんのエネルギー投資が必要となるので，小さい体では十分に繁殖できない．とくに，性転換するエビのメスのほとんどは産んだ卵を腹に抱える（抱卵する）ことから，重い卵を抱えてすごすだけのエネルギーが必要となるうえに，体の大きさは抱卵スペースにも影響することになるだろう．このような理由から，小さいうちはメスよりもオスとしての適応度の方が高くなる．

ところが，小さいうちからオスとしての適応度が十分に高いということは，裏を返せば，オスとしての適応度に体の大きさがあまり関係しないことになる（図1）．小が大を兼ねるなら，大のメリットはないということである．これに対して，メスとしての適応度は成長に応じてどんどん増加する，つまり体が大きくなるほど産める卵の数が飛躍的に多くなるので，いつしか両者の関係は逆転してしまう（図1）．つまり，大きくなってからはオスよりもメスになった方が有利になる．これが，小さいときはオスで，大きくなってからメスへ性転換する理由だと考えられている．

性転換とはより多くの子孫を残すために，オスとメスの両方の性を使い分け，エネルギーを経済的かつ効果的に使う手段といえるかもしれない．もっとも，このような手段は性転換をしない他の動物にとっても有効であるように感じるが，性転換には様々な進化的エネルギー・時間的コスト（たとえば，ペニスなどの雄性生殖器をつくって壊すことなど）がかかるので，実際はごく一部の動物でしか有効でないと考えられている．

　もし性転換ができるのならば，そのような動物では性転換するタイミングが生涯でもっとも重要なイベントになる．より多くの子孫を残すためには，生涯の適応度が最大になるようなタイミングで性を変えるのがベストである．雄性先熟動物の場合，図1から単純に考えれば，オスとメスの適応度の関係が交差する大きさになるまでオスとして待ち，逆転したら直ちにメスになるのがベストタイミングといえそうである．しかし，ことはそう単純ではなく，性転換にまつわるおもしろいドラマはこの交差点で起こる．

2. エビ類の性転換のパターン

　これまでに報告されているエビ類の性転換の現象をまとめると，同じ種ごと，さらに同じ種でも個体群（生息グループの単位）ごとでその性転換のパターンが実に多様であることに気づく．まず，図2に示したパターンAを，ほとんどの個体がたどる一般的な性転換パターンと仮定してみよう．パターンAでは，最初の繁殖期は未成熟の状態なので，繁殖することができない．その後，オスとして成熟・繁殖してから，メスへ性転換する．性転換した後は，最後の繁殖期までメスのままである．繁殖期の区切り（長さ）は種ごとで異なるが，年齢と考えるとわかりやすいだろう．何歳まで未成熟で，何歳でメスへ性転換し，寿命は何歳なのかということは，種や個体群によってまったく違う．しかし，種や個体群ごとでみるかぎり，必ず大多数の個体がたどる性転換のパターンAを見出すことができる．

　さて，研究対象にする性転換エビが決まったら，一般的なパター

(A) 未成熟 ——— ♂ ▼——— ♀ ——— ♀

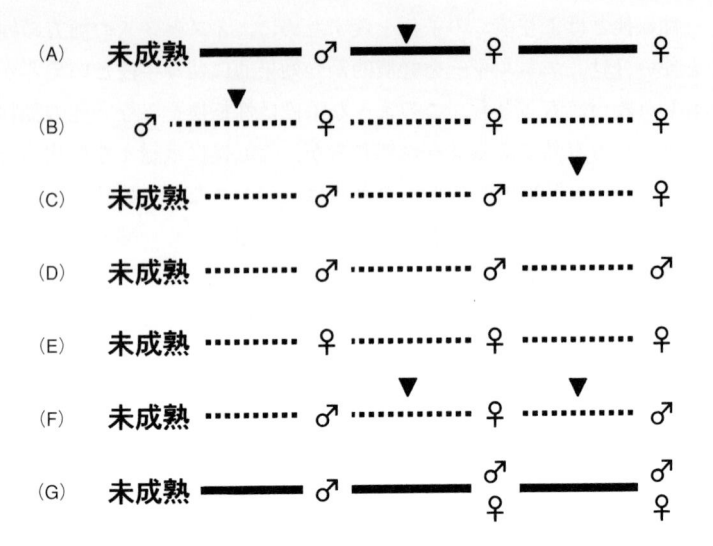

(B) ♂ ▼……… ♀ ……… ♀ ……… ♀

(C) 未成熟 ……… ♂ ……… ♂ ▼……… ♀

(D) 未成熟 ……… ♂ ……… ♂ ……… ♂

(E) 未成熟 ……… ♀ ……… ♀ ……… ♀

(F) 未成熟 ……… ♂ ▼……… ♀ ▼……… ♂

(G) 未成熟 ——— ♂ ——— ♂♀ ——— ♂♀

図2 エビ類の雌雄同体に見られる性変化のパターン．(A)から(F)は隣接的雌雄同体生物の性転換パターンを表している．それぞれの性のマーク（未成熟，♂，♀）は，ある繁殖期での性を，三角マークは性転換のタイミングを示している．破線の(B)から(F)は，(A)を規準とした場合の性転換のバリエーションを意味する．ただし，パターン(F)については推察の段階である．(G)は同時的雌雄同体の性変化を表している．

ンAを見つけてみよう．そうすると，パターンAに混じって，異なるタイミングで性転換する，あるいは性転換しないパターンBからEのような少数派がいることに気づくだろう．パターンBは，ほとんどの個体が未成熟であるにもかかわらず，未成熟期を短縮してオスとして成熟し，さらに早くメスへ性転換する．逆に，パターンCはオス期を延長して性転換を遅らせている．パターンDはオスとして成熟した後は性転換することなく生涯オスだが，パターンEはいきなりメスとして成熟して生涯メスのままである．つまり，それぞれどちらか一方の性で生涯を終えるわけなので，これは性転換しない普通の動物と同じである．また，現時点でいまだ確証は得られていないが，ヤドリエビ属 *Arete* の仲間では，パターンFのようにメスへ性転換した後で再びオスになるという2回の性転換についても示唆されている．パターンGのケースもかなり特殊であり，

最初はオスなのだが，その後はメスであり同時にオスでもあるという生殖巣をもっている（同時的雌雄同体現象）．このケースは上述の性転換理論とは多少異なるので，次の節で詳しく説明したい．

　以上は性転換のパターンを簡単に示したものであり，厳密なパターンはもっと複雑になるだろう．たとえば，未成熟期を短縮したオス（パターンB）がそのまま性転換しないこと（パターンD）もありうるし，一部のエビでは未成熟期を短縮していきなりメスになる例なども報告されている．これはパターンEの発展系といえるだろう．一般的なパターンに対してどのパターンが，どれだけ組み合わさるのかは，種や個体群によって大きく変わる．また，異なるタイミングでの性転換の割合は，個体群や年ごとに変動することもしばしばである．

　このような性転換のタイミングの変化は，たまたま起こる例外なのだろうか？　それとも何らかの進化的な根拠を伴う意味ある変化なのだろうか？　以下の節では，「意味ある」事例を紹介していく．

3．いつ性転換すべきか？——性転換を遅らせるオス

　先に説明したように，オスからメスへの性転換は，メスに比べてオスの適応度（子孫を残す能力）が体の大きさに応じてあまり増加しないからこそ進化したと考えられる．しかし，これはあくまでオスとメスの適応度変化を相対的に比較した場合の話である．実のところオスの体の大きさに応じた適応度変化を調べた例はきわめて少ない．それぞれの性での適応度を調べる場合，メスが産む受精卵の数は，そのままメスの適応度を表す指標として有効である．なぜなら，メスが産む受精卵は確実にそのメスの子供だからである．一方，雄性先熟の動物では，繁殖した後のオスがそのまま相手のメスに付き添って生活することは稀なので，メスが産んだ卵の父親は誰なのか，それを特定することは難しい．さらに，1匹のメスが複数のオスと繁殖することもある．この場合，複数のオスが放出した精子のうち，何番目のオスの精子がどれだけ受精に成功したのかは，容易に調べられるものではない．

ところが，オスからメスへの性転換では，パターンCやDのように，普通のタイミングよりも性転換が遅れた，または性転換しない大型のオスが出現することがある．もし，雄性先熟の動物がメスとして十分な大きさに到達するだけで性転換するのなら，性転換を遅らせるメリットは何なのだろう？　メスになれるのであればさっさと性転換すべきではないだろうか？　もしかしたら，たとえオスの精子量が体長に応じてそれほど増加しなくても，オスの体長の大きさがメスを獲得・交尾する能力に関係しているのかもしれない．これはオスが残せる子孫の数を左右する問題であり，大きなオスにも何かメリットがあるように思える．どうやら，性転換のタイミングが遅れる理由の1つはここに隠されていそうである．

日本北部のアマモ場に生息するタラバエビ属のホッカイエビ *Pandalus latirostris* 個体群にも，しばしば性転換の遅れた大型オスが見られる．とくに大型なオスの場合，その体長は普通のメスよりも大きくなる．ホッカイエビの繁殖期は秋で，交尾はメスの脱皮直後に行われる．水槽内で観察してみると，メスの交尾前脱皮が近くなると周囲のオスは明らかにそわそわしだし，脱皮の約12時間前から，オスはメスの上に馬乗りになるマウンティングと呼ばれる行動を示す．メスはこのマウンティングを好まないようで，折をみてはオスを振り払おうとする．しかし，すぐにまたメスはマウンティングされてしまう．そうこうしているうちにメスは脱皮するのだが，脱皮直後のメスの体表（甲殻）は固くなっておらず，すぐに立ち上がることができない．それまでマウンティングしていたオスは，メスが横たわっているその隙に，自分の腹部をメスの腹部に密着させ，精子の入ったカプセル（精包）をメスに渡すのである．立てないながらもメスはオスの接近を拒むように逃げるので，オスはそれを何度も追いかけながら交尾を達成させることになる．

ホッカイエビのオスの体の大きさは適応度（子孫を残す能力）に本当に関係していないのだろうか？　大きくなってから性転換するホッカイエビでは，通常（パターンA）ならメスはオスよりもずっと大きいので，オスとメスの体長差が開きすぎると，うまくメスと

交尾できないかもしれない．また，交尾できたとしても，小さいオスの精子量が少ないために，十分に卵を受精できない可能性もある．これらの想像の真偽を確かめるべく，ある実験を行った．ここでは，様々な大きさのオスとメスをそれぞれペアにして，どのペアも同じように交尾・受精できるかどうかを確かめたわけである．ある実験区ではメスはオスよりもはるかに大きく，別の実験区ではオスの方が大きくなっている．その結果，小さなオスでも大きなオスと同じように，つまり，交尾相手との体長差に関係なくオスはメスと交尾できていた．また，小さいオスによる受精率も大きなオスと変わりはなかった．ペアで繁殖させる限りでは，図1に示したように，オスの適応度は体の大きさには無関係なようである．

　ところで，普通の動物なら，子供の数が大人の数より少ないことはないだろう．雄性先熟の動物では若い（小さい）個体がオスであるので，オスの数は老齢の（大きい）メスの数より多くなる．実際，ホッカイエビ個体群でもメスよりもオスの数の方がはるかに多い．また，ホッカイエビのメスは年に1回しか繁殖できないのに対し，オスは違うメスと何回も繁殖できるのである．つまり，より多く子孫を残すために，オスは数少ないメスの取り合いをしている可能性がある．そこで，次の実験では大きなオスと小さなオスを，脱皮直前のメス1匹とともに水槽に入れて，交尾前のマウンティング時間と交尾した順位がオスの体の大きさに関係しているかどうかを調べてみた．すると，明らかに大きなオスほど長い時間，メスにマウンティングできることがわかった（図3）．2匹のオスが同時にマウンティングすることはめったになく，大きなオスは接近してくる小さなオスを追い散らすことさえあった．さらに，大きなオスの方が小さなオスよりも先にメスと交尾できていた．正確な受精率を測ることはできなかったが，メスは交尾時間をできるだけ短くしたがっていたことなどから，オスはより早くメスと交尾すること，より多くの卵を受精させられると考えられる．この結果は，ホッカイエビのオスの適応度が体の大きさに応じて増加することを示しており，大きなオスでいることにもきちんとしたメリットがあることがわか

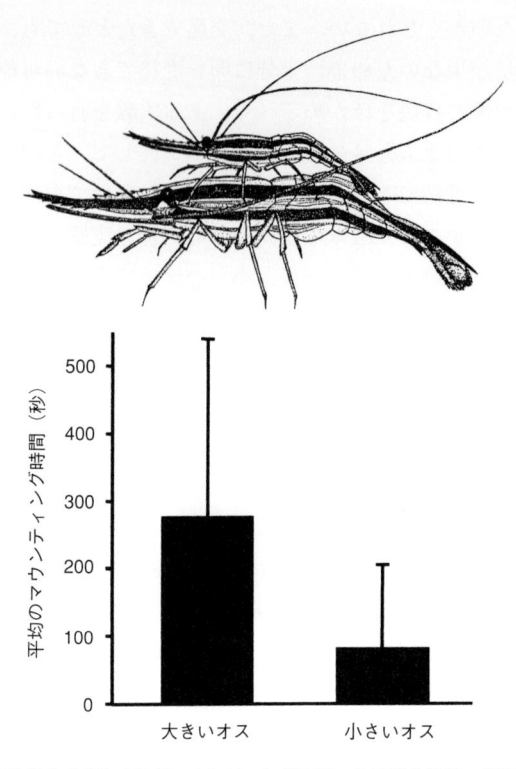

図3 オスの体の大きさとメスにマウンティングしていた時間の関係．垂直線は標準偏差を表している．

った．ホッカイエビの場合，生涯オスのままである個体は確認されていないので，やはり最終的には，図1のように，メスの適応度はオスのそれよりも高くなっているのだろう．しかし，性転換のタイミングがオスとメス，それぞれの適応度変化によるものならば，そのタイミングはメスだけではなく，オスの側からも調べる必要があるだろう．

プエルトリコに生息するヒメサンゴモエビ属の一種 *Thor manningi*（モエビ科）では性転換する個体に混じって生涯性転換しないオス（パターンD）が約半数も出現している．性転換しないオスの第3胸肢の先端は，性転換するオスのそれよりも細長く伸び

ており，交尾する際にメスを捕まえるうえで有利になると考えられている．それゆえ，この脚の長さが性転換しないオスの適応度を高くする理由の1つとして挙げられているのだが，どの程度有利なのかは定かではない．このケースでも2つの性転換タイプ（パターンAとパターンD）の適応度を実験的に調べることができれば，なぜ性転換しなくなったのかがはっきりするかもしれない．

　ムラサキヤドリエビ *Arete dorsalis*（*Athanas kominatoensis* から学名変更）にも性転換しないと考えられる大型オスが出現するのだが，その適応度変化はかなり複雑である．この例は中嶋康裕博士（研究当時，京都大学理学部）の研究に詳しいのでここでは簡単に紹介する．このエビは本州中部の磯場に見られるテッポウエビ科，ヤドリエビ属の一種で，ムラサキウニの棘の間を生息場所にしている．他の雄性先熟動物同様に，このエビも小さいうちは十分に卵を産めないので，最初はオスになった方が有利である．しかし，繁殖期には，オスは他のオスに対して攻撃的になり，メスを巡ってハサミを交えて激しく闘争する．体の大きいものほど大きなハサミをもっており，ハサミの大きいものほどこの闘争に強い．つまり，小さなオスよりも大きなオスの方がより多くの子孫を残すことができる．さらに，その大きなオスの有利さは，あるサイズを超えるとメスが残す子孫の数を上回るほどである．かなり小さいうちはオスの方が得だが，自分よりも大きい（強い）オスが周囲にいて，自分がメスとして十分な大きさであればメスへ性転換した方がいいわけである．逆に，自分が一番大きければ性転換する必要はない．このような体の大きさに応じた複雑な適応度変化が性転換しない大型オス（パターンD）を出現させた理由だと考えられる．また，このエビがメスへ性転換した後で，再びオスへ性転換している可能性（パターンF）も残されているのだが，すみ場所を転々と移動し，さらに履歴を脱ぎ捨てるこのエビではそこまで言及できていない．パターンFの可能性も含めて，ほぼ同様の結論はイスラエルの紅海に生息する同じくヤドリエビ属の *Arete indicus*（*Athanas indicus* から学名変更）でも報告されている．

状況判断をするエビ

　タラバエビ科の仲間には産業有用種が多く，その漁獲量はクルマエビ科のエビに次いで多い．とくに日本では *Pandalus borealis* やホッコクアカエビ *Pandalus eous* が「甘えび」・「南蛮えび」として，トヤマエビ *Pandalus nipponensis* やボタンエビ *Pandalus hypsinotus* が「ぼたんえび」として広く流通しており，寿司ネタとしてのなじみが深い．このエビの仲間のほとんどは雄性先熟の性転換を行っているので，漁獲対象となる大きな個体，すなわち口に入るほとんどがメスということになるのだが，これはあまり知られていない事実である．雌雄同体の甲殻類の中では，タラバエビ属のエビの生態が古くから盛んに調べられており，それらの研究は水産学的にも重要視される一方で，性転換の進化学的研究にも大きな貢献をしてきている．このエビの仲間には生息グループ（個体群）の状況（サイズ・年齢構成など）に応じて性転換のタイミングを変えるものがいるのである．

　多くのタラバエビ属のエビの性転換のタイミングも個体群や年ごとで大きく変化している．どの種・個体群でもほとんどの個体（パターンA）とは違うタイミングで性転換するものがおり，前項で扱った性転換しない大型オス（パターンD）ばかりでなく，普通より早く性転換するメス（パターンB），さらにはオスにならずに直接メスになる個体（パターンEの発展型）など，その性転換パターンはバラエティーに富んでいる．このエビの仲間の体の大きさは年齢と置き換えることができるので，ここでは性転換のタイミングを年齢で表すことにしたい．

　この性転換のバラエティーに意味があることは，*Pandalus jordani* 個体群で明らかにされた．*Pandalus jordani* はアメリカ北西沿岸に広く生息するエビであり，ほとんどの個体は1歳でオスとして成熟し，2歳でメスになる．ところが，一部の個体は1歳でメスになり，逆に2歳なのに性転換しないこともある．そして，その普通ではない個体の割合は年ごとに大きく変化する．Charnov博士ら（研

究当時,ユタ大学)は,オレゴン沿岸に生息する *Pandalus jordani* の性転換のタイミングのずれは,個体群の年齢・サイズ構成と関係があることを明らかにした.具体的には,個体群中に大型個体(2歳)が少なくなると,通常ならばオスであるはずの1歳で性転換するメスが増加するというのである(図4a).さらに,この関係は逆の場合でも成り立ち,大型個体(2歳)が多い年は性転換を遅らせるオスが多くなっていた(図4b).Charnov博士らは,普通の性転換(1歳オス,2歳メス)に対して,早い性転換(1歳メス),

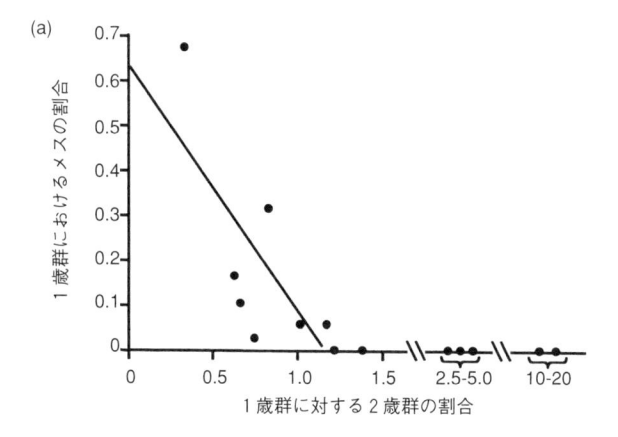

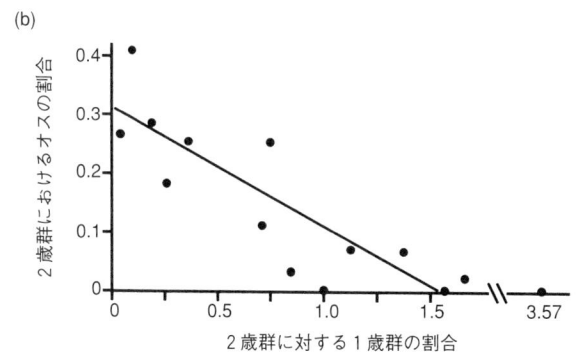

図4 オレゴン沿岸における *Pandalus jordani* 個体群の年齢(サイズ)比と1歳メス(a),2歳オス(b)の出現率の関係.直線は回帰直線(上:Y＝0.62－0.54X;下:Y＝0.31－0.20X)を表している.(Charnovら1978を改変)

あるいは遅い性転換（2歳オス）はエビがとることのできる戦略と考え，もっとも効果的なタイミングで性転換をするために，エビがその年の状況に応じて，オスとメスの割合（性比）を調節していると結論づけた．同じような状況に応じた性転換現象はアラスカの *Pandalus borealis* 個体群や北海道沿岸のホッカイエビ *Pandalus latirostris* でも知られている．

　ここで，もし本当にエビが状況を判断して性転換しているとしても，「判断」という言葉の定義に注意する必要がある．エビのような動物に判断できる意思があるかどうかは一概には断定できないので，「判断」とはその状況に応じて変化する遺伝的なプログラムによる応答と考えるのが妥当である．

　何人かの研究者はこのエビの状況判断という解釈には意義をとなえている．たとえば，大型個体（メス）が減ることで，餌の分け前の多くなった小型個体（オス）の成長が早まり，例年よりも早く性転換してしまう可能性がある．また，別の仮説は少々ややこしい．その仮説では，性転換のタイミングは遺伝的に決まっており，単に個体群のサイズ・年齢構成の変動が大きい場合，異なるタイミングで性転換する遺伝子が有利になると考えられている．たとえば，通常なら普通のタイミングの性転換がベストなのだが，何らかの原因で大型のメスが少なくなる年が頻繁にあれば，その度ごとに早い性転換，すなわち，小型のメスに繁殖のチャンスが巡ってくることになる．繁殖すればこそ，早い性転換の遺伝子は維持される．そして，この現象を全体の傾向としてみると，それはあたかも状況変化に応じて性転換しているかのように見えるというのである．ただし，いずれの解釈にも明確な証拠が伴っておらず，舌足らずな印象は否めない．

　野外での現象からは，ホッカイエビも状況に応じた性転換を行っているように見える．そこで，ホッカイエビを対象にして状況に応じた性転換の真偽を実験的に検証してみた．その結果，2歳メス・大型個体を混ぜなかった実験区でのみ，若くして性転換する小型のメスが出現したのである．つまり，周囲にオスしかいないので性転

換を早めたメスが出現したわけである．確かにホッカイエビは状況に応じて性転換のタイミングを変えられるのだろう．ところが，その状況判断には個体差が見られ，すべてのホッカイエビが同じように性転換のタイミングを変えているわけではなかった．この結果から，状況判断には何らかの遺伝的な要因（制約）が関係していることが示唆された．状況判断に遺伝的な個体差があるということは，サイズ・年齢構成が大きく変動するような個体群に生息する場合，状況変化に敏感に反応できる個体ほどより多くの子孫を残す可能性が高くなる．タラバエビ属のエビが状況を判断できるかどうかという問題は，属や種などの分類群レベルで議論するのではなく，対象となるエビ個体群のサイズ・年齢構成の変動に注目して考えるべきかもしれない．

同時的雌雄同体

1．なぜオスでありメスでもあるのか？

同時的雌雄同体動物とは，精巣と卵巣の両方を同時に発達させている動物のことである．それらの交尾は2匹だけで行われることが多い．まず，2匹のうち，どちらか一方の個体がオス役としてメス役の個体に精子を渡す．その後，互いに性を逆転させて，さっきまではメス役だった個体の精子をオス役だった個体が受け取るのである．同時的雌雄同体現象が性転換ではなく，性の役割交代として呼ばれるゆえんはここにある．厳密にいえば，出会った2匹はオスかメス，どちらかの一方の役にだけ徹することもある．また，自分の精子で自分の卵を受精させる自家受精も知られているが，これはめったに起こるものではない．一般に，血縁同士での繁殖は遺伝的に弱い子孫を生む結果になるので，同時的雌雄同体でもそれを避けるように性の役割交代が進化したと考えられる．

性転換でさえ珍しい現象なのに，なぜ，オスでありメスでもある必要があるのだろうか？　この奇妙な現象にも何らかの進化的な理由があるはずである．ここで同時的雌雄同体が進化する理由について考えてみたい．

一般に，性の役割交代が有利になるのは，個体群の密度が低く，自分以外の個体に出会う確率がきわめて乏しい場合だと考えられている．繁殖する相手を探していた2匹がやっと自分以外の個体と出会えたとしても，それがオス同士，またはメス同士ならば繁殖することはできない．あてのない次の出会いを求めて再びさまようことになる．ところが，出会った2匹がオスでありメスでもあるならどうだろう？　互いに性の役割を交代することで確実に繁殖することができる．これによって繁殖相手を探すエネルギー，さまよっているうちに捕食者に襲われる危険性などというコストを減らすこともできる．

　同時的雌雄同体のメリットはそれだけではない．もし，オスとして繁殖することにあまりエネルギーが掛からないのなら，雌雄が分かれている動物（つまり人間を含むほとんどの動物）のオスよりも同時的雌雄同体のほうが有利になる．ここで，オスとメスの機能をそれぞれ精子生産，卵生産として単純に考えてみよう．多くの場合，精子が卵よりも少ないエネルギー投資でつくれることは，性転換の節で述べた通りである．もし，少しの精子で十分に卵を受精できるのなら，オスは必要最低限のエネルギーを精子生産に使えばよい．むしろ，それ以上のエネルギー投資は無駄である．あまったエネルギーで卵をつくれるのなら，同時的雌雄同体の適応度（子孫を残す能力）は単なるオスよりも高くなるだろう．

　逆に考えて，メスとして繁殖することに大きなエネルギー投資が必要ならば，雌雄の分かれた動物のメスよりも，同時的雌雄同体の方が有利になる．たとえば，資源（餌など）不足により体調が悪く，メスとして十分に卵をつくれないことがあったとする．このような状況でも，オスとしてならば少ないエネルギーで十分に精子をつくれるかもしれない．この時，同時的雌雄同体の適応度は単なるメスよりも高くなる．もちろん，性転換の場合と同じように，性の役割交代もまたメリットばかりではない．オスとメスの機能を同時に維持すること自体が，形態的にも生理的にも大きなコストを伴っている．それゆえに，多くの動物で同時的雌雄同体が合理的な手段のよ

うに思えても，その機構を維持できるのはごく限られた動物なのだろう．

　また，いくつかの報告によると，繁殖相手に出会う確率が少ないことだけが，同時的雌雄同体を進化させる要因でもないようである．魚類には高密度で生息し，さらに移動能力が高いのに卵巣と精巣を同時に発達させるものもいる．同時的雌雄同体が進化する条件についてはいまだ不明な点が多い．

　隣接的雌雄同体（性転換）では，より多く子孫を残すために（適応度最大化のために），体の大きさに応じて効果的なタイミングで性を変えることが重要であった．一方，同時的雌雄同体（性の役割交代）では，どちらの性へどれだけ効果的に性機能（精子と卵）を配分するかが重要になる．精子や卵は多すぎても少なすぎても損なのである．少し難しい表現になるが，性転換の進化について考える場合，研究者は時間（成長・年齢）に伴ったオスとメスの適応度変化に注目するのに対し，性の役割交代の進化について考える場合は，ある時間（ある体サイズ・ある年齢）でのオスとメスの適応度に注目することが多い．

　このような理由から，これまで隣接的雌雄同体と同時的雌雄同体は似て非なるものとして区別されてきた．しかし，いくら同時的雌雄同体のオス機能・メス機能への配分が，ある時間の適応度で測られるといっても，彼ら・彼女らもまた成長し，年をとるはずである．つまり，その適応度はある時間ばかりではなく，時間に応じても変わるはずである．たとえば，自分の体が小さいならば，エネルギー的にも，卵を抱えるスペース的にも，メスとして十分でないことが予想できる．この場合は無駄に卵をつくることはやめて，精子だけをつくっているかもしれない．これは体の大きさ・年齢に応じて性の配分が変わる性転換と同じ理屈である．事実，多毛類や巻貝などでは，最初は一方の性だけで成熟し，その後，同時的雌雄同体になる種が知られている．これは，いわば隣接的雌雄同体と同時的雌雄同体を兼ねそろえた現象である．最近ではこの2つの雌雄同体現象は完全に区別できないという考え方も少なくない．

2. ヒゲナガモエビ属の性の役割交代

　エビ類の同時的雌雄同体は1998年になって報告されたヒゲナガモエビ属 *Lysmata*（モエビ科）の例が最初である．この属のエビは温帯から熱帯にかけて世界中に広く分布しており，スキューバダイビング愛好家の中では人気のエビである．シロボシアカモエビ（*Lysmata debelius*，一般名ホワイトソックス）などのいくつかは鑑賞用として流通している．中にはウツボやハタの口の中で餌を食べる種もおり，のんびり口を半開きにした魚と，その口の中をせわしなく掃除しているエビのユーモラスな関係も印象深いだろう．

　これまでヒゲナガモエビ属のエビはどれも，オスからメスへ性転換する雄性先熟動物と見なされてきた．しかし，*Lysmata seticaudata* や *Lysmata wurdemanni* の生殖巣の発達過程を調べてみたところ，卵形成を始めた後も，わずかながら精子形成を続けることがわかった．残念ながら，この時点では，その精子が本当にオスとして振舞うためにつくられていたのか，単なる性転換前の名残として残っていたのかは定かではなかった．ヒゲナガモエビ属と近縁の *Exhippolysmata* 属でも同時的雌雄同体種の存在を主張する研究者はいたが，これも推察に終わっていた．

　形態的に見る限りでは，アカシマシラヒゲエビ（*Lysmata ambionensis*）も小さいうちはオスで，大きくなってからはメスになる．確かに一見すれば，オスからメスへ雄性先熟の性転換を行っているように思える．もし，このエビが同時的雌雄同体ならば，形態上のメス同士で繁殖できるはずである．Fiedler博士（研究当時，ハワイ大学）はハワイに生息するこのエビを対象にして，次のような実験を行った．まず，形態上メスと考えられる個体8匹をメス同士の4ペアにして繁殖可能になるまで飼育し続けた．次に，2ペアは1匹ずつ隔離して飼育し，残りの2ペアはそのままの2匹で飼育した．その結果，途中でペア解消を余儀なくされたメスたちはそれぞれ卵を産んだものの，どれも未受精卵であり，その卵は4日以内に消失してしまった．一方，ペアのままだった2組はいずれも受精卵を産んでいたのである．この実験は，ヒゲナガモエビ属の一種が

自分の精子で自分の卵を受精（自家受精）できないこと，さらに，形態上のメス同士で交尾，すなわち精子の交換ができることを明らかにしたのである．生殖巣の組織学的観察からもアカシマシラヒゲエビが精子と卵を同時に形成していることが明らかだった．この研究はヒゲナガモエビ属の性成熟過程に関する論争に解決の糸口を与えたことになる．

　脱皮のタイミングに注目してみたところ，さらにおもしろいことがわかった．ペアを解消させられたエビは，各個体それぞれのタイミングで脱皮していたのだが，ペアのまま飼育された2匹の脱皮は2，3週間の間隔でほぼ同調するように起こっていた．もっと詳しく見てみると，ペア組の脱皮タイミングは同調しながらも，わずかにずれていたのである．このわずかな脱皮のずれは，脱皮直後の体表（甲殻）の柔らかい方がメス役として精子を受け，やや遅れて相手が脱皮すると，今度はメス役だった個体がオス役として精子をわたすためだと考えられる．おそらく，体が堅いとメスとして精子を受け取れず，逆に，体が柔らかいとオスとして精子を渡せないのだろう．

　この研究と同じ年に，メキシコ湾に生息する *Lysmata wurdemanni* も同時的雌雄同体であることが確認されている．Fiedler博士の話によると，2002年の時点でヒゲナガモエビ属のエビは約30種報告されているが，同時的雌雄同体が確実だとされている種は，未発表データも含めて7種のみだそうである．しかし，彼はヒゲナガモエビ属のほとんどが同時的雌雄同体だろうと考えている．

　ヒゲナガモエビ属の雌雄同体には興味がつきない．先に述べたように，同時的雌雄同体動物のほとんどは，出会いの少ない環境で生息している．確かに，アカシマシラヒゲエビなどのいくつかの種はペアで生息しているのだが，*Lysmata wurdemanni* は普通の雄性先熟のエビと同じように，出会いの多い，高密度のグループで生息している．確証はまだないが，他の高密度で生息しているヒゲナガモエビ属のエビも同時的雌雄同体だと予測されている．出会いが多いにもかかわらず，なぜ同時的雌雄同体になったのだろうか？　どう

やら,ヒゲナガモエビ属のエビにみられる同時的雌雄同体も,生息密度だけからでは論じることができないようである.さらに,このエビの仲間の多くは小さいうちはオスであり,大きくなってからオスとメスになる(パターンG).つまり,この属のエビは隣接的雌雄同体と同時的雌雄同体の両方を兼ねそろえている動物の1つということになる.これも今後の研究いかんによって明らかになるであろう甲殻類の不思議な雌雄同体現象の1つである.

謝　辞

　本稿を執筆するにあたってご協力いただいた,伊藤健二博士(独立行政法人農業技術研究機構中央農業総合研究センター),大林夏湖博士(東京大学大学院広域システム),五嶋聖治博士(北海道大学大学院水産科学研究科),C.G. Fiedler博士(琉球大学瀬底実験所)の各氏に深謝します.

5章
遊泳性エビ類の生態と多様性

菊池知彦

遊泳性のエビとは

　海産のエビ類と聞くと多くの人が食材としてのアマエビやクルマエビ，それにイセエビなどを連想するに違いない．また，その生態を考える時には海底を這っている姿を想像するだろう．しかし，海には一生のすべてあるいは大半を遊泳して生活し，海底とはほとんど無関係の生活を送るエビ類がいる．これらは遊泳性エビ類と呼ばれ，身近なところでは，駿河湾の名物であるサクラエビや富山湾のシラエビなどがこの仲間に入る．

　遊泳性エビ類は海洋生物の生態的区分では小型遊泳生物（マイクロネクトン）と定義され，終生浮遊生活を送るプランクトンと魚類や海産哺乳類などの遊泳生物（ネクトン）との間に位置している．大型の中層トロール網などによって採集され，色彩は鮮烈な赤やオレンジ色で，同じネットで採集される黒色の中深層性魚類（深海魚）とは好対照である．世界の海洋から270種ほどが知られ，日本周辺の海域からは100種近くが報告されている．エビ類は全体で約2700種が知られているので，そのおよそ1割が遊泳性エビ類ということになる．遊泳性エビ類は沿岸から沖合，また海面付近から水深数千メートルを超える深海底のすぐ上までの広大無辺の海洋空間に生息し，多くの種が水中を活発に上下方向に移動しそのなかで餌を摂ったり，他の動物に捕食されたりして海洋の物質の流れを左右する重要なグループとなっているのである．

　本章では，こうした遊泳性エビ類について，その生活の場である外洋の環境とそこに分布する種類と生態，海洋の食物網における重要性や我々の生活にとって有益な種の水産学的重要性などについて概説する．

遊泳性エビ類はどんな環境に生活しているのか

　多くの人々は海が地球上の総面積の約3/4を占めていることや様々な海流や潮流があること，また，海には北極や南極の凍てついた海域から，熱帯のサンゴ礁に至るまでの実に様々な環境のあるこ

とを知っている．しかし，こうした海のすがたに比べて波打ち際から暗黒の深海へつながる広がりについてはなかなかイメージしづらいのではないだろうか．

　海の表面から深海へ向かうつくり（鉛直構造という）を生物の面から見る場合，水中にすむ生物の世界（漂泳区）と海底にすむ生物の世界（底生区）の2つに分けて見るのが一般的である．漂泳区には先に述べたプランクトンやネクトン，そして本稿の中心となる遊泳性エビ類やオキアミ類，そして多くの深海魚などに代表されるマイクロネクトンが含まれ，底生区にすむ動物には，多くの貝やカニ，ウニ，ヒトデ，ゴカイなどのベントス（底生生物）と呼ばれる生物群が含まれる．

　波打ち際から沖合に向かって大陸棚が広がる場合，大陸棚は水深200mあたりから急に深くなりはじめ，急角度で深海へ落ち込む（図1）．大陸棚沖の水深が200mを超える海域では，水深200m付近にプランクトンやネクトンの種類や量が変化する境界があり，ベントスの種類や量にも水深200m付近に明瞭な境界が見られる．漂泳区も底生区も水深200mまでを浅海系，それより深いところを深海系として区別している．漂泳区では浅海系の上部をとくに「有光層」と呼んでいる．そこは海中に差し込む太陽光が豊富で，植物プランクトンがさかんに光合成を行い，陸上の牧草地のような役割を担い海の食物連鎖の出発点となっている．一方，水深200mを超える深海系は，漂泳区と底生区でそれぞれ分布する生物の種や量，海水の物理化学的特性が異なり，いくつかの深度帯や小区分に分けられている．一方漂泳区では，水深200mまでの有光層を表層とも呼び，200～1000mを中層帯，1000～3000mを深層帯，3000～6000mを超深層帯，6000m以深を極深層帯と呼んでいる．また，有光層以深のすべての層は"無光層"と呼ばれることもある．一方底生区では，200～300mまでを漸深海帯，300～6000mまでを深海帯，6000m以深を超深海帯と呼ぶ．

　海流や水塊が分布する表層部の下では水深が増大するにしたがって海水の物理化学的特性は海域や緯度による差が次第に小さく

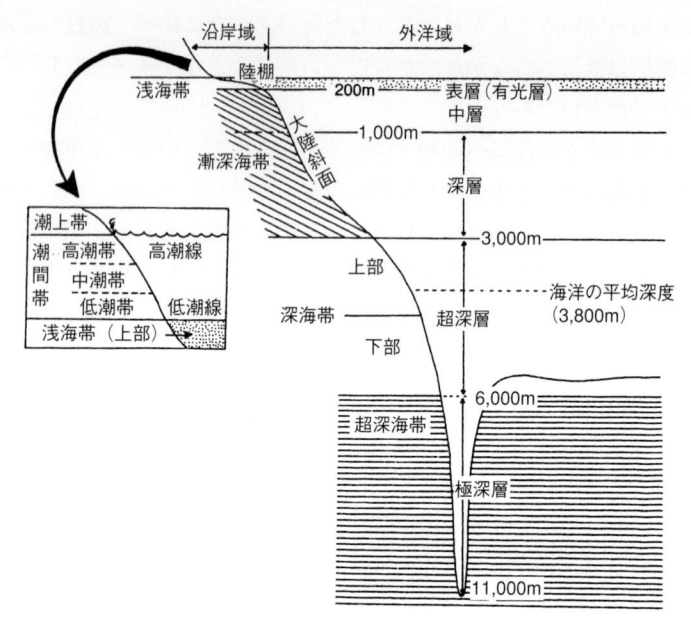

図1　　　　　　　　　海洋の鉛直構造の模式図.

なり均質化してゆき，一般的に水深3000m以深では水温0℃，塩分濃度34.5〜35.0‰付近の深層水（Deep Sea Water）または底層水（Bottom Water）と呼ばれる水になっている．

　海の生物の生活に大きな影響をおよぼすものとして海中の光は水温や塩分濃度とともに重要な環境要因の1つである．

　太陽から放射され，地球に到達した光は大気中を通過して海の表面に届き，そこから海水中に入射する．入射した光のエネルギーは植物プランクトンの光合成によって有機物に変換され，食物連鎖を通して海の中にくまなく移動してゆき，ほとんどすべての海洋生物の生命活動を支えているのである．

　多くの生命にとって欠くことのできない光は，海水中では急激で規則的な変化を示す．海水中に入射して水深わずか1mたらずの間に紫外線や赤外線はほとんど吸収され，もっとも透明度の高い海でも水深数百メートル以深では暗黒の世界となってしまうのである．

水圧は水深が10m深くなるごとに1気圧相当ずつ増大し，地球上でもっとも深いマリアナ海溝の底（水深約11000m）では水面の約1100倍（体積は約1/1100）にも達するのである．

　海洋生物の水圧に対する影響は種類によって大きく異なっている．体の中に空気の入った部分（浮き袋など）や気体のとけ込んでいる体液が大量にある魚類などは，一般的に圧力の影響をたいへん大きく受けるが，体の中にそうした部分をもたないエビやカニ，それに貝類などは，圧力変化に伴う気体の膨張がほとんどないために，直接的な圧力変化の影響は少ないと考えられている．

　水圧の変化は水深の変化に連動しているので，水温や海中の光量の変化とも関係しており，海洋生物におよぼす影響はたいへん複雑である．

　これまでに述べてきた深海域の環境は，そこに分布する動物の種類や量，そして各々の生理・生態に大きな影響をおよぼしており，遊泳性エビ類も例外ではない．次の項目では，遊泳性エビ類を含むエビ類の分類学上の位置や種類について述べる．

エビの分類

　エビ類は節足動物門（Phylum Arthropoda），甲殻亜門（Subphylum Crustacea），軟甲綱（Class Malacostraca），十脚目（Order Decapoda）に分類される動物群である．十脚目にはヤドカリの仲間（異尾類：Anomura）やカニの仲間（短尾類：Brachyura）も含まれるが，エビ類はこれらに比べて腹部（背甲と呼ばれる甲羅に覆われていない体の後半部）がよく発達しているので長尾類（Macrura）という名称で長い間呼ばれてきた．その後，エビ類は腹部の付属肢（腹肢）を使って水中を泳ぎまわる遊泳亜目（Suborder Natantia）と胸部の頑丈な付属肢（胸肢）を使って海底を移動する歩行亜目（Suborder Reptantia）に二分された．クルマエビやアマエビなどは遊泳亜目に，イセエビやザリガニはカニ類やヤドカリ類とともに歩行亜目としてまとめられ，長らくこの分類体系が用いられてきた．しかし，近年になって十脚類は古生物学的研究や，現存する種類の生理・生態学

表1 遊泳性エビ類として出現する主なエビ類（根鰓亜目）
　　（底生性のエビ類やその浮遊期幼生を除く）

クルマエビ上科（Superfamily Penaeoidea）
　ユメエビ科（Family Luciferidae）
　　ユメエビ属（Genus *Lucifer*）
　　　ユメエビ
　サクラエビ科（Family Sergestidae）
　　アキアミ属（Genus *Acetes*）
　　　アキアミ，アジアアキアミ，ヤホシアキアミ　など
　　カスミエビ属（Genus *Sergestes*）
　　　キタノサクラエビ，トガリカスミエビ　など
　　サクラエビ属（Genus *Sergia*）
　　　サクラエビ，ベニサクラエビ，ヤマトサクラエビ　など
　チヒロエビ科（Family Aristeidae）
　　シンカイエビ属（Genus *Bentheogennema*）
　　　シンカイエビ
　　スベスベチヒロエビ属（Genus *Gennadas*）
　　　スベスベチヒロエビ，スベスベツノチヒロエビ　など
　クルマエビ科（Family Penaeidae）
　　ウキエビ属（Genus *Funchalia*）
　　　サガミウキエビ

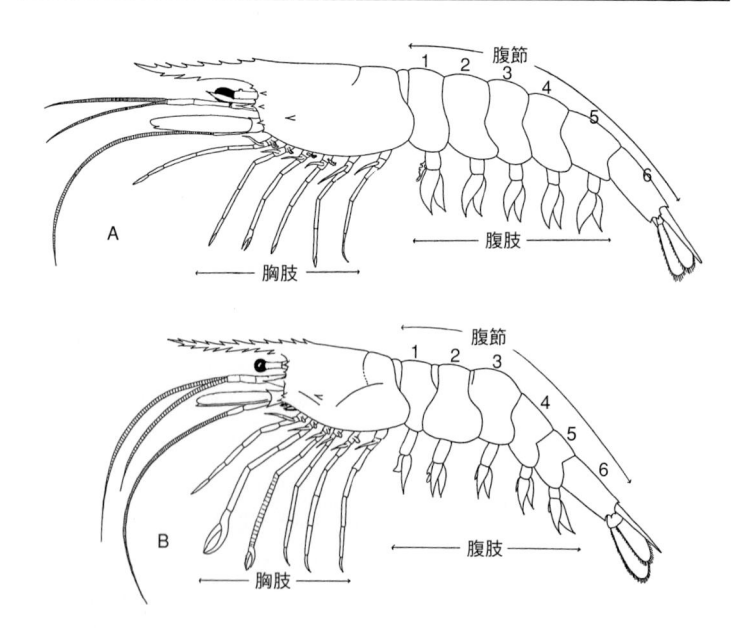

図2　根鰓亜目（A）と抱卵亜目（B）のエビ類の体制模式図．両者の区別は，第2腹節の形態で容易に区別がつく．第2腹節が第1と第3腹節をおおっていれば抱卵亜目のエビ類である．

表2 遊泳性エビ類として出現する主なエビ類（抱卵亜目）
（底生性のエビ類やその浮遊期幼生を除く）

コエビ下目（Infraorder Caridea）
　ヒオドシエビ科（Family Oplophoridae）
　　オキヒオドシエビ属（Genus *Oplophorus*）
　　　オキヒオドシエビ
　　マルトゲヒオドシエビ属（Genus *Systellaspis*）
　　　マルトゲヒオドシエビ
　　アタマエビ属（Genus *Notostomus*）
　　　アタマエビ，ヒトスジアタマエビ　など
　　ヒオドシエビ属（Genus *Acanthephyra*）
　　　サガミヒオドシエビ，ミツトゲヒオドシエビ　など
　　マルヒオドシエビ属（Genus *Hymenodora*）
　　　マルヒオドシエビ，コマルヒオドシエビ，マルミゾヒオソシエビ
　　　など
　　ハゴイタエビ属（Genus *Ephyrina*）
　　　マルハゴイタエビ
　　トゲアタマエビ属（Genus *Meningodora*）
　　　スミストゲアタマエビ，キクチトゲアタマエビ　など
　イトアシエビ科（Family Nematocarcinidae）
　　イトアシエビ属（Genus *Nematocarcinus*）
　オキエビ科（Family Pasiphaeidae）
　　トサカオキエビ属（Genus *Parapasiphae*）
　　　トサカオキエビ
　　シラエビ属（Genus *Pasiphaea*）
　　　シラエビ，オキシラエビ　など
　タラバエビ科（Family Pandalidae）
　　カザリジンケンエビ（Genus *Stylopandalus*）
　　　カザリジンケンエビ
　オキナガレエビ科（Family Thalassocarididae）
　　オキナガレエビ属（Genus *Thassocaris*）
　　　オキナガレエビ

的研究，そして系統類縁関係に関する研究などの情報に基づいて分類の見直しが行われた．その結果，個々の種の鰓の形態や卵の保護の方法，それに孵化時期の違いを重視した分類体系が適用され，十脚目は根鰓亜目（Suborder Dendrobranchiata）と抱卵亜目（Suborder Pleocyemata）に分けられることとなった．根鰓亜目にはクルマエビの仲間だけが含まれ，抱卵亜目にはオトヒメエビ下目（Infraorder Stenopodidea），コエビ下目（Infraorder Caridea），ザリガニ下目（Infraorder Astacidea），イセエビ下目（Infraorder Palinuroidea），アナジャコ下目（Infraorder Thalassinidea），異尾（ヤドカリ）下目

(Infraorder Anomura),短尾（カニ）下目（Infraorder Brachyura）が含まれている．

　根鰓亜目の特徴は，ほとんどの種が細かく枝分かれしている根鰓と呼ばれる鰓（えら）を胸肢の基部にもち，卵を抱えることなく海中に放出し，ノープリウスと呼ばれる幼生で孵化する．一方，抱卵亜目の特徴は鰓が分枝せず，卵は孵化するまでメスの腹肢に抱えられて保護される．孵化はノープリウス幼生としてではなく，ノープリウスの時期を卵内ですごした後のゾエア幼生としてである．

　エビ類は上記2つの亜目にまたがるが，エビ類がどちらの亜目に属するかを判断することは容易である．第2腹節を側面から観察した場合，それが前後に広がって第1腹節と第3腹節の両方を覆っていれば抱卵亜目．そのような形態をとらなければ根鰓亜目ということになる（図2）．

　沖合の表層から深層にかけて分布している遊泳性エビ類には，根鰓亜目であるクルマエビ類と抱卵亜目のコエビ類が含まれ（表1，2），他にわずかではあるが抱卵亜目のイセエビ類など底生性のエビ類の浮遊期幼生（フィロゾーマ幼生）などが含まれる．

遊泳性エビ類が生活しているところ

1．水平（地理的な）生息域

　遊泳性エビ類の地理的な分布（水平分布）は主に餌の種類や量，捕食者の種類や量，生息環境の物理化学的条件等によって決まる傾向が強い．

　遊泳性エビ類の多くは外洋域に分布しているが，沿岸域に特異的な分布をしている種類もある．サクラエビ *Sergia lucens* は相模湾，またコエビの仲間のシラエビ *Pasiphaea japonica* は富山湾の固有種で漁業の対象にもなる重要種である．サクラエビ科のアキアミ *Acetes japonicus* は瀬戸内海や有明海に多く分布するほか，この属の仲間は東南アジア沿岸域にも多くが分布し水産学上の価値はきわめて高い．

　外洋性種の水平分布は海洋環境の鉛直構造，とくに水温に対応

している場合が多く，亜寒帯水域の表層に出現する種が温帯域では水深数百メートルを超える中層以深に出現する場合もある．オホーツク海からベーリング海にかけての表層から中層に卓越するキタノサクラエビ Sergestes similis やチヒロエビ科のシンカイエビ Bentheogennema borealis などは相模湾では水深1000mを超える深所に分布する．

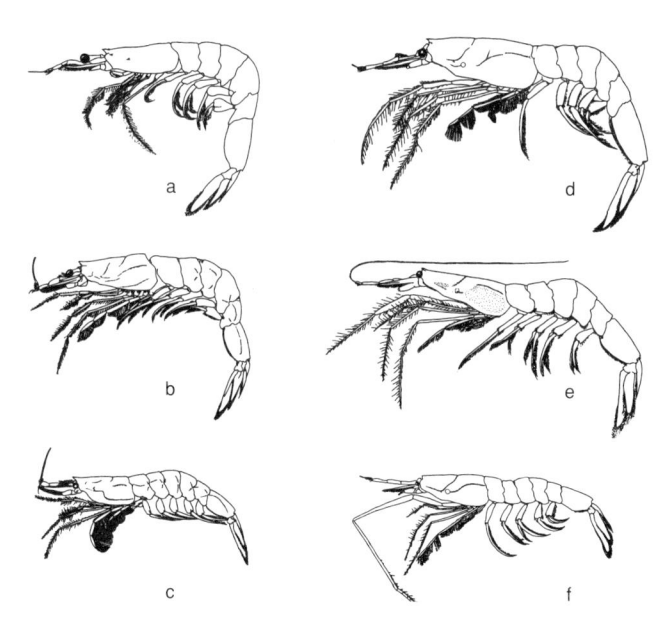

図3 サクラエビの仲間．a：アキアミ．b：サクラエビ．c：ベニサクラエビ．d：キタノサクラエビ．e：ウスカスミエビ．f：ウデナガカスミエビ．（林 健一，1977より）

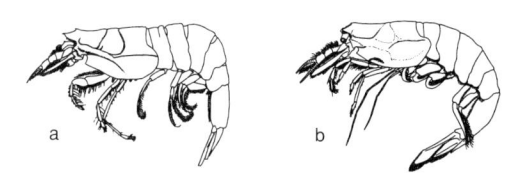

図4 チヒロエビの仲間．a：シンカイエビ．b：スベスベチヒロエビ．（林 健一，1977より）

一般に遊泳性エビ類の水平分布は，植物プランクトンの基礎（一次）生産および動物プランクトンの水平分布とも一致する傾向がある．図5は，西部太平洋から南極海における遊泳性エビ類の生物量（湿重量），個体数，種類数を緯度の変化に応じてグラフ化して示してある．遊泳性エビ類の湿重量と個体数は北半球，南半球ともに緯度で40度付近の亜寒帯水域で高い値を示しており，中緯度から赤道付近の低緯度海域では少なくなっている．一方，出現する種類数で見ると北緯30度から南緯30度付近にかけて多くの種類が分布し，北半球，南半球ともに高緯度海域では出現種類数が少ない傾向が見て取れる．高緯度海域は少数の種類が大量に分布し，低緯度では量的には少ないものの，多くの種類が分布していることがわかるだろう．それでは，具体的にはどのような種類がどういった分布傾向を示しているのだろうか？　岩崎（2001）は西部太平洋から南極海における遊泳性エビ類の分布タイプを整理し，8つの分布パターンを示している．それによると第1型：北緯40度付近から北緯35度付近

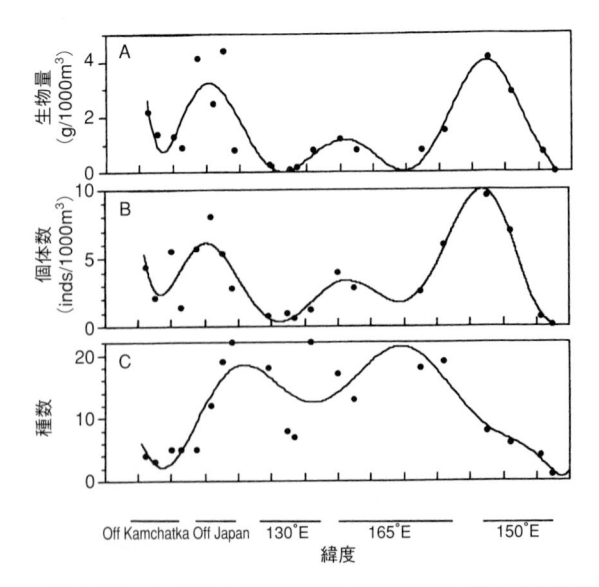

図5　西部太平洋から南極海に至る海域における遊泳性エビ類の生物量（湿重量）(A)，個体数(B)，種類数(C)の緯度的な変化．(岩崎，2001より)

まで分布するもの．代表種としてシンカイエビ，マルヒオドシエビ *Hymenodora frontalis*，キタノサクラエビなど．これらは北太平洋の固有種でもある．第2型：北緯40度を北限とし，南緯5度までの中層に分布するもの．28種が報告され，代表種はサクラエビとシラエビである．第3型：赤道から南緯5度の範囲の南赤道海流域に分布するもの．代表種はサクラエビの仲間の3種，*Sergia challngeri*, *S. fulgens*, *S. inequalis*．第4型：北緯40度から南緯40度にかけての中層に広く分布するもの．代表種はサクラエビの仲間のベニサクラエビ *Sergia prehensilis* とヒオドシエビ属のサガミヒオドシエビ *Acanthephyra quadrispinosa*．第5型：南緯25度から60度にかけての海域の中層に分布するもので，代表種はスベスベチヒロエビ属の *Gennadas gilchristi* やオキヒオドシエビ属のミナミオキヒオドシエビ *Oplophorus novaezeelandiae*．第6型：南極周辺の中層に分布するが，第5型よりも分布深度が深いもの．代表種はサクラエビ科に属する *Petalidium foloaceum* やシラエビ属の *Pasiphaea acutifrons*．第7型：南緯50度から65度にかけての南極海周辺に分布するもの．代表種はシラエビ属の *Pasiphaea scotiae*．第8型：北緯55度から南緯60度までの広い海域の深層から超深層にかけて分布するもので，マルヒオドシエビ属のコマルヒオドシエビ *Hymenodora gracilis* とマルミゾヒオドシエビ *Hymenodora glacialis*．

このように，遊泳性エビ類の水平（地理）分布は，海洋の物理化学的な鉛直構造，海流や水塊，海洋の植物プランクトンの生産力およびエビ類の餌となる動物プランクトンの水平分布などと密接に関係して決まっているのである．次の項目では遊泳性エビ類の鉛直的な分布について概説する．

2．鉛直分布―遊泳性エビ類はどの深さに分布しているのか？
1）エビ類の生物量

それでは，エビ類の量は鉛直的にどのような傾向があるのだろうか？　表層から深層まで同じくらいの量が分布しているのだろうか？　ここでは，日本周辺の西部北太平洋の2点（ff点（40°

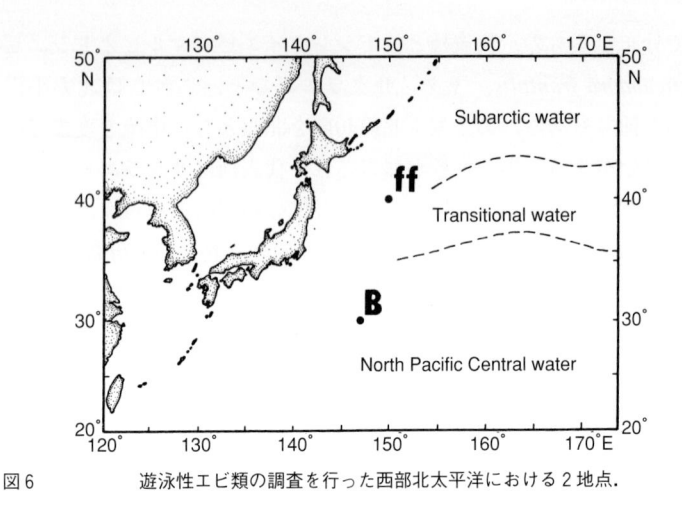

図6　　　遊泳性エビ類の調査を行った西部北太平洋における2地点．

00'N，150°00'E）水深5500m，B点（30°00'N，147°00'E）水深6200m）（図6）で行った遊泳性エビ類の鉛直分布の調査結果を紹介する．図7には遊泳性エビ類の生物量（個体数と湿重量）の鉛直分布が示されている．縦軸が水深で，横軸には海水1000m^{3}当たりに出現する遊泳性エビ類の個体数と湿重量をそれぞれ対数で表示してある．図中の白丸は昼間，黒丸は夜間の調査結果である．

　個体数と湿重量の鉛直分布は，水深500m以浅で日周鉛直移動（P.111，112参照）のために昼夜でバラつくが，500m以深では深度とともに急激に減少し，水深4000m付近では表層の値の100分の1近くにまで減少しているのがわかる．また，水深6000mになると個体数，湿重量ともに1000m^{3}当たりで0.01以下となっている．これは，水深6000mの海水中10万tに遊泳性エビ類が1匹いるかいないかという非常に低い値である．カムチャッカ海域の水深4000～8000mを調査した研究からも，遊泳性エビ類はほとんど出現していない．これらの結果から水深数千メートルを超える超深海域に分布する遊泳性エビ類はいないものと考えられている．

2）深度の違い

　次に種ごとの分布深度の違いについて見てみよう．図8には日本

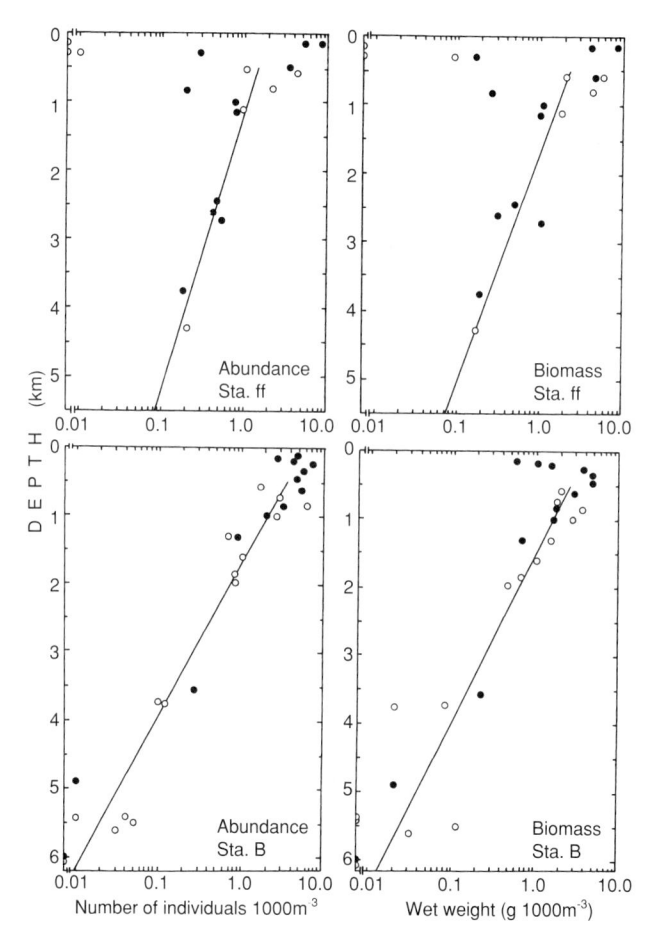

図7 図6に示す2地点（ff点，B点）における遊泳性エビ類の個体数（Abundance）と生物量（Biomass）の鉛直変化．縦軸は水深（km），横軸は個体数と生物量を対数表示してある．

周辺の2地点（ff点とB点）における遊泳性エビ類の種ごとの深度による分布パターンが示されている．縦軸が水深，横軸にはそれぞれの海域を代表する遊泳性エビ類が並んでいる．図中白抜きの部分は，種ごとの昼間の主要な分布範囲を，また黒は夜間の主要な分布範囲を示してある．この図から，遊泳性エビ類の鉛直分布には次

> **遊泳性エビ類の採集方法**
>
> 遊泳性エビ類の採集には，大型のネットや中層トロール網が主に用いられている．ネットの大きさは機器の特性などによっても様々であるが，一般的な網口の面積は2〜9 m^2，網の長さは15〜25 mである．エビ類の分布深度や，深度ごとの生物量を調べるためには，網口に開閉装置の付いたネットが必要となる．開閉装置を作動させることにより，希望する水深でネットを開口し，採集終了後閉じるのである．採集する水深の増加に伴ってくり出すワイヤーの長さは長くなり，水深2000 m層の採集には3500 m以上，水深6000 mでの採集には実に10000 m以上のワイヤーが必要である．また，深度の増加に伴ってエビ類自体の個体数も急激に減少するため，ある程度まとまった採集を計画する場合には，曳網時間（網を曳く時間）も長くなり，1回の曳網調査に丸1日かかることもある．

の5つの型があることがわかる．1）昼間，水深400〜800 mに分布し，夜間，水深100〜400 mに上昇するもの．この代表はキタノサクラエビやカザリジンケンエビ *Stylopandalus richardi* など．2）昼間，水深700〜1000 m付近に分布し，夜間，水深100〜400 mに上昇するもの．これは遊泳性エビ類のなかでももっとも活発に1日の分布深度を変えているものである．代表はオヨギチヒロエビ科のスベスベツノチヒロエビ *Gennadas incertus*，チヒロエビモドキ *G. propinquus* など．3）昼間，水深700〜1000 mに分布し，夜間上昇して水深500〜700 mに分布するもの．代表は，オヨギチヒロエビ科のスベスベチヒロエビ *Gennadas parvus* とサガミヒオドシエビ等が含まれる．4）1日のうちで分布深度の変化があまり明瞭ではないか，あっても深度の変化がわずかなもの．主な分布層は昼夜ともに600〜1500 mで，代表種はヤマトサクラエビ *Sergia japonica*，シンカイエビ，マルヒオドシエビ．5）1日のうちで分布深度の変化がほとんどなく，つねに水深1500 m以深に分布するもの．代表種はマルミゾヒオドシエビ *Hymenodora glacialis*．

この鉛直分布パターンを見ると水深1000 m以浅に分布する種類において昼夜での分布深度の移動が顕著で，分布深度と移動の幅か

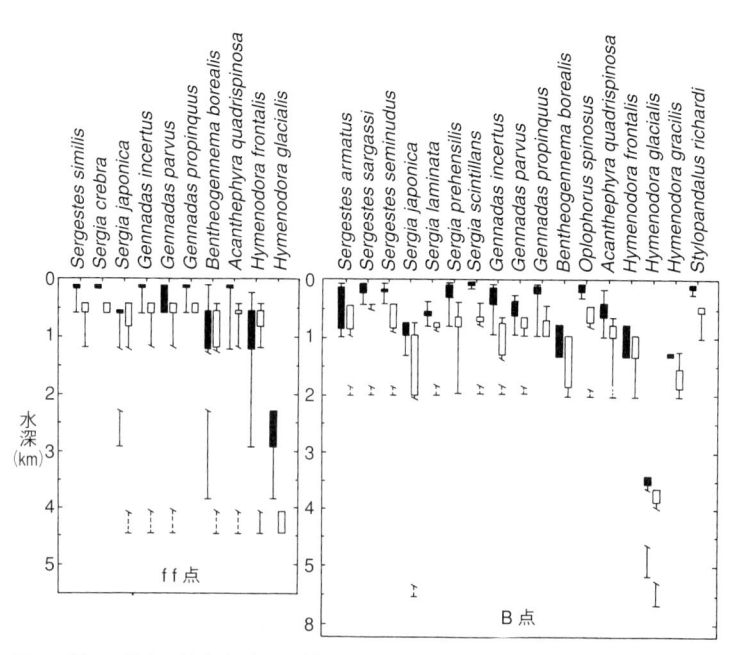

図8 図6に示す2地点(ff点,B点)における遊泳性エビ類の鉛直分布.縦軸は水深(km),横軸には各地点に優先した遊泳性エビ類の種名が書かれている.図中の白抜きと黒の四角は昼間と夜間の主な分布範囲を示している.

ら大きく3つのグループ1)~3)に分かれていることがわかる.

3) 生活する水深を決める要因

遊泳性エビ類の鉛直分布を決定している要因には様々な物理化学的,生物学的な要因が考えられるが,なかでも大きな要因は海中の光と餌(あるいは捕食)である.

光は,多くの海洋生物の生理・生態にきわめて大きな影響をおよぼす物理量であり,海洋の中深層に分布する遊泳性エビ類にとっても例外ではない.光が日周鉛直移動におよぼす影響は大きく,サクラエビの仲間では透明度の高い海域では,低い海域に比べて分布深度が深かったり,夜間深層から浅い層に移動する際,月光によってその上昇がおさえられることなどが知られている.

日周鉛直移動を行う多くの遊泳性エビ類で,鉛直的な移動は日没と日の出の時刻の周辺で起こっている.このように,エビ類の

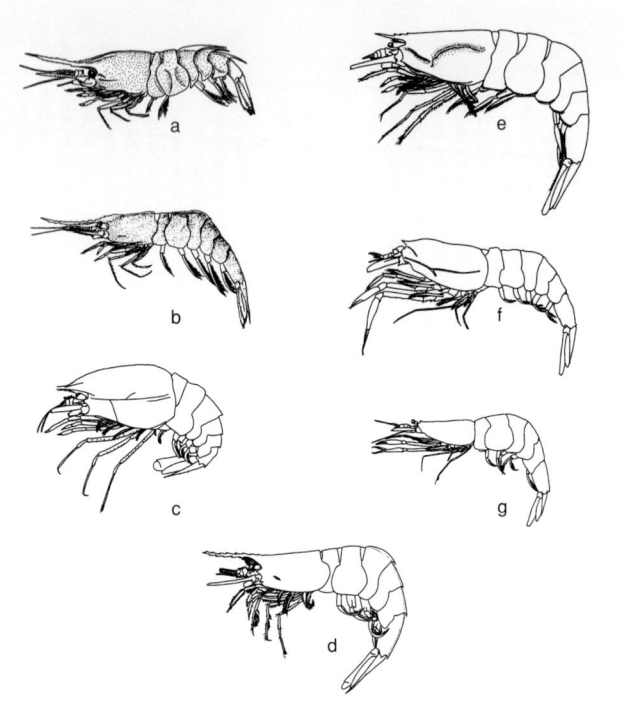

図9　ヒオドシエビの仲間. a：オキヒオドシエビ. b：マルトゲヒオドシエビ. c：アタマエビ. d：サガミヒオドシエビ. e：マルヒオドシエビ. f：トサカオキエビ. g：シラエビ.（林　健一，1977より）

日周鉛直移動は太陽光の日周期に直接的な影響を受けているのである．一方，顕著な日中鉛直移動を行わない種類は，そのほとんどが昼夜ともに太陽光の届かない水深1000m以深に分布している．

遊泳性エビ類の餌と補食環境も，鉛直移動を引き起こす重要な因子である．

餌の密度とそれを摂餌する効率および捕食圧（食べられ易さ）によるところが大きい．これに関しては「海洋の食物網における重要性」で詳述する．

生息水深の変化

鉛直分布はどのような種類のエビがどの時点でどのあたりの水

深に分布しているかを示すものであるが，そこにはそれぞれのエビの生態や生活史と関連した様々な行動様式が見られる．あるものは，1日の中で浅い層と深い層を移動し，ある種は成長に伴って生息水深を変化させ，またあるものはほとんど鉛直的な移動を行わず，ある一定の深度に分布している．

エビ類やオキアミ類それに多くのカイアシ類などの甲殻類プランクトンは，魚類やイカ類などの捕食者から逃避するために，あるいは代謝のためのエネルギー消費を抑えるために昼間は暗くて水温の低い深い場所にいて，夜間になって餌をとるために表層へ移動する．このサイクルは毎日規則的に繰り返され，この行動は「日周鉛直移動」と呼ばれている．一方，成長に伴う餌の質や摂餌量の違い，捕食者の違い，そして生理生態の違いなどから，個々の種の生活史の中で徐々に分布深度を変化（主に下降）させる場合がある．たとえば，深所で生活している親個体が産卵のために浅い層に上昇し，そこで生まれた稚仔が栄養豊富な表層の環境で育ち，成長に伴って深所へ移行するといった具合である．このような個々の繁殖戦略に関係した長期的な鉛直移動は「成長に伴う鉛直移動」と呼ばれている．このように鉛直移動には表層から深層に至るにしたがって，主に太陽周期と関連した「日周鉛直移動」と個々の繁殖戦略に関係した長期的な「成長に伴う鉛直移動」という大きく2つの移動が見られるのである．

1. 1日のうちに起こる生息水深の変化（日周鉛直移動）

日周鉛直移動の幅は，種類や生息する海域で異なるが，多くの場合，水深1000m以浅の表層から中層において顕著で，その移動幅は大きいもので800mを超える．しかし，その日周鉛直移動も水深が1000mを超えると次第に不明瞭となり，水深2000m以深ではほとんど見られなくなる．

水深1000m以浅には鉛直移動の様式が異なる3つのグループが分布していることは述べたが，生物量の鉛直分布を見ても1000m以浅の遊泳性エビ類の生物量は高く，彼らが活発な鉛直移動によっ

て表層から深層への有機物の輸送に果たす役割は非常に大きいと考えられる．一方，1000m以深の深層に分布し日周鉛直移動を行わない種は，生物量も大変低く有機物の輸送に果たす役割は小さいものと考えられる．

2. 成長に伴う生息水深の変化（個体発生的鉛直移動）

　遊泳性エビ類の日周鉛直移動に加えて個々の種の体長組成を解析すると，成長に伴う分布（生息）水深の移動を示すいくつかのパターンが見えてくる．図10には西部北太平洋において，比較的優占する中深層性エビ類21種のうちから，成長に伴う分布深度の移動に関する典型的な4つの型を示した．また，表3にはその21種の鉛直分布の特徴をまとめた．図のA）は成長に伴って遊泳力をつけ，日周鉛直移動の距離を伸ばした結果，大型になるほど分布の下限が深くなっているものである．この型では小型個体ほど浅い層に出現していることから，分布の上限近くで幼生の孵化が起こり，成長とともに遊泳力をつけて日周鉛直移動の幅を広げているものと思われる．また，この仲間の体長組成は単一の山型（コホート）となり，寿命は1年以内と考えられる．この仲間はすべてが体長17mm以下で，幼生や稚子の体長は8mm以下である．ほとんどの種が表層性あるいは中層上部に分布するサクラエビやスベスベチヒロエビ属の仲間 *Gennadas* spp. である．B）は成長に伴って分布深度が深くなる傾向を示し，日周鉛直移動が顕著でないかまったく行わない種がこのパターンを示す．体長組成は2つあるいはそれ以上のコホートからなり，寿命は2年以上あると思われる．この仲間は，幼生や稚子の時期の個体が分布の上限に現れ，成長する（体長が増える）にしたがって深層に移動するが，どのようにして幼生や稚子が分布の上限に出現するのか？　成体が深所で生んだ卵が浮上して分布の上限で孵化するのか？　成体がある特定の時期にだけ分布の上限まで移動してくるのか？　あるいはそれ以外の方法があるのかについてはいまのところ不明である．この型は典型的な中層下部から深層に分布するものが含まれ，代表はマルミゾヒオドシエビである．この

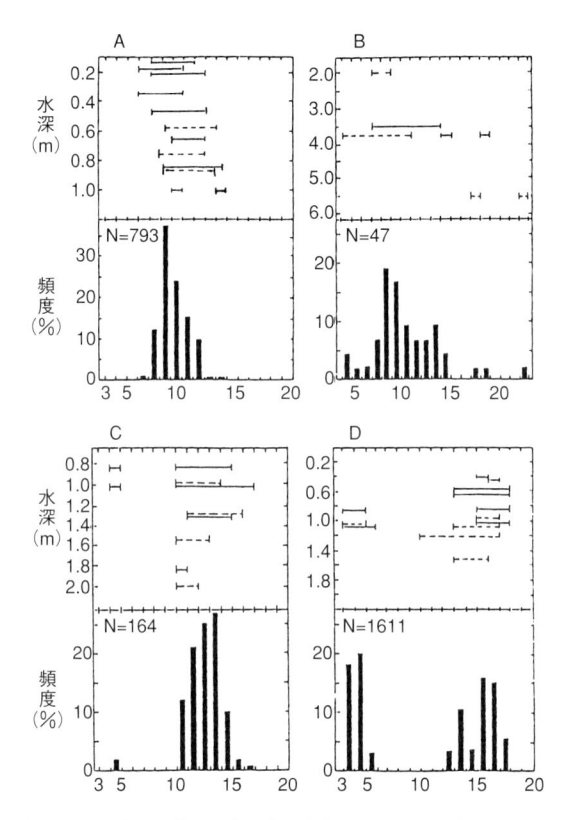

図10 遊泳性エビ類の成長に伴う分布深度の変化とその体長組成．A～Dはそれぞれ別のエビ類で，各図中の上段は分布深度に出現したエビ類の頭胸甲長（甲羅の長さ）の範囲，下段はすべての水深から採集された全個体の体長組成を表している．単一の山型（コホート）からなる種，2つ以上のコホートからなる種類があり，その鉛直分布の仕方には，それぞれの種の生活史が反映されている．

ような鉛直分布のパターンを示すものには，他にオキアミ類の一種 Thysanopoda egregia や中層性魚類のオニハダカ属 Cyclothone などが見られる．C) は基本的にはA型と同じであるが，体長組成が2つあるいはそれ以上のコホートからなるもので，寿命が2年以上あると考えられるものである．これは成長に伴う移動能力，すなわち遊泳力の増加がこのような分布型を示す要因であると考えられる．この型を示す種には日周鉛直移動を行うオキヒオドシエビ Oplophorus spinosus やほとんどあるいはまったく鉛直移動を行わな

表3　遊泳性エビ類の鉛直分布の特徴

種名	成体(メス)の最小サイズ(頭胸長, mm)	採集総個体数に占める割合(%)	日中鉛直移動のタイプ	成長に伴う鉛直移動のタイプ
サクラエビ科				
トガリカスミエビ	5.4	8.1	2	A
ウデナガカスミエビ	2.1	6.6	1	A
ウスカスミエビ	1.7	11.4	1	A
ヤマトサクラエビ	4.2	11.1	4	C
ヒロハサクラエビ	2.5	7.6	3	A
ベニサクラエビ	12.9	8.1	1	A
ウスベニサクラエビ	1.9	7.5	1	A
オヨギチヒロエビ科				
スベスベツノチヒロエビ	6.7	--	2	A
スベスベチヒロエビ	2.5	--	3	A
チヒロエビモドキ	7.9	--	2	A
シンカイエビ	0.8	12.4	4	C
ベニシンカイエビ	+	--	4	B
ヒオドシエビ科				
オキヒオドシエビ	2.4	13.8	1	C
サガミヒオドシエビ	34.2	15.8	3	D
アタマエビ	+	--	3	C
マルトゲヒオドシエビ	0.4	11.0	1	C
マルヒオドシエビ	2.5	9.1	4	C
マルミゾヒオドシエビ	1.3	13.7	5	B
コマルヒオドシエビ	2.1	8.4	5	C
オキエビ科				
トサカオキエビ	0.8	19.0	4	C
タラバエビ科				
カザリジンケンエビ	6.3	9.0	1	-

+：<0.3%　　--：計測できず

いシンカイエビが当てはまる．D)は幼生や稚子が成体と同じ深度に分布し，体長組成も2つ以上のコホートからなるものである．これは活発な鉛直移動を行うサガミヒオドシエビに代表される．本種は4から11月にかけて産卵が起こり，卵はメスの腹肢に抱かれてすごし，12から5月にかけて孵化する．そして1年以内に体長は2cmほどになり，その後2年以内に成体（体長5 cm以上）に達することが知られている．

ここにあげたものは，遊泳性エビ類の一部であり，中深層でどのような生活をすごしているのかはほとんど不明である．どのような餌を食べ，いつ産卵を行い，どのくらいの成長速度があり，何年生き，またどんなものに食べられているのか？　これらに関する研究が進めば謎だらけの中深層性の遊泳性エビの生態が徐々にではあるが明らかとなり，海洋における遊泳性エビ類の役割も正しく評価されるのである．

3. 多様性の変化

　深度の変化に関係した出現種類数と多様性指数を図11に示す．調査場所は図6に示す2点である．縦軸が深度で横軸が種類数と多様性指数である．表層よりもやや深いところで種類数，多様性指数とも高くなり，それ以深ではともに減少し，水深3000mを超えるとほんの2, 3の種のみがほとんど移動せずにわずかに生息している様子が見える．種数はff点では水深600m，B点では水深1000m付近で昼夜ともに高くなっている．2点間で水深が異なるのは主に水温の違いによる．ff点の水深600m付近の水温はB点の水深1000m付の水温と一致している．

　多様性指数の変動も種数数の鉛直変化と同様の傾向を示している．両方の数値が極大を示した深度は，鉛直移動性種と非移動性種が重なった結果高い値を示しており，逆をいえばこの極大を示す深度が大部分の遊泳性エビ類の鉛直移動の下限を示しているといえるのである．

　この図に示されたような傾向は，世界の温帯域の海域で観察されるが，種類数と種多様性の極大を示す深度は，各階域の物理化学的特徴やそれによって決まる植物プランクトンの基礎生産量などによって変化する．一方で，水深が1000mを超える深海域では種類数，生物量ともに減少し，水深3000mを超える深度にはほとんどの海域に共通して見られる超深海遊泳性の種（マルミゾヒオドシエビ：*Hymenodora glacialis* など）が，鉛直移動をせずにわずかな量で分布しているだけとなる．

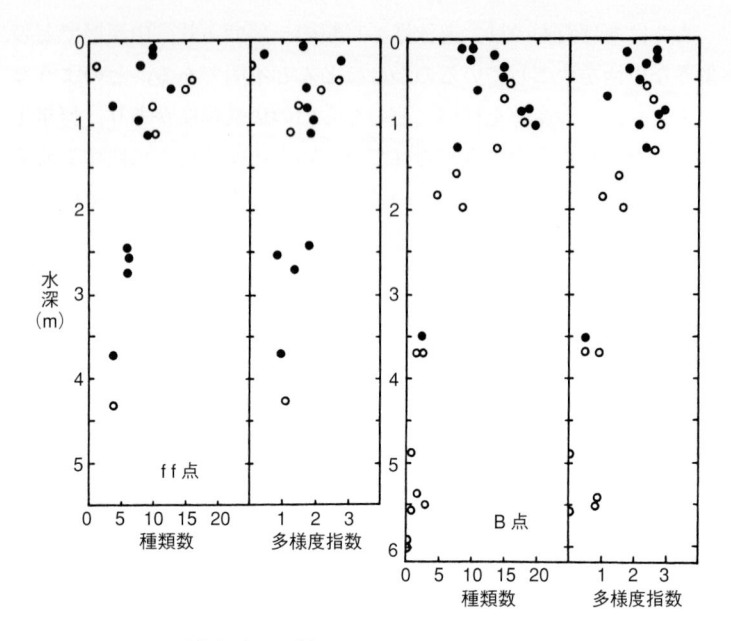

図11 図6に示す2地点(ff点，B点)における遊泳性エビ類の種類数と多様性を示す指数(多様度指数)の鉛直変化．ff点の水深600m付近とB点の水深1000m付近では日周鉛直移動する種類が重なるために，種類数と多様度指数が高くなっている．

海洋の食物網における重要性

1. 捕食者としての重要性

　遊泳性エビ類の食性に関しては，様々な海域での研究があるが，Nishidaら (1988) は北太平洋のオレゴン沖における中深層性エビ類の食性に関する研究から，主要7種の摂餌時間と消化管内容物について報告している．それによると，遊泳性エビ類は昼夜分かたずに摂餌を行い，消化管の充満度からは顕著な日周性は見られないと報告している．さらに，ほとんどの種類において刺胞動物（主にクラゲ類）の刺胞が消化管内から発見され，これらがクラゲ類を摂餌している実態が浮き彫りにされた．サクラエビの仲間のキタノサクラエビはカイアシ類を主要な餌とし，コエビ類のエビにおいてはカイアシ類よりも大型の甲殻類（ヨコエビの仲間や小型のオキアミ類，

アミ類，エビ類など）を捕食していると報告している．表層のプランクトン（主に植物プランクトン）が包み込まれた緑色のデトライタス green detritus は，主にシンカイエビで多く見られ，ほかにアタマエビ属 *Notostomus* やカスミエビ属 *Sergestes* の種からも発見されている．これらの表層起源と思われる物質が中深層性のエビ類の消化管から発見されることは，海洋の表層から沈降してくる糞塊や死骸，脱皮殻などの物質を直接摂餌している，あるいは表層付近で摂餌をし中深層以深に下降してきたカイアシ類などの動物プランクトンを捕食したことで，エビ類の消化管内に発見されたものと考えられている．消化管内容物には，これら同定可能な物質の他に多くの同定不能の物質も見出される．これらは生物の糞塊や砂粒などの非生物の核や生物起源の粘液などに様々な物質が吸着してできたいわゆる「マリンスノー」などを補食した結果であると考えられる．

2. 被食者としての重要性

遊泳性エビ類はまた，様々な海洋生物に捕食されている．中深層においては，エビどうしの「共食い」もあるが，多くの中深層性魚類やイカ類などの胃内容物から多くの遊泳性エビ類が見出される．また，マグロやカツオなどからもサクラエビ類の種類が見出されている．ザトウクジラなどのヒゲクジラ類は大量のオキアミを捕食していることで知られるが，オホーツク海から北米西岸の海域ではキタノサクラエビがクジラ類の重要な餌生物となっている．

ペンギンも遊泳性エビ類を捕食しているが，最近の研究ではアホウドリの仲間の胃内容から水深1000m付近に分布するアタマエビ類が，ほぼ未消化のまま発見されたこともあり，胃内容物の研究が海鳥類を含む海洋生物の未知の生態を解き明かす鍵となる可能性も指摘されている．

遊泳性エビ類の寿命

遊泳性エビ類の寿命や彼らの成長に関する知見はきわめて限られた種にのみあるだけで，ほとんどの種では未知のままである．それ

は，彼らの主な分布域が中深層以深であり，調査に多大な時間と労力を要すること，採集した個体の飼育が容易ではないこと，遊泳性エビ類には魚類の耳石のような年齢査定の決めてとなる器官がないことなどがあげられる．これらについては今後の新たな手法の開発が望まれる．以下にはこれまでの研究で明らかとなってきた遊泳性エビ類の寿命や成長に関する知見をわずかであるが紹介する．

駿河湾に分布するサクラエビや富山湾に産するシラエビ，それに有明海や瀬戸内海に産するアキアミの仲間 *Acetes* spp. など，遊泳性エビ類の中でも表層あるいは沿岸域に分布する種については生活史に関する研究がなされている．なかでもサクラエビに関する研究はきわめて詳細である．それによるとサクラエビの寿命は15カ月で，産卵時期は7～8月，産卵は夜間表層付近で起こり，メス1個体からは平均で1700～2300個の卵が放出され，卵は表層ですぐ孵化してノープリウスと呼ばれる浮遊幼生となり，10～12カ月かかって成体になる．一方，沖合や中深層以深に分布する種の生活史に関する研究は沿岸性の種に比べると困難であるために，研究自体がきわめて少ない．Aizawa（1974）は本邦近海の中深層に普通に出現するサガミヒオドシエビについて，研究船による大がかりな調査航海から本種の生活史を研究している．それによると，本種は4月から11月にかけて産卵が起こり，卵はメスの腹肢に抱かれてすごし，12月から5月にかけて孵化が起こる．その後1年以内に体長は2cmほどになり，その後の2年でに成体（体長5cm以上）に達する．

深海性の甲殻類の寿命を高緯度域の表層に生息している種の成長率との比較から見積もった研究によると，日本周辺海域の水深1000m以深に多く出現するアタマエビ *Notostomus japonica* では，その成長は体長25mm程度に達するまでに8～15カ月，成体で体長120mm以上に達するのには12～35カ月を要することになる．一方，南カリフォルニア沖で得られる深海遊泳性アミ類の最大種であるオオベニアミ（*Gnathopaushia ingens*：成体の体長は350mmにも達する）に関する長期飼育実験からは体長120mm以上に達するのに50カ月以上を要するという報告がなされている．

これらの研究報告から推察されることは，中深層性エビ類の寿命は，個々の種の分布深度，海域，それぞれの生息域における餌環境などと密接に関係しているということである．表層域は比較的水温も高く，餌となる物質も多量に存在し，また，視覚に頼る捕食者から逃げるため，エビ類の生理活性も高く，成長も比較的短期間で成長すると考えられる．一方，中深層から深層にかけては水温も低下し，餌環境も悪く，また，表層に生息するエビ類の様に視覚に頼る捕食者が少ないため，それから逃げる必要も少なくなるので，エビ類の代謝も下がり，結果的に成長速度も下がり，成長にはより長い時間がかかることになる．一般に表層域で成熟するのに1～2年，トータルで3年ほどの寿命はあると考えられ，深海域へ下降すればするほどその時間は伸び，5年近くかかってようやく成熟し，数年から10年近く生き続ける種類もあるものと考えられている．

遊泳性エビ類の化学組成

　深海の生物は，表層性のものに比べて一般の化学組成においてもいくつかの特徴が見られる．中深層性のものは表層性のものに比べて脂質含量が高くなり，タンパク質および灰分の含量が減少している．これは，甲殻類は魚類と違って浮き袋や低浸透圧調節機構をもたないために，浮力を得るための手段として脂質含量を増加させるように適応したものと考えられている．

　中深層性動物の浮力獲得機構やエネルギーの貯蔵には脂質が重要な役割を果たしている．中深層～深層に分布する動物の脂肪には，非トリグリセライド脂質，すなわち炭化水素，グルセリル・エーテル，およびワックス・エステルが多く含まれており，とくにワックス・エステルは海洋生物にとって重要なエネルギー貯蔵物質（の一形態）となっている．一般的には表層性の動物ほど総脂質およびワックス・エステルの含量が低く，深層性のものほど総脂質とそれに含まれるワックス・エステルの含量が高くなる傾向を示している．

　中深層以深の深度は表層に比べて水温も低く，エビ類の餌となる動物プランクトンの量もきわめて低い．こうした環境下では分布す

る動物の代謝は表層性の種に比べてたいへん低く,索餌のために動きまわってエネルギーをロスするよりも,ワックス・エステルという形態で蓄積している脂肪を浮力獲得とエネルギー貯蔵のために積極的に用いている姿が浮かび上がる.

サクラエビの脂質含量は1.7％で,同じサクラエビの仲間のベニサクラエビとコエビ類のサガミヒオドシエビはともに数％である.一方,スベスベチヒロエビの仲間やシンカイエビなどではともに10％を超える高い含量を示した.さらにこの脂質中に含まれるワックス・エステルの含量について見てみると,サクラエビでは17.9％だったが,ベニサクラエビとサガミヒオドシエビではそれぞれ27.2％,33.4％であり,脂質含量の高かったスベスベチヒロエビの仲間とシンカイエビではそれぞれ74.5％,60.7％ときわめて高い値であった.またこの値は,同一種の体の部位によって大きな違いは認められなかった.これらのエビとクルマエビを比較するとクルマエビではコレステロールとリン脂質の含量が高く,ワックス・エステルの脂質中に占める割合も低かった.遊泳性エビ類の中でも表層性の(あるいは沿岸近くに分布する)サクラエビの脂質の含量と組成は,クルマエビに近い値である.

中深層性の種はからだの色が橙色,赤色から鮮赤色を呈しているものが多いが,これらには脂質中に高いワックス・エステル含量を示す特徴が見られる.これらのエビ類の多くは日周鉛直移動を行い,脂肪酸などからワックス・エステルを活発に合成している.

水産学的に重要な種

遊泳性エビ類の中で現在のところ商業的に漁獲されているものもある.そのほとんどが温帯から熱帯域の沿岸に特異的に分布する種である.日本においては,駿河湾のサクラエビ,富山湾のシラエビ,有明海,瀬戸内海,富山湾のアキアミ *Acetes japonicus*(図3a)などが有名である.サクラエビ *Sergia lucens*(図3b)は駿河湾において1900年代の初頭から盛んに漁獲され,今日でも駿河湾における重要な水産資源の1つであり,年間の漁獲高は4000〜8000tにのぼ

る．漁獲されたサクラエビの大半は干しエビとして消費されている．シラエビ *Pasiphaea japonica*（図9g）は富山湾において主に4月から11月にかけて漁獲され，年間の水揚げは500tほどであり，干しエビや刺身用として日本各地に出荷されている．アキアミ類 *Acetes* spp. は日本よりも東南アジアの国々においてきわめて重要な水産資源となっている．アジア全域で漁獲され，この海域のエビ類の年間漁獲量の25％ほどを占め，世界的に見ても約15％近くとなっている．東南アジアではアキアミ類を干しエビにしたりペースト状の塩漬けにしたり，調味料の原料に用いたりしている．

　遊泳性エビ類を資源（主に食糧資源）として有効利用するためには，個々の種の生活史の究明や資源量の把握もさることながら，目的の種を計画的に漁獲しうる機器や方法の開発，そして国際的なルールの策定が重要である．また，新たな資源の開拓も重要であろう．東部北太平洋に莫大な資源量をもつキタノサクラエビ *Sergestes similis*（図3d）や日本周辺に多く分布するベニサクラエビ *Sergia prehensilis*（図3c）などは今後の研究の進展によっては，新たな水産資源となりうる潜在力をもっていると思われる．

おわりに

　遊泳性エビ類は比較的長い寿命をもち，海洋の主に中深層に広く分布している．多くの種が活発な鉛直移動を行い，様々な動植物プランクトンやデトライタスなどを捕食し，多くのイカ類，魚類，海産哺乳類などの餌となっており，海洋の物質循環において重要な役割を果たしているといえる．また，沿岸域に分布するする種の中には莫大な生物量をもち，人間にとって重要な水産資源となっている種も少なくない．今後さらに遊泳性エビ類の研究が進み，個々の種の生活史や生物量が明らかになれば，海洋の中深層におけるこれらのエビ類の役割を正確に評価できるようになると思われる．また，その研究過程での採集機器や採集方法の開発によって，新たな資源的価値のある種が脚光を浴びる可能性も大いに期待できそうである．

謝　辞：本稿で紹介した遊泳性エビ類の図は東海大学出版会発行の『日本産海洋プランクトン検索図説』（千原光雄・村野正昭編）の中の林健一氏（下関水産大学校教授）の図をご厚意により引用させて頂いた．

6章
様々なヤドカリたち

朝倉 彰

はじめに

磯や干潟に行くとよく見かけ，ペットとしてもおなじみのヤドカリは，巻き貝を背負って歩くユーモラスな姿で多くの人に親しまれている．この章ではヤドカリについて最新の研究の成果を，一般の方々がなかなか目にふれることのない珍しい種を中心に紹介する．

ヤドカリとは？

1. ヤドカリという生き物の概略

ヤドカリ類はエビ，カニとともに十脚甲殻類の一員で[1]，これまで6つの科，ツノガイヤドカリ科，ヤドカリ科，オカヤドカリ科，オキヤドカリ科，ホンヤドカリ科，タラバガニ科が知られてきた．タラバガニもヤドカリなのかと思われるかもしれないが，形態的にもまた分子生物学的研究からも，ホンヤドカリ類に非常に近いことが証明されている．熱帯の陸上にいるヤシガニも，ヤドカリの仲間で，オカヤドカリ科に属する．これら合わせて日本でおよそ200種ほど，世界からは1500種ほどが知られているが，毎年かなりの勢いで新種が発見され，まだまだ種数が増えるものと考えられる．

胸部の第1脚[2]は，大きなはさみがつき，鉗脚と呼ばれる．第2脚と第3脚は歩行をするために発達している．第4脚はタラバガニ類では大きく発達するが，普通は小さく先端がはさみ状かそれに近い形をしている．第5脚も小さく細く先端がはさみ状をしている．

幼生はカニなどと同じように，ゾエアとして孵化する．これは，いくつかの大きな棘が飛び出た頭部に，エビの尾のようなものがついていて，親とは似ても似つかぬ．多くの種でこれが海中を10日〜1ヵ月程度プランクトンとして漂い成長し，最終的にグラウコトエ

---

* 本稿において MNHM Pg はフランス国立パリ自然史博物館の登録コードで，その標本を使用したことを示す．また図および写真はとくに断りがない限り，著者の手によるもの（朝倉原図）である．

[1] 正確には甲殻亜門　軟甲綱　真軟甲亜綱　十脚目　異尾下目

[2] これはこの分類群における通称で本書の1章にあるように，胸部の真の第一番目の付属肢は第1顎脚で，鉗脚は胸部第4付属肢にあたる．

という，ヤドカリのようだが腹部がエビの腹部のような形の幼生になる．この時期に海底に降り立ち，自分に合う小さな巻き貝の空殻を捜し，それに入って脱皮して小さなヤドカリとなり，何回も脱皮を重ねて成長していく．

ヤドカリ類は世界の海に分布しているが，熱帯にはとりわけ数が多い．生息場所としては主として海岸から水深200mの海底に産する．ただしオキヤドカリ類は水深5000mからそれ以上の深海にもすむ．大半が海産種で，少数のものが河口などの汽水域に分布する．ただしヨコバサミ[3]の仲間で，1種だけ淡水産種が南太平洋にいる．また熱帯の陸上にはオカヤドカリ類がいる．

2. 新しい世紀の新しい科（図1）

先にヤドカリ類には6つの科があると述べたが，2001年になってヤドカリの新しい科が誕生した．それはヤドカリ分類学の2人の大御所であるアメリカのウエスタン・ワシントン大学のパッチー・マックラフリン教授（Patsy A. McLaughlin，図2）とスミソニアン自然史博物館のラファエル・レメイトレ博士（Rafael Lemaitre，図2）によるものである．彼らは，オーストラリアのブリスベン沖の139mの海底から発見された特異な形をした新種のヤドカリ（コールマンヤドカリ*Pylojacquesia colemani*と命名された．図1）を研究し，これが従来のいかなる科にも所属しないことを明らかにした．そして，その種のためにコールマンヤドカリ科*Pylojacquesidae[4]をつくった．現在までこの科には本種が含まれるのみである．

このコールマンヤドカリは，それ固有の形態をもちつつも，ホ

---

* 本書が一般書であることを考慮し，和名を新たに与える．新称であることを*で示す．

[3] *Clibanarius fonticola* McLaughlin and Murray, 1990．ヴァヌアツの森林縁部の湧水池から発見された種．

[4] この新しい科は次の点において，他の科と区別される．大顎によく発達した角質の歯がある（図1C）（他の科では歯がないか，あっても石灰質の歯）．腹部第1節の上面に小さな対をなす板がある（図1A）（他の科にはない）．腹部第1節の下面にやや石灰化した突起がある（図1B）（他の科にはない）．第2脚の胸板と第3脚の胸板が大きく離れている（他の科では根元で細い膜状構造によって隔てられている）．

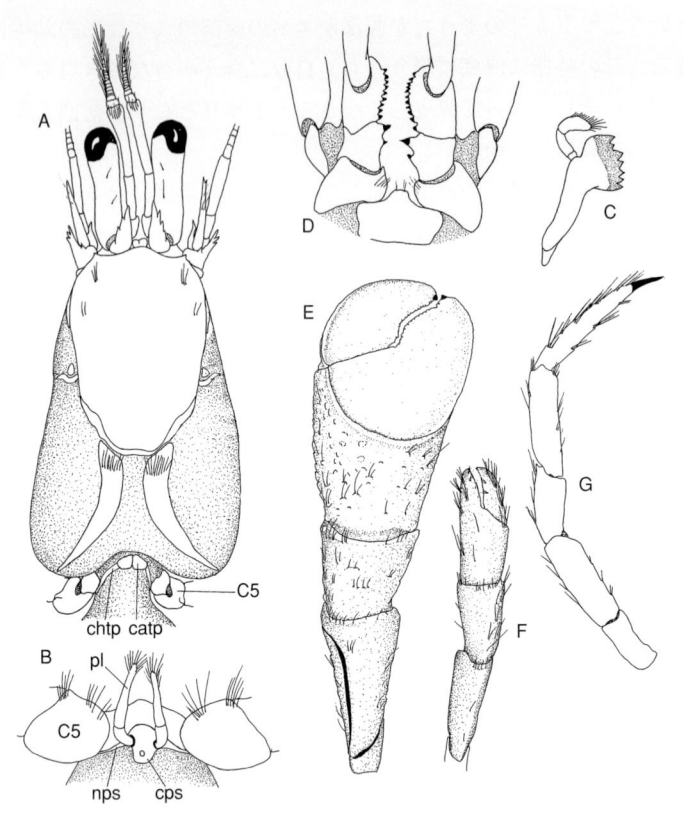

図1 コールマンヤドカリ* *Pylojacquesia colemani*. A：頭胸部上面．B：メスの第5脚の根元部分（下面）．C：大顎（右）．D：第3顎脚の根元部分（下面）．E：右鉗脚．F：左鉗脚．G：右側第3脚．C5：第5脚底節．また腹部第1節において，chtp：上板のキチン質部；catp：上板の石灰化部；nps：下板の非石灰化部；cps：下板の石灰化部．pl：第1腹肢．[McLaughlin and Lemaitre (2001) による．著者および出版社の許可を得て転載]

ンヤドカリ科に共通する点，ヤドカリ科にも共通する点がある特異な種である[5]．このため本種は，ヤドカリ類の系統に重要な問題を提起している．ヤドカリ類の系統については，2つの考え方がある．1つはマクドナルドらによって1957年に提唱された説で，幼生の形態の研究に基づくものである．彼らの主張はある意味で驚くべきもので，こんにち「ヤドカリ類」と呼ばれているものには2つのグループがあり，それはガラテア類に近い仲間，アナジャコに近い

図2　左：ラファエル・レメイトレ博士（スミソニアン自然史博物館の研究室にて）．
　　　右：パッチー・マックラフリン教授（ウエスタン・ワシントン大学）（右）と著者（左）．シアトル郊外の教授の自宅近くにて．

仲間からそれぞれ別々に進化したもので,「貝殻を背負う」という共通の生態を獲得したために，形態的な収斂が起きて，いわゆる「ヤドカリ類」と総称されるようになった，と考える．そのためヤドカリ類の2系統説に基づき，2つの上科をたてる[6]．日本でも故三宅貞祥[7]（図3）著『原色日本大型甲殻類図鑑』(1998)のヤドカリの分類表を見ると，2つの上科がたてられている．また最近で

---

[5] メスの第1腹肢が対をなし特殊な形である（図1B），13対の鰓がある，オスにとくに変わった生殖的構造（精管や変形した腹肢）がないことは，ホンヤドカリ科のゼブラヤドカリ *Pylopaguropsis* の属の標徴と共有する．メスの特殊な第1腹肢，右のはさみが大きく貝殻の蓋をする構造になっているという点は，同科の *Pylopagurus* と形質を共有する．甲の形と左鉗脚の形は同科のザイモクヤドカリ *Xylopagurus* と形質を共有する．一方，第3顎脚の根元がかなり接近している，胸部最終節と腹部第1節が癒合していないことは，ヤドカリ科の科の標徴を共有し，つまりこの構造はホンヤドカリ科に見られない（ただし，第3顎脚の根元は厳密な意味で接しているわけではなく，1つの突起によって隔てられている．図1D）．

[6] ツノガイヤドカリ科，ヤドカリ科，オオヤドリカリ科をヤドカリ上科 Coenobitoidea に，ホンヤドカリ科，オキヤドカリ科，タラバガニ科をホンヤドカリ上科 Paguroidea に所属させる．

[7] 九州大学名誉教授で日本甲殻類学会会長を歴任された日本のヤドカリ学の泰斗．著作はこの図鑑（1998年のものは1982年出版の部分改訂第3刷で，没後出版された）や昭和天皇の生物学御研究所出版の『相模湾甲殻異尾類』など多数．多くの優れた甲殻類学者を育てたことでも有名．

図3 アメリカのスミソニアン自然史博物館の甲殻類部門には，廊下に世界の偉大な甲殻類学者の写真が飾られている（右）が，日本人は2002年現在，故三宅貞祥教授の写真が飾られている（左）．

は，パリ自然史博物館の分類学の大御所ジャック・フォレスト博士（Jacques Forest）を中心にまとめられた大作『ニュージーランドのヤドカリ類』でも，2つの上科がたてられている．

　一方で先のマックラフリンは1983年に，分岐分類学的手法で成体の形態からヤドカリ類の系統を推定し，ヤドカリ類は全体としては単系統，すなわち1つの祖先から進化したものであると結論し，2系統説を否定した．したがってヤドカリ類全体を1つの上科としてくくった．しかしフォレストはたとえヤドカリ類が単系統群であるとしても，胸部の内甲系の大きな違いから，2つの上科に分ける方法は依然有効であると主張している．

　これらの議論の決着はついていないが，コールマンヤドカリは，ヤドカリ科とホンヤドカリ科の両方の形質を有する，すなわち2つの上科の中間のものが見つかったことから，ますますそれを1つの上科にまとめる証拠が見つかったと，マックラフリンとレメイトレは考えた．しかし，得られた標本がわずかで，胸部の内甲系の詳細な観察ができなかったことは，将来の課題であるとしている．

3. 最大のヤドカリは何か？

ヤドカリ類として最大なのは，食材でおなじみのタラバガニの仲間である．タラバガニやイバラガニモドキは，大型個体では脚を広げた時の差し渡しが 1 m 以上に達する．ただしこれはいわゆる貝殻に入った「ヤドカリ型」のヤドカリではなくて，カニ型のヤドカリなので，一般の人にはピンとこないかもしれない．また熱帯の陸上にすむヤシガニも，オカヤドカリの仲間で巨大な動物である．

では，巻き貝に入る右巻きの腹部をもったヤドカリ型のヤドカリではどうか．一般的にヤドカリ科のヤドカリ属 *Dardanus* に属する種は大型で，沖縄などで大きな個体をよく目にする．しかし最大種はヤドカリ科に属するチモールオオヤドカリ*<i>Tisea grandis</i> である（図 4）．この種の属名 *Tisea* は採集された場所であるチモール海（Timor Sea）の中から 5 文字を組み合わせてつくった造語で，種小名の *grandis* は「大きい」という意味のラテン語で，つまり「チモール海の大きな種」という意味である．本種は，西オーストラリア博物館のギャリー・モーガン博士（Gary J. Morgan）と前述のフォレスト博士により，1991 年に新属新種として記載された．甲長12cm を超える．それまで記録された大型ヤドカリのサイズは，ヤドカリ属のコモンヤドカリ *D. megistos*，*D. brachiops*，*D. australis* およびミギヤドカリ*<i>Petrochirus pustulatus</i> の甲長が最大11cm である．

チモールオオヤドカリは形態的にはヤドカリ属とミギヤドカリ属*<i>Petrochirus</i> によく似るが，きわだった特徴がある．通常ヤドカリ類は，甲の後半部が軟らかく硬いシールド[8]部と対照的である．ところがチモールオオヤドカリでは，甲の後半部も含めて甲全体が非常に硬く，甲の後半部にはたくさんの硬い棘がある．また一般にヤドカリ類の甲後半部には，たくさんの細い溝が複雑に走っているが，普通そこが軟らかい種類の場合には，溝が見えにくいため，観察する時はメチレンブルーなどで染色して見る．しかしチモールオ

---

[8] 一般にヤドカリ類では甲前半に硬い石灰化した部分があり，これをシールドと呼ぶ．図 4 A において甲前1/3 のところに横方向に区切り線があるが，これより前の部分がシールド．

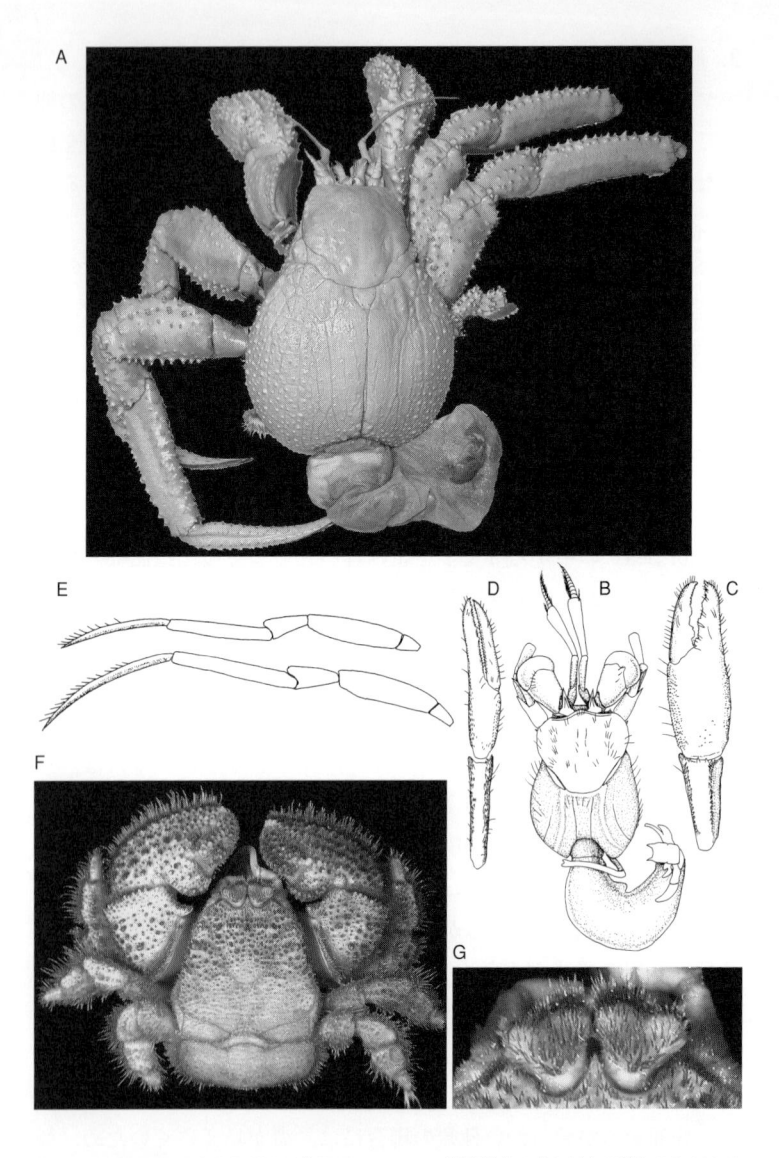

図4 A：チモールオオヤドカリ* Tisea grandis. 世界最大の「ヤドカリ型」のヤドカリ. 副模式標本. この標本はチモール海の水深265〜275mの海底から採集された (MNHN Pg 4855). B-E：トヨシオエビスヤドカリ Hemipagurus toyoshioae. 超小型種. 広島大学調査船「豊潮丸」によって奄美沖で採集された. 完模式標本. B. 全体図. C. 右鉗脚. D. 左鉗脚. E. 第2脚と第3脚. Asakura (2001) による. F-G：ロミス Lomis hirta. 昔ヤドカリとされていたオーストラリアの海岸にすむ謎の生物. F. 全身図. G. 眼柄の部分の拡大図. (MNHN)

オヤドカリではその溝も含めて硬くなっていて，まるで瞬間冷凍のヤドカリ，あるいはプラスチック模型のヤドカリのような奇妙な感じである．このことについてモーガンとフォレストは，本種が非常に大きいサイズに達するため，体全体がすっぽり入るような大きな巻き貝がもはやなく，腹部のみを巻き貝におさめ，甲の部分は外に出して生活している，そのための適応的形態であると推察している[9]．

4．最小のヤドカリ

では，最小のヤドカリは何か？　この場合，何をもって最小とするか，というのは少々難しい．どのヤドカリも幼い頃は小さいので，十分成長した成体を比較する必要がある．ところが成体のサイズは，そこに存在する巻き貝の大きさに左右される．つまり，小さな貝殻しかない場所では，ヤドカリは小さいまま成熟して繁殖する．したがって，どれが最小の種というのかを決めるのは難しいので，小さい傾向にある種を取り上げて議論する．

オカヤドカリ科，ツノガイヤドカリ科，オキヤドカリ科には，基本的に極端に小さな種というのはいない．ヤドカリ科も比較的それなりの大きさの種が多いが，ツノヤドカリ *Diogenes* の一部に抱卵メスでシールドの長さが 2 mm 未満の種がいる．ホンヤドカリ科には小型種が多数含まれる．属全体を見た時に小さい種が多い属というのがあり，ユミナリヤドカリ *Anapagurus*，ヒメヤドカリ *Catapaguroides*，サツマヤドカリ *Decaphyllus*，エビスヤドカリ *Hemipagurus*，ヒメホンヤドカリ *Pagurixus* などである．これらの属では，抱卵メスにおいてシールドの長さが 2 mm 未満の場合がよくある．筆者が2001年に新種として記載したトヨシオエビスヤドカリ *Hemipagurus toyoshioae*（図 4 B 〜 E）は広島大学調査船「豊潮丸」の航海で奄美沖で採集された種で抱卵メスのシールドの長さ

---

[9] 科は異なるがホンヤドカリ科の中にも，サメハダホンヤドカリ属 *Labidochirus* では甲後半部の硬化が進みその表面に棘が見られる属があり，腹部のみを巻き貝の中に入れて生活している．したがってモーガンとフォレストの推察は正しいであろう．

がわずか1.6mmである．またハワイで発見されたミクロヤドカリ*
Micropagurus devaneyi は，名前の通り微小なヤドカリで，完模式
標本の個体のシールドの長さが1.1mmで，これまで発見された抱
卵メスを含むすべての個体も，1.4mm以下である．

5. 昔，私がヤドカリだった頃―謎の生物ロミス

　かつてヤドカリの一種とされた動物に，ロミス *Lomis hirta* という動物がいる（図4F，G）．これはオーストラリアに生息する甲長が最大で3cmほどの，毛むくじゃらのカニダマシのような動物で，岩礁潮間帯下部の転石下などに生息している．これは有名な動物学者のラマルク（J. B. P. A. Lamarck）によって1818年に記載された．彼はこの動物をカニダマシ[10]の一種であると考え，カニダマシ属 *Porcellana* に所属させた．カニダマシはガラテア上科の1グループであり，この時点ではガラテアの仲間と考えられていたわけである．

　しかしその後フランスの高名な博物学者アンリ・ミルン・エドワール（H. Milne Edwards, 1837）[11]は，本種はカニダマシとはかなり異なる形質を有するので，新属ロミス属 *Lomis* をたてて帰属させ，タラバガニの仲間と見なした．タラバガニ科はホンヤドカリ上科の一科であり，この時点でめでたく（？）ヤドカリの仲間になった．

　では，ヤドカリの中の何に近いか，ということに関しては諸説が出された．パリ自然史博物館のブビエ（E. L. Bouvier, 1894, 1895）は，ロミスがタラバガニの仲間であることを否定し，ヤドカリ科のヒメヨコバサミ *Paguristes* とツノガイヤドカリ科の *Mixtopagurus* の中間的な動物である，と主張した．そしてロミスは右巻きの腹部をもつヤドカリから進化した動物で，現在見られる左右相称性は，二次的に獲得したものであると推察した．ブビエはその後1940

---

[10] ガラテア（コシオリエビ）に近い仲間で，たとえば日本の磯には，石の下にイソカニダマシがごく普通にいる．外から見える足が，普通のカニでは，はさみ脚を除き4対だが，カニダマシは3対しかない．
[11] 甲殻類を初めとして無脊椎動物などの研究を幅広く行った19世紀のフランスの研究者．パリ自然史博物館の昆虫部門の教授，哺乳類部門の教授，パリ大学理学部教授，理学部長を歴任した．

年にヤドカリ類の大分類法を提案し，ヤドカリ類を第3顎脚のつく位置から大きく2つに分けて，第一のグループにツノガイヤドカリ科，ヤドカリ科，ロミス科を所属させた．そしてホンヤドカリ科とオキヤドカリ科を第二のグループとした．

ところが，このブビエ説を否定する見解が現れた．著名な比較形態学者であったデンマークのヨハン・エリック・ボアス Johan Erik Boas は1926年に「ロミスはもともと左右相称の腹部をもつツノガイヤドカリに似た動物から進化したが，ヤドカリではない．しかし同じ異尾類に属するガラテア（コシオリエビ）にかなり近い」と主張した．ガラテアとツノガイヤドカリは共有する形質がかなり多いので，この見解が生まれたものと考えられる．ニュージーランドのカンタベリー大学の甲殻類学者ピルグリム（R. L. C. Pilgrim, 1965）もブビエ説を否定し，ガラテアの仲間と考えた．つまりここにおいて，ロミスはヤドカリではない，という説が台頭してきた．

こうしたなか，アメリカのマックラフリンは，1983年に再度ロミスの形態を詳細に観察し，これがガラテア上科にもヤドカリ上科にも属さない，と結論づけた[12]．そしてロミスは，ガラテア上科およびヤドカリ上科と対等の「ロミス上科」をたて，それに所属させるべきであると結論した．これにより，ロミスはヤドカリ類から独立することになった．マックラフリンの結論は明確で，納得のいくものであるが，なぜオーストラリアの一部にこのような特殊な生物がすんでいるのか，この生物は何から進化したかはまったく謎である．

巻き貝以外のものに入るヤドカリ

1. トウモロコシに暮らす

このトウモロコシの中に入っているヤドカリは，サソリヤドカリ*

---

[12] ガラテア上科の種は，尾肢が平たく尾節とともに尾扇を形成する，メスが第1腹肢を欠く，第2触角の触角柄が4か5節である，口上棘がないという一連の特徴を有する．しかしロミスでは，メスにおいて尾肢は平たくなく尾節とともに尾扇は形成しない，しかもオスの尾肢は痕跡的，メスに第1腹肢がある，第2触角の触角柄が6節である，口上棘があるという特徴により明確に区別される．またすべてのヤドカリには眼棘がある（ただしタラバガニ類では退化的）が，ロミスはこれをまったく欠く（図4G）ことにより区別される．

Parapylocheles scorpio という (PL. X. A, B).ただし,畑に栽培してあるトウモロコシにすんでいるわけではなく,海に流出し海底深く運ばれたトウモロコシを利用しているのである.おそらくずいの部分が腐って軟らかくなったか,腐った組織が流れ出して筒状になったものを,利用したと考えられる.水深280〜925mにすみ,アンダマン海,インドネシア,フィリピンから採集されている.いつもトウモロコシに入るわけではなく,海に流れ出た竹や木などにも入る.体全体がまっすぐ筒状で鉗脚と歩脚は細長く,前方に突き出すとすっぽり筒状の穴に入る.サソリヤドカリ属*Parapylocheles*は,これまで本種のみが所属する.

2. 私はかぐや姫? 竹に暮らすヤドカリ

この竹の中に入っているヤドカリは,カルイシヤドカリの一種で*Pylocheles incisus*という (PL. X. C).竹から生まれたかぐや姫のようであるが,海に流出した竹を利用している.本種は水深600〜970mにすみ,フィリピンとその周辺から採集されている.この属は世界から10種が知られ,軽石,竹,木,石灰カイメンなどに寄居する.日本からはカルイシヤドカリ*Pylocheles mortensenii*[13]が,相模湾以南の水深100〜400mに産する.

3. 木に暮らす

19世紀後半の話である.アメリカの沿岸調査船ブレイク号が,1879年に大西洋のカリブ海で調査を行った際,250mの海底から奇妙なものを採集した.それは海に流出した木材に入ったヤドカリであった.ヤドカリは木材に筒状の穴をあけ,その先端部を大きな鉗脚で蓋をし,後端部を腹部にある石灰化した部分で蓋をし,中に入っていた.当時,高名な博物学者であったフランスのアルフォンス・ミルン・エドワール (A. Milne Edwards)[14]がこれを詳細に

---

[13] 三宅貞祥 (1998)『原色日本大型甲殻類図鑑 (I)』(保育社) の210頁にはカルイシヤドカリに*Pylocheles rigidus*の学名が当てはめてあるが,Forest (1987) の再検討によりここに掲げた学名に変更になっている.

研究し，ヤドカリの新属新種としてザイモクヤドカリ*Xylopagurus rectus*[15]（図5A）として1880年に発表した．

その後，このザイモクヤドカリは，前述のスミソニアン自然史博物館のレメイトレ博士による研究によって，その全容が明らかになった．またその後パリ自然史博物館のフォレストの研究もあり，現在この属には世界から7種類が知られ，全種海に流出した木に穴をあけて暮らしており（図5B～D），水深90～360mの比較的深い海底に生息している．

本属はホンヤドカリ科に属するが，色々変わった特徴をもっている．まず腹部がまっすぐ（図5A, C）で，多くのホンヤドカリ科の種が巻き貝に入るために右に曲がった腹部をもっているのと異なる．腹部がまっすぐな多くの種は，ツノガイヤドカリ科に属し雌雄とも有対腹肢をもっているが，ザイモクヤドカリは，他のホンヤドカリ科の種と同じくメスでは左側にのみ腹肢がある（この場合は3つ）．したがってザイモクヤドカリも，祖先は右巻きの貝を利用していたことが，推察される．

ザイモクヤドカリは，すみかである木の穴の後端部を，腹部にある石灰化した部分で蓋をする．これは腹部の第6節の上板が，強く石灰化して発達したものである．この部分は他のヤドカリでも若干の石灰化が認められるが，ここまで発達することは少ない[16]．

なお，このザイモクヤドカリからは分類学的には遠いツノガイヤドカリの仲間にも，木に入る種はいくつか知られている．キコリヤドカリ*Pylocheles (Xylocheles) macrops*は，木に穴をあけてすむヤドカリである．このキコリヤドカリ亜属*は，カルイシヤドカリ属

---

[14] 前に述べたアンリ・ミルン・エドワールの息子で，父の後を継いでパリ自然史博物館の教授となった．

[15] この属名の*Xylopagurus*の*Xylo*というのはラテン語で「木の」という意味の言葉で，たとえば英語で木琴のことをシロフォンxylophoneというがこれも同じ語源である．属名後半の*pagurus*というのは元来「カニ」を表す言葉であるがヤドカリを指す言葉として使われ，つまり属名全体として「木のヤドカリ」という意味がある．

[16] ただし同じホンヤドカリ科の*Discorsopagurus*では，ある種のゴカイ類（*Sabellaria cementarium*, *Serpula vermicularis*）のつくった石灰質のまっすぐな管に入り，やはり腹部の第6節の上板が強く石灰化して蓋の役割をする．

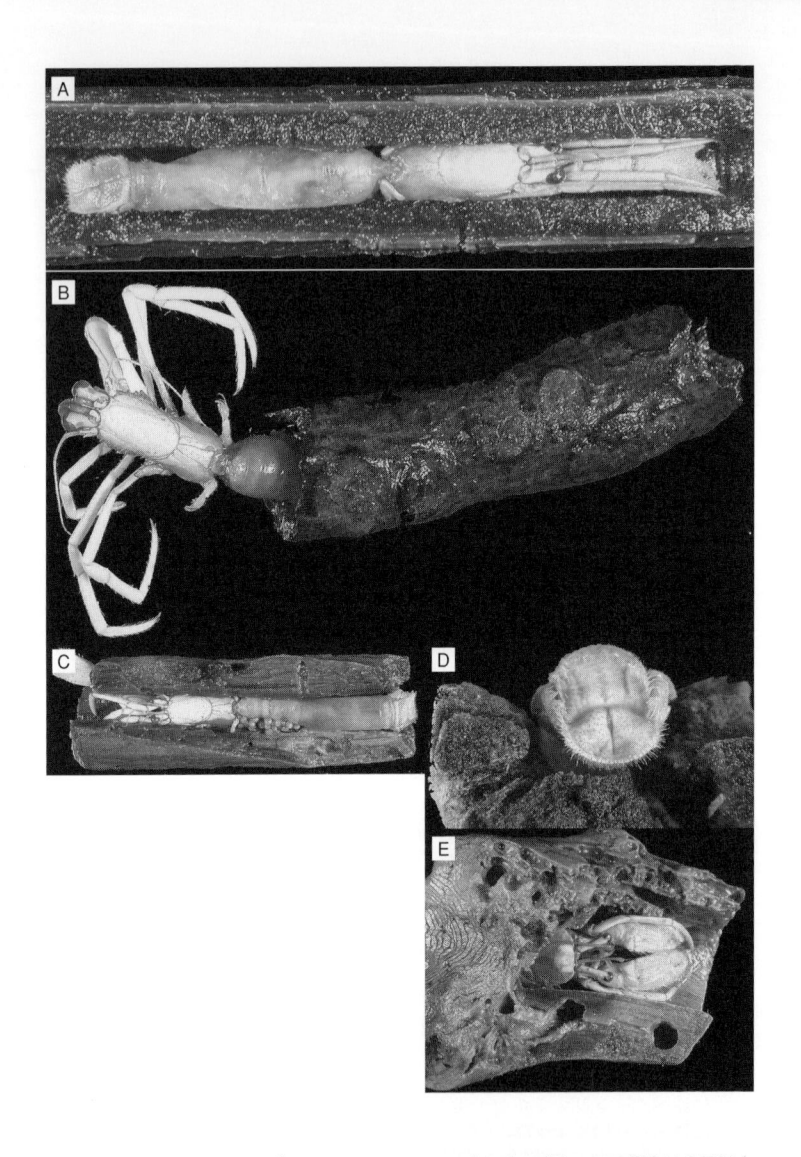

図5 A：ザイモクヤドカリ*Xylopagurus rectus*. 木の中にすむ. この標本は大西洋小アンチル諸島の水深170mの海底から採集された (MNHN Pg). B-D：カレドニアザイモクヤドカリ*Xylopagurus caledonicus*. 副模式標本. 木の中にすむ. この標本はニューカレドニアの水深533～610mの海底から採集された (MNHN Pg 5340). Dは強く石灰化した腹部の第6節の上板で蓋の役割をする. E：キコリヤドカリ*Pylocheles (Xylocheles) macrops*. 副模式標本. 木の中にすむ. この標本はフィリッピンの水深194～202mの海底から採集された (MNHN Pg 2710).

Pylocheles の1つの亜属で，世界から2種が知られ，いずれもインド西太平洋の熱帯域に分布し，水深170〜450mから採集されている．

4. 狭いながらも楽しいわが家——ツノガイに暮らす

ツノガイヤドカリ *Pomatocheles jeffreysii* は，名前の通りツノガイに入るヤドカリである．現在，この属は世界で3種[17]が知られている．この写真（図6A〜C）を見てわかるように，歩脚と鉗脚が，見事にこの細く狭苦しい筒状のすみかに入るように，キチッと格納されるような形になっている．もう本人はツノガイになりきっている，という感じで，進化の妙を感ぜずにはいられない．相模湾から九州の砂泥底90〜300mに生息している．

5. 自ら成長する服を着る快適な暮らし

人間では，小学生のころ着ていた服は中学生には着られなくなり，大学生のころ着ていた服も，中年太りの年には着られなくなる．ヤドカリの場合も，成長に伴ってより大きな空殻へと宿貝を交換していかなければならない．しかしそう都合よく自分に合う空殻が見つからないので，多くの個体は自分にとって不本意な貝殻に入っており，またどうしても大きい空殻が見つからない時は，泣く泣く成長をストップさせてじっと耐える．

ところがここに，自分が背負っている宿が生きていて，ヤドカリの成長に合わせて大きくなると考えられる種がいる．1つは日本の温帯域に広く分布しているイガグリホンヤドカリ *Parapagurodes constans*（図6D）である．本種はイガグリガイ（図6E）という刺胞動物のコロニーにすんでいる．刺胞動物は，イソギンチャクやサンゴなどの仲間で，貝ではない．このイガグリガイは，たくさんの個虫が革状のアパートをつくって暮らしている塊であるが，これが

---

[17] 三宅貞祥（1998）『原色日本大型甲殻類図鑑（I）』（保育社）には「本属には8種含まれる」とあるが，Forest（1987）の再検討により，*Pomatocheles jeffreysii* を除く7種は別属に移され，なおかつ Forest（1987）により *Pomatocheles* 属に2種が新たに記載されたので，合計3種となった．

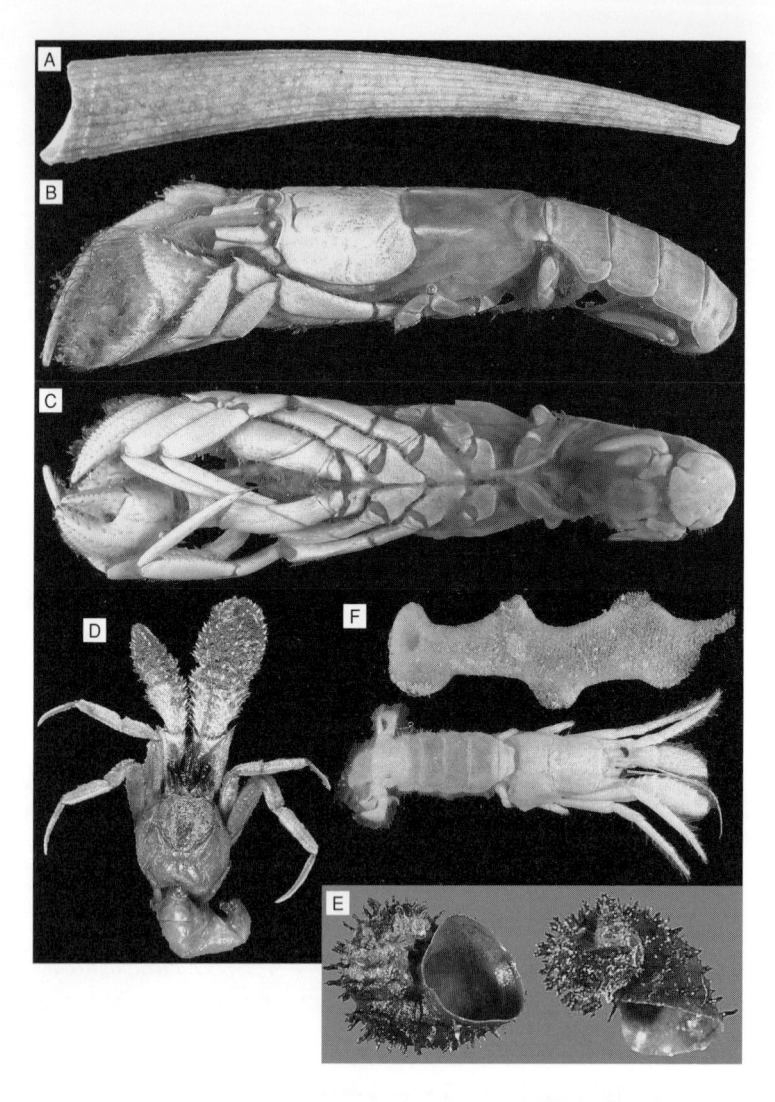

図6 B-C：ツノガイヤドカリ Pomatocheles jeffreysii. この標本は相模湾の水深128m の海底から採集された（MNHN Pg3419）. Aはこの標本が入っていたツノガイ （縮小して図示）. D：イガグリホンヤドカリとそれが寄居する巻き貝のよう な刺胞動物イガグリガイ（E）. F：トガリツノガイヤドカリの一種 Trizocheles caledonicus （MNHN Pg 3497）. コケムシの群体がつくる管（左）に入っている.

見事に巻き貝の形になって,ヤドカリに利用されている.この写真ではこの巻き貝状のコロニーは,最初の部分で本物の巻き貝であるチグサガイについている.イガグリホンヤドカリがどのようにして,イガグリガイを自分の体に合った巻き貝状にしていくかは,まだよくわかっていないが,実に巧妙な共生関係である.

こうした宿が生きている例としてもう1種,コケムシの群体にすむヤドカリが知られる.コケムシというのは,たとえば磯の石を引っ繰り返すと,たくさんの個虫が集合して群体をつくっているのが見られる動物である(チゴケムシなど).写真(図6F)はトガリツノガイヤドカリの一種 *Trizocheles caledonicus* で,コケムシの群体が筒状に発達し,それをヤドカリが利用している.先のイガグリガイはかなり弾力性のある物体であるが,コケムシの群体は硬いガラス細工のようである.このヤドカリとコケムシの共生関係の詳細な生態的研究はなされていない.しかしおそらく,ヤドカリの成長に合わせてコケムシの群体も成長していくと考えられ,成長するごとに大きな貝殻探しに東奔西走する必要がなく,実に便利は関係である.

6. 石の中にも3年

ヤッコヤドカリ *Cancellus* という属が,ヤドカリ科の中にある.これまで世界から15種が知られ,日本からも1種,ヤッコヤドカリ *Cancellus mayoae* Forest and McLaughlin, 1998[18] が知られる.この属の種は,石灰岩,サンゴ塊,カイメン塊,石灰藻の塊,コケムシ塊などに寄居する.写真は,石灰岩塊にはいったヤッコヤドカリの一種 *Cancellus types* である.実際この標本を調べて驚くのは,この石が非常に重たくて硬いということである.ヤドカリの力でこんなに重たいものが持ち運びできるのか,ということと,どうやってこ

---

[18] 従来日本のヤッコヤドカリには *Cancellus investigatoris* Alcock, 1905の学名が当てはめられていた(たとえば三宅貞祥(1998)『原色日本大型甲殻類図鑑(I)』(保育社)).しかし Forest and McLaughlin (1998) の精査の結果,日本の種は別種であることが明らかになり,新たに *Cancellus mayoae* という名前が与えられた.

んなに硬いものに,体のサイズと形に合った穴をあけることができるのか,不思議である.このグループの詳細な研究を行った当時スミソニアン自然史博物館にいたバーバラ・マヨ Mayo（1973）によると,ヤッコヤドカリの2匹の若いメスを11カ月にわたって実験室内で飼育したが,動く時は寄居している重たい石を引きずって移動するという.通常ヤドカリは,寄居している貝殻を持ち上げぎみにして,あるいは完全に持ち上げて基質から離してから移動するのと,対照的である.

このヤドカリがどのようにして硬い石に寄居のための穴を穿つのかは,よくわかっていない.ある研究者[19]は,ヤドカリの力ではこのような硬い石に穴をあけられないと考え,これはあらかじめ別の動物,たとえば穿孔性のホシムシなどがあけた穴を,後からヤドカリが利用していると考えた.ただ私の個人的な意見では,実際にこの穴を数多く観察してみると,穴の内側はヤドカリの体にぴったりできているので,他の動物があけたものとはとても考えにくい.

また別の研究者[20]は,第4,5脚および尾肢に見られるヤスリ状構造を使って,穴をあけるのではないか,と考えた.ヤッコヤドカリに限らず普通ヤドカリでは,その部分に毛が変化した半透明の小さなプラスチックのようなものがたくさん並んでいるヤスリ状構造が見られ,貝殻を内側からつっぱる働きをする.しかし実際見た感じでは,硬度的に石よりは柔らかいように見える.いずれにしても,どの説にも客観的な証拠は今日までない.

形態的には興味深い特徴がいくつもある.まず第一に,鉗脚と第2脚に平らあるいは若干くぼんだ構造があって,これらを合わせることによって,穴の蓋の役目をする.これは穴に入るヤドカリの形態的適応といえる.また腹部はまっすぐで,通常の巻き貝に寄居するヤドカリのように右にねじれることはない.オスでは腹肢を欠くが,メスには不対腹肢が4つあり,これらは通常腹部の左側につくが,かなり多くの種で右側につく個体も見られる.巻き貝に寄居す

---

[19] Balss（1956）
[20] Pope（1953）

るヤドカリでは，普通不対腹肢が左側につく．ヤッコヤドカリもその傾向があるということは，祖先が右巻きの腹部であったことのなごりと考えられる．しかし，不対腹肢が右側につくというのは，何を意味するのであろうか．いったん「まっすぐな腹部」という形質を得てしまうと，後は不対腹肢が左につこうと右につこうと，進化的には中立なので，右巻きの貝に入る種では淘汰される形質が，あいまいさを許す状況の中で残ったということであろうか．

7. 卵からヤドカリが孵化する—直達発生のヤドカリ

驚くべき事にこのヤッコヤドカリ属の中には直達発生ではないか，と示唆される種がいる．直達発生とは，卵から子供がかえる時に，親と同じ形で卵から出てくることである．たとえば淡水産のサワガニやアメリカザリガニがそうである．しかし，今まで知られている限りのすべてのヤドカリ類は，幼生はゾエアで孵化する．

直達発生が示唆されているのは，1つはオーストラリア産のヤッコヤドカリの一種 *Cancellus typus* で，南オーストラリア博物館のハーバート・ヘイル博士（Herbert M. Hale, 1941）は，本種を採集した際に，グラウコトエ幼生（図7）がメスの腹部にくっついているのを観察した．さらに南アフリカ博物館のバーナード

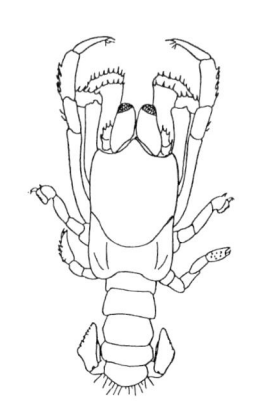

図7 ヤッコヤドカリの一種 *Cancellus typus*：成熟メスの腹部についていたグラウコトエ幼生．直達発生を示唆する．[Hale（1941）による]

(K. H. Barnard, 1950) は，南アフリカ産のヤッコヤドカリの一種 *Cancellus macrothrix* において，1個体のメスを採集した際に，その腹部および甲の側面の色々な場所に，8個体の小型個体が付着しているのを確認した．このうち2個体には，まだ卵の外膜がついていたが，残り6個体は自由に動きまわり，グラウコトエ幼生の段階であった．これらのことからバーナードは，本種は直達発生で，ゾエア期を卵の中ですごしグラウコトエで孵化し，その後もしばらく母親のもとに留まると推論した．これらの情報を総合すると，ヤッコヤドカリが直達発生をするのは，かなり確からしい．

深海の奇妙なヤドカリ

1. 目が見えないヤドカリ

　一般にヤドカリ類は，頭胸部の前縁から突き出た1対の眼柄があり，その先にそれと同じ太さかふくらんだ形（稀に先細りもある）で，褐色～黒の色素をもった複眼がある．その発達具合から彼らは視覚によって外界からの情報を得ていると考えられる．潮間帯や浅海にすむ種では，同一種内で個体どうしが出会った時に威嚇のディスプレイをすることがあり，視覚は大きく役立っている．しかし中には目が見えていないと考えられる種もいる．もちろん本当に見えていないかは，そのヤドカリに聞いてみなければ，わからないわけであるが，眼の構造からそのように判断される種がいる．

　ツノガイヤドカリ科のヒゲナガヤドカリ属 *Cheiroplatea* の種は，眼が著しく退化的である．本属にはこれまで6種[21]が知られ，水深300～500mを中心に採集され，石灰岩塊，サンゴ塊などに寄居する．本属の種は眼柄が先細りで，その先端にあるべき眼の部分には，まったくあるいはごくわずかしか色素がなく，眼としての機能

---

[21] 三宅貞祥（1998）『原色日本大型甲殻類図鑑（I）』（保育社）では，本属には5種が含まれるとあるが，Forest (1987) の再検討により太平洋では日本から1種（ヒゲナガヤドカリ *Cherioplatea mitoi*），大西洋ではメキシコ湾から1種の計6種いることが，判明している．また三宅（1998）があげている *Cheiroplatea macgilchristi* は，眼がよく発達した種であり，Forest (1987) によって *Pylocheles* 属に移された．

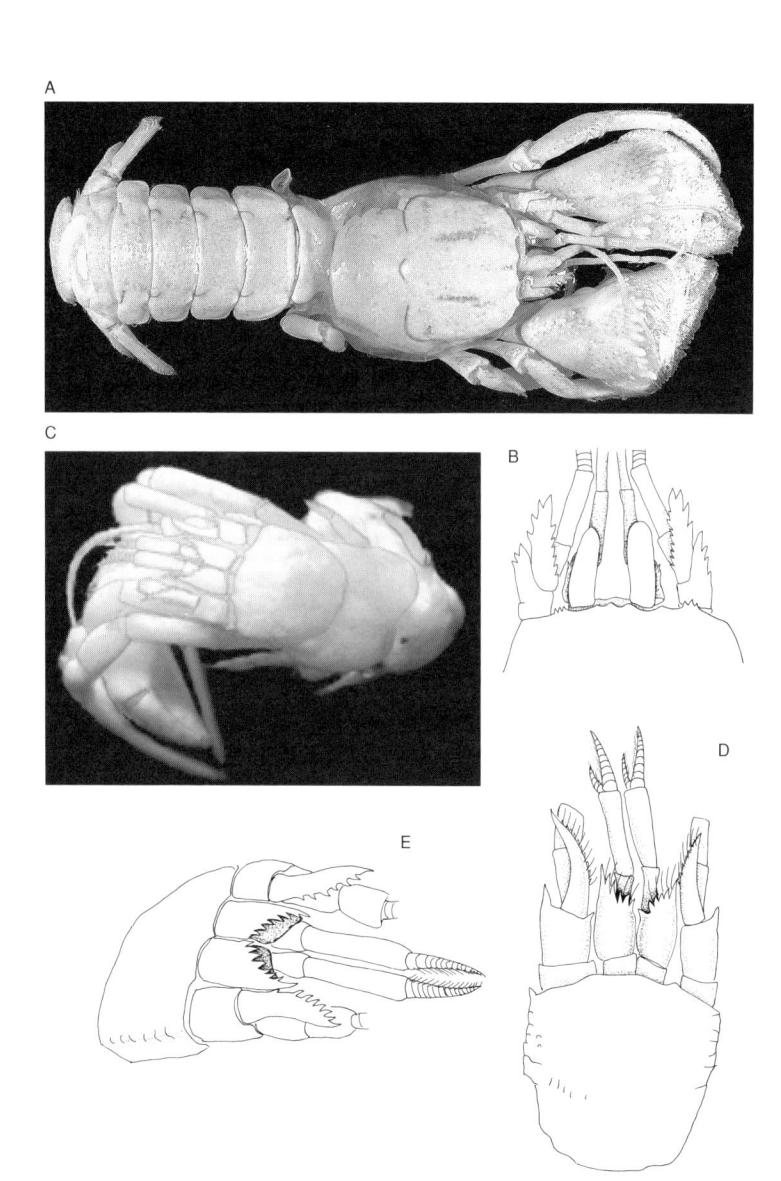

図8 A-B：ヒゲナガヤドカリの一種 *Cheiroplatea laticaudata*. この標本はインドネシアのモルッカ海の水深497m の海底より採集された（MNHN Pg）. B は，頭胸部の前部の拡大図. C-E：メナシヤドカリ* *Typhlopagurus foresti*. この標本はインドネシアの水深1110m の海底より採集された（MNHN Pg 4206）. D は頭胸部を上から見た図. E は頭胸部をななめ前から見た図.

6章 様々なヤドカリたち── 143

を果たしているとは考え難い．写真の種（図8A，B）はその一種 *Cheiroplatea laticaudata* で，インドネシアのモルッカ海から採集された．本種でも顕微鏡で見ても眼の構造を認め難い．深海の暗黒の世界で暮らすので，眼が退化的になったと想像されるが，同じ深さにすむツノガイヤドカリ科の他の属の種は眼がよく発達しており，なぜこの属だけに眼の退化が起きたかは不明である．

　日本産種のヒゲナガヤドカリは，日向灘に面した宮崎県の土々呂沖の水深300mから採集されたもので，1978年に三宅貞祥先生により新種として発表された．これまでメス1個体のみが知られ，石灰岩塊に入っていたものである．

2．究極の眼なしヤドカリ

　ヒゲナガヤドカリの場合，眼は痕跡的であったが，もうこれは明らかに眼がなくて目が見えていない，という究極の形をしているのが，オキヤドカリ科の一種のメナシヤドカリ* *Typhlopagurus foresti*（図8C〜E）である．本種はフィリッピンの1600mの深海にすみ，1972年にパリ自然史博物館のサン・ローラン博士（de Saint Laurent）により新属新種として記載された．眼柄が異様にふくれており，その先の眼が着くべきところが，えぐれた形になっている．また内側から外側に向かってエッジを切るように，大きな棘列がある．このような眼柄の形をしたヤドカリは他にはいない．こうした奇妙な形態の機能は不明である．そもそもオキヤドカリ科の種は，深海の暗黒の世界にすむものばかりであるが，他の種では眼はよく発達しており本種だけが特殊である．現在まで1属1種である．

3．キカイシンカイヤドカリ*──奇々怪々な動物

　このきわめて奇々怪々な形をした動物（図9A〜C）は，最初1925年にアメリカの調査船アークトゥルス号の海洋調査で，東太平洋パナマ沖のココス海嶺近くの1145mの深海から採集された．標本はアメリカのエールにあるビンハム海洋財団の，著名な甲殻類学者であるリー・ブーン博士（Lee Boone）のところに持ち込まれ

た．しかしあまりにも奇妙な形ゆえに分類学上の位置がよくわからず，ブーンは，この動物をヨコエビの特殊なグループのようにも見えるし，タラバガニの特殊なグループのようにも見えるとしながらも，結局，原始的なエビ類である，という結論に至った．ブーンは，本種を1926年に新種の十脚甲殻類として発表し，学名を *Probeebei mirabilis* とした[22]．そして本種のために，十脚甲殻類のエビの新しい科としてプロビーベイ科（Probeebeidae）をたてた．

その26年後，有名なデンマークの調査船ガラテア号の深海調査で，1952年にやはり東太平洋で調査を行った際，コースタリカ沖の3570 m の深海からこの動物を見出した．ガラテア号は9個体の幼稚体と，成体のメス4個体，成体のオス3個体を採集した．ところがその時この調査に関わっていたスタッフは，これが何の動物であるのかは，わからなかった．標本は，コペンハーゲンの動物学博物館の甲殻類学者で深海生物の権威でもあるトーベン・ウォルフ博士（Torben Wolff）に送られ，詳細な分類学的研究が行われた．その結果，ウォルフは，この動物がヤドカリの一種であることをつきとめた．ところが，彼がこの研究をするにあたって，それまでのヤドカリの分類に関する文献の情報を調べた際に，ブーンの論文をうっかり見逃してしまった．というのはブーンのプロビーベイ科は，エビの仲間と考えられていたためである．それでウォルフは，これをヤドカリの一種の *Planopagurus galatheae* という名前の新種として，1960年に発表してしまった．つまりそれとは知らずに，二重に名前を与えてしまったわけである．

ところがその後，高名なエビ類の分類学者であるアメリカのスミソニアン博物館のフェンナー・チェイス博士（Fenner Chace）がウォルフ博士に，その動物がブーンが記載したプロビーベイと似ていると指摘した．そこでウォルフは，当時ニューヨーク動物協会に保管されていたブーンのプロビーベイの標本を取り寄せ調べたところ，何とそれがガラテア号の標本と同一種のものであり，なおかつ

---

[22] 種小名の *mirabilis* は「驚くべき」「不思議な」という意味．

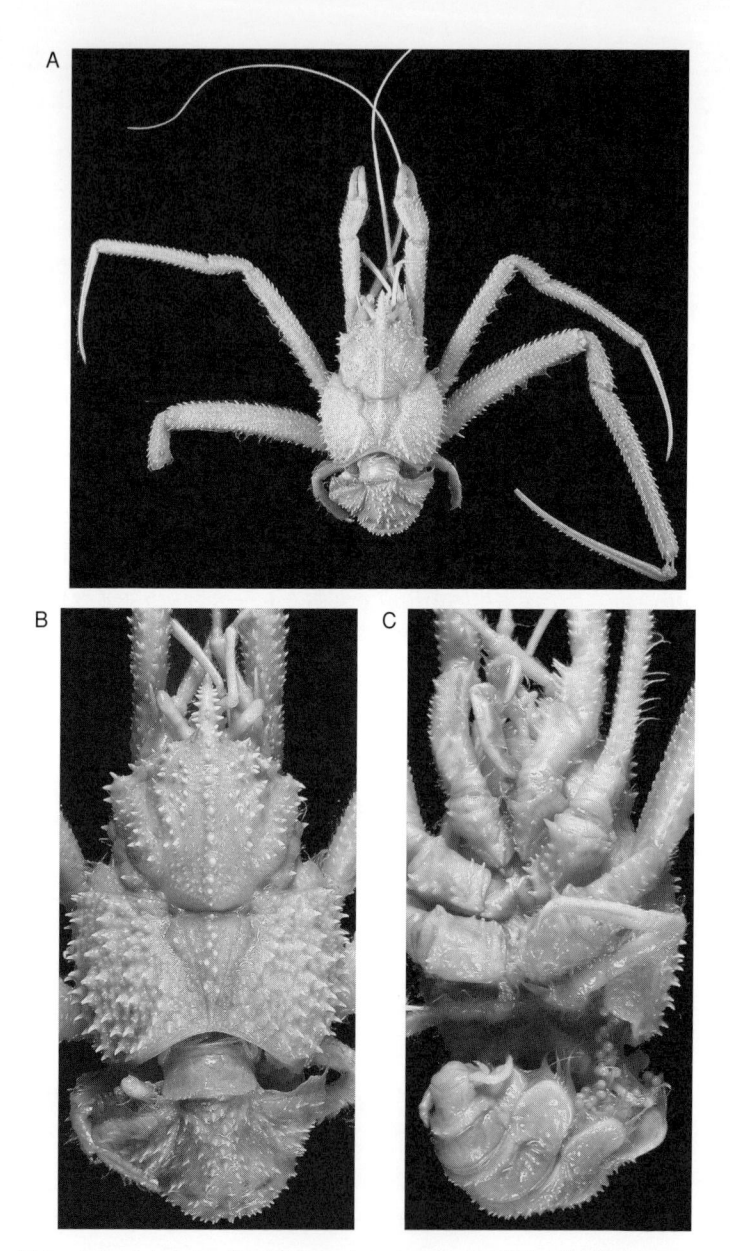

図9 キカイシンカイヤドカリ* *Probeebei mirabilis*. この標本は東太平洋の4775mの海底から採集された（MNHN Pg 3554）. A：全体. B：頭胸部と腹部を上から見たところ. C：頭胸部と腹部の下面から見たところ.

ブーンの標本は幼稚体であったこともわかった．結局それらの事実をもとに，本種はウォルフによって改めて詳細な研究論文が1961年に発表され，本種がブーンのいうようなエビではなくて，実はヤドカリの一種であり，オキヤドカリ科に所属することを明らかにし，改めて成体のオスとメスの詳細な記載を行った[23]．現在までのところ1属1種である．

　キカイシンカイヤドカリ *Probeebei mirabilis* は，その後前述のレメイトレ博士によって再検討がなされた．それによると，今世紀初頭に行われた有名なアルバトロス号の調査[24]でも成体メス20個体，オス18個体，幼稚体7個体が採集され，それらの情報を総合すると分布は東太平洋のココス島からガラパゴス沖までの水深1145〜4775mになる．

　キカイシンカイヤドカリは頭胸部（図9B）が特異な形であり，これだけ見ると何の動物かよくわからない．しかし腹部はメスではやや右にねじれ，第1腹肢はなく第2〜5腹肢が左側にあり，この左右非対称性はまさにヤドカリ的である．また付属肢は第1脚ははさみ脚で，第2，3脚はよく発達して歩行機能をそなえ，第4，5脚が小さく退化的なのもヤドカリ的である．

　キカイシンカイヤドカリはオキヤドカリ科に所属するが，タラバガニ科によく似ている部分もある．たとえば甲後半部が石灰化して非常に硬くその上に棘が散在するところは，タラバガニのようでもある．腹部（図9C）もタラバガニのように硬いが，それよりはるかに大きく発達し，腹部の上板が腹部のカバーのように覆う形で，ガラテア（コシオリエビ）のようですらある[25]．また通常ヤドカリ

---

[23] このようにすでに *Probeebei mirabilis* という名前が与えられている種に対して，それを知らずに別の名前，この場合，*Planopagurus galatheae* を後に誤って与えてしまった場合は，後につけた方の名前は無効になる．

[24] 今世紀初頭に行われた大規模かつ長期の海洋調査．日本近海でも1900〜06年，その後1910年までフィリピンおよび中部太平洋で調査が行われた．採集された標本の大半はスミソニアン自然史博物館に所蔵されており，現在も研究が継続されている．筆者もアルバトロス号で採集されたヤドカリ類の分類学的研究を行っており，2001年に発表した新種ヒメエビスヤドカリ *Hemipagurus albatrossae* Asakura, 2001は，フィリピンから1908年に採集されたものである．

の額角は小さく眼柄の長さに達することは稀だが，キカイシンカイヤドカリでは，眼柄の長さかそれを越えて発達し，そこに棘が発達する（図9B）．この特徴も，タラバガニの仲間に近似する．

この種を研究したウォルフ博士とレメイトレ博士の共通した見解は，こうした体の著しい硬化から考えて，本種はヤドカリであるにもかかわらず巻き貝などには寄居せず，自由生活を送っていると考えていることである．これは巻き貝がいない深海における，1つの適応のパターンということである．こんなものすごい動物が海底を歩いているとは，深海とは何と奇妙な世界であろうか．

4．イギョウシンカイヤドカリ*─異形のヤドカリ

これまた奇妙な動物（図10）であるが，これは19世紀のイギリスの有名なチェレンジャー号航海[26]によって，南太平洋の4344mの深海からオス1個体が採集され，同船で採集された十脚甲殻類を研究した有名なヘンダーソン教授 J. R. Henderson によって1885年に新種とされたヤドカリである．オキヤドカリ科の一種であるが，極端に長い脚をもち，甲後半はよく石灰化し表面は顆粒で覆われる．そこだけ見ているとカニのようであるが，甲の後端から普通のヤドカリと同じような，軟らかい腹部がついている．通常ヤドカリの脚は，体全体を貝殻の中に引っ込ませるため，それほど長いものではない．また甲後半は腹部同様軟らかく，その部分はつねに貝殻の中に入っていて保護されている．本種も腹部は軟らかいが，それがどのように保護されているのかは，この時点では不明であった．

その後本種のメスが，アメリカのアルバトロス号調査で採集され，パリ自然史博物館のサン・ローラン博士によって1972年に報告され

---

[25] 多くのヤドカリ類では，これらの上板は非常に小さく退化的で，第1腹節の上板は小さく透明で薄いプラスチック状，第2～5腹節の上板は透明な膜状で，腹部の上に島のように浮いている．とくに小さなヤドカリでは染色液で染めないと，肉眼で確認することは難しい．

[26] 1872年から5年間にわたって大西洋，インド洋，太平洋を探検航海し，あらゆる海洋生物を採集調査してまわった．イギリスでは，チャールズ・ダーウィンのビーグル号探検に次ぐ大探検である．その標本の大半はロンドンの大英自然史博物館に所蔵されている．

A

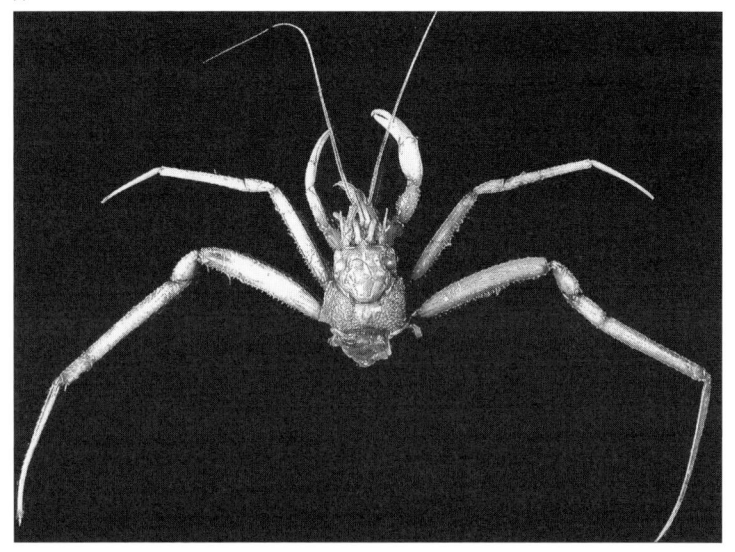

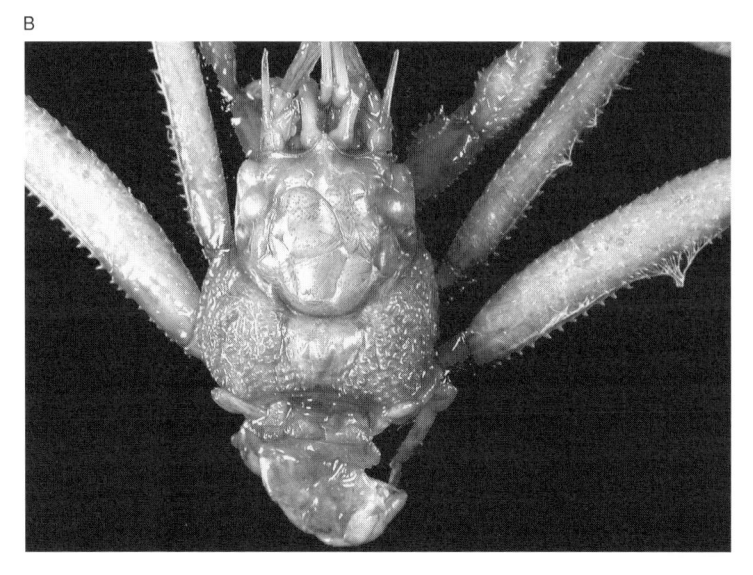

B

図10　イギョウシンカイヤドカリ*Tylaspis anomala*．この標本は東太平洋のイースター島沖の4143mの海底から採集された（MNHN Pg）．A：全体．B：頭胸部と腹部を上から見たところ．

た．さらに近年，フランスが行ったニューカレドニアでの調査でも2個体が採集された．そのうち1個体は腹部がイソギンチャクで覆われ保護されていた．

このイギョウシンカイヤドカリの腹部は，やや右にねじれている．腹肢はメスでは第1腹肢を欠き，第2～5腹肢は左右ペアになってつくが，小型個体では左右さほど形は変わらないが，大きい個体では左側がよく発達し大きな2葉が各腹肢につくが，右側は著しく退化して小さな突起のようである．またオスの場合は，オキヤドカリ科のつねとして第1，2腹肢は生殖肢と呼ばれる特殊な形をした対をなす腹肢であるが，第3～5腹肢は左側が二叉形でよく発達し，右側はメス同様著しく退化的で小さな突起のような形である．

こうした腹部の右側へのねじれと左側の腹肢がよく発達することは，右巻きの巻き貝を利用しているヤドカリと同じである．しかし，巻き貝を利用するヤドカリのメスの第2～5腹肢はつねに左側のみであり，右側にはない．したがって，イギョウシンカイヤドカリの祖先が右巻きの貝殻に入るヤドカリで，それが貝殻を利用しなくなったと考えると，なぜ右側にも腹肢があるのかが疑問となる．一方，たとえばツノガイヤドカリのように左右相称のヤドカリで，腹肢も左右相称のヤドカリから進化したと考えると，右にねじれる腹部と左側の腹肢がよく発達することの意味がつかめない．はたしてこの奇妙な動物は，いったいどこからやって来たのであろうか？

ペニスを背負う奇妙なヤドカリ

1. ヤドカリにおいてペニスとは？

『生物学辞典』によると，ペニスとは動物のオスからメスに挿入され，精子を輸送するのに使われる雄性外部生殖管のことである．無脊椎動物においては，扁形動物，線形動物，軟体動物の腹足類，環形動物の貧毛類，節足動物の昆虫などで知られる．

ヤドカリ類でもオスがペニスを有する種は数多く知られ，オカヤドカリ科のオカヤドカリ属 *Coenobita* およびホンヤドカリ科の38属，つまりおよそ半数以上の属で知られる．ただしヤドカリ類の場合，

ペニスとはいわずに精管と呼び，また精子は精包に包まれている．したがって以下の文章でペニスと精管は同じ意味である．筆者は現在，とくにこの精管をもつグループに力を入れて研究している．

ヤドカリ類のオスにおいて通常生殖口，すなわち精包を外部に出す穴は，胸部第5脚の底節に開口する．多くのヤドカリ類でこの第5脚は，先が小さなはさみになっていて鰓室を掃除したり，指節と前節にあるウロコ状の毛で貝殻を内側から押してつっぱる働きをする脚である．磯で見られるホンヤドカリ類 *Pagurus* やヨコバサミ類 *Clibanarius* などでは，通常，生殖口が開いているのが見えるだけである．ところがこの生殖口の片方どちらか，あるいは両方からチューブのようなものが出ている種がいる．これが精管である．

2. 精管の色々

精管の形態は種によって様々（図11，12）で，長いもの，短いもの，膜状のもの，細長い筒状のものなどがあり，また右から出るもの，左から出るもの，両方から出るもの，あるいは種内でも変異があるものもある．精管の形態的由来については，オカヤドカリ類では明らかに底節そのものの形が変形してチューブ状になっている．しかしホンヤドカリ科の多くの種では底節の形は精管がない種のそれと大差ないが，生殖口に到達している輸精管（オスの体内にあって精巣から生殖口まで精子を運ぶ管）がそのまま外側に延長した構造になっていて，底節と精管の区切り線が顕微鏡で見てとれる．

3. エビスヤドカリの精管

精管をもつグループで，とくに長い精管をもつものにエビスヤドカリ *Hemipagurus*[27] という属がある．筆者は最近本属のインド西太平洋域産種の分類学的な再検討を行ったので，それを踏まえて紹介する．筆者はインド西太平洋域から，全部で15種類を確認したが，

---

[27] これは従来日本の図鑑では *Catapagurus* として知られていたものであるが，模式種の *Catapagurus sharreri* を検討した結果，種々の点で形態的に異なるため，*Hemipagurus*（Smith, 1881のたてた属）として区別することとした．

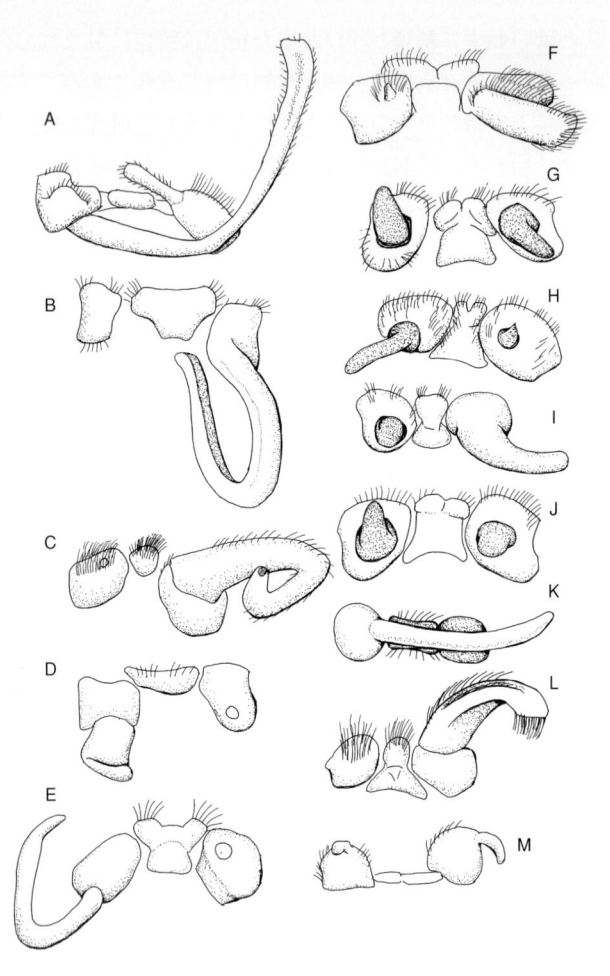

図11 色々な形のヤドカリのペニス（精管）。A：サツマヤドカリの一種 *Decaphyllus barunajaya*、副模式標本（MNHN Pg 5255）。B：ミクロヤドカリの一種 *Micropagurus polynesiensis*、総模式標本（MNHN Pg 2765）。C：ネジレヤドカリの一種 *Turleania multipinosa*（MNHN Pg）。D：トゲヤドカリ* *Acanthopagurus dubius*（MNHN Pg 3665）。E：クダヤドカリ* *Solenopagurus lineatus*、副模式標本（MNHN Pg 5255）。F：ジャックヤドカリ* *Pagurojacquesia polymorpha*、副模式標本（MNHN Pg 5656）。G：マギレヤドカリ* *Tarrasopagurus rostrodenticulatus*、副模式標本（MNHN Pg 5282）。H：ヤワクダヤドカリ* *Trichopagurus trichophthalmus*、総模式標本（MNHN Pg 3402）。I：フォレストヤドカリ* *Forestpagurus drachi*、副模式標本（MNHN Pg）。J：ミッシェルヤドカリ* *Michelopagurus limatus*（MNHN Pg 5274）。K：ヒメヤドカリ* *Catapaguroides japonicus*、総模式標本（MNHN Pg）。L：ゴメスヤドカリ* *Enneopagurus garciagomezi*、副模式標本（MNHN Pg 5252）。M：ボウズヤドカリ* *Pagurodes inarmatus*、総模式標本（MNHN Pg 1802）。

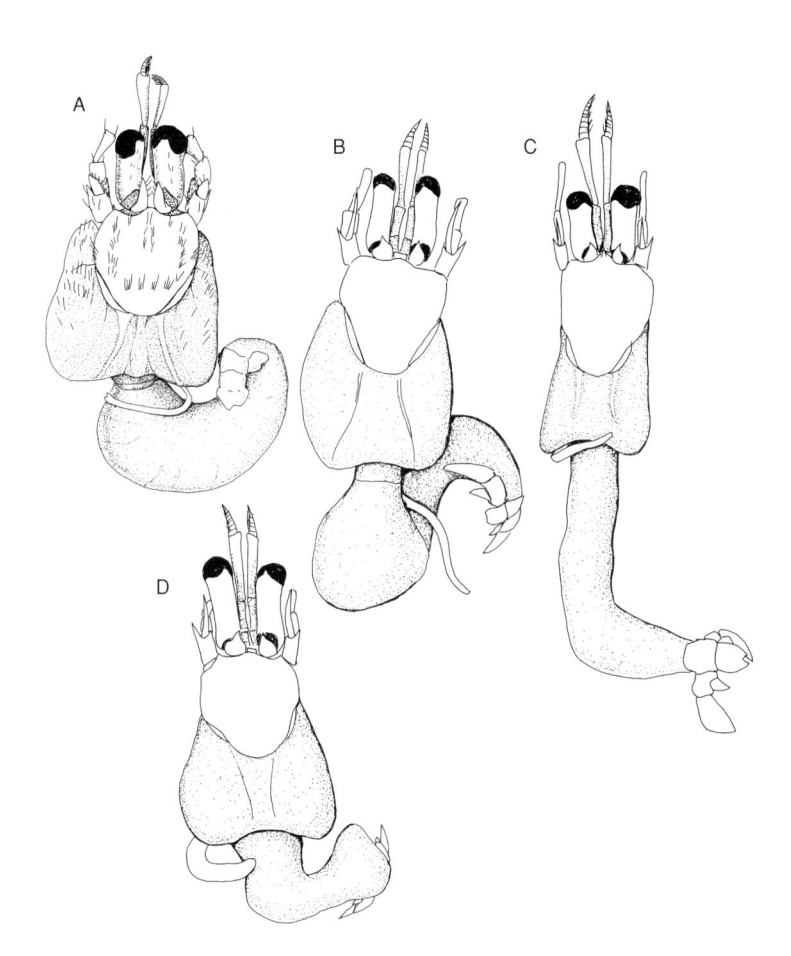

図12　ペニス（精管）の長いヤドカリ．A：ウチウラエビスヤドカリ *Hemipagurus hirayamai*，完模式標本．千葉県立中央博物館所蔵．B：ユミナリヤドカリの一種 *Anapagurus chiroacanthus*，(MNHN Pg 5250)．C：ココノツヤドカリ* *Enneophyllus spinirostris*，完模式標本(MNHN Pg 5250)．D：ニセイトヒキヤドカリ* *Nematopaguroides fagei*，総模式標本(MNHN Pg 554)．

そのうち8種は2001年に新種として記載したものである．日本からはこれまでエビスヤドカリ1種 *Hemipagurus japonicus* (Yokoya, 1933) が知られていたが，さらに4種を新種として記載した[28]．また日本以外のインド西太平洋域からも4新種を記載した[29]．

このエビスヤドカリの精管（図12A）は，実に不思議な形をしている．精管は必ず右の第5脚底節から出て腹部の右側に巻き上がり，そのまま腹部の上面を横断して左側まで突き出る．つまり，ちょっと品がない言い方であるが，ペニスを背負う形になっている．これでいったいどうやって，メスと交尾するのであろうか？　これは誰も観察したことがない謎である．そもそも筆者の知る限り性的な行動の研究がなされているヤドカリ類は，すべて精管をもたない種であり，交尾はオスメスが腹合わせになって，生殖口を付け合わせることによって起こる．しかしエビスヤドカリでは，ペニスが背中に出ていて，その体勢になるのは意味がなく，むしろメスがオスの背中に乗るような形でないと交尾できないことになる．オンブバッタの逆である（オンブバッタではオスがメスの上に乗る）．液浸標本では，この極端に長いペニスは，硬くハリガネのようであるが，あるいは生きている時は交尾の時に軟らかくなって下の方に伸びてきて，ある程度体が離れているメスとも交尾できるよう自由自在に動くのであろうか？　そして交尾が終わると歩くのにじゃまなので，また背中に乗せておくのだろうか？　謎は深まるばかりである．

5つの特殊な属

最近ホンヤドカリ科の中で「高度に特殊化した5つの属」と呼ばれる属があり[30]，カイケイヤドカリ *Ostraconotus*，カイガラカツ

---

[28] ウチウラエビスヤドカリ *Hemipagurus hirayamai* Asakura, 2001（駿河湾，小笠原），コスゲエビスヤドカリ *H. kosugei* Asakura, 2001（沖縄），トヨシオエビスヤドカリ *H. toyoshioae* Asakura, 2001（奄美），ショウワエビスヤドカリ *H. imperialis* Asakura, 2001（相模湾）．

[29] ヘイクエビスヤドカリ *H. haigae* Asakura, 2001（フィリピン・アラフラ海），ヒメエビスヤドカリ *H. albatrossae* Asakura, 2001（フィリピン），コウカイエビスヤドカリ *H. lewinsohni* Asakura, 2001（紅海），マックエビスヤドカリ *H. maclaughlinae* Asakura, 2001（セイシェル）

ギ *Porcellanopagurus*，トゥルカイヤドカリ *Solitariopagurus*，クロニエヤドカリ *Alainopagurus*，アランヤドカリ *Alainopaguroides* である（図13）．これらはよく石灰化した硬いシールド，小さい腹部，左右相称の尾肢と尾節，幅広い胸板，オスが腹肢を欠く，メスに第5腹肢がないという共通の形質をもつ．アメリカのマックラフリン（McLaughlin, 1997）は，これらは系統的に姉妹種の関係にあると推察した．と書いても一般の方にはよくわからないかもしれないが本物を見れば一目瞭然で，これらの種はヤドカリらしくない，種によってはとてもヤドカリには見えない．体が寸詰まりで，時に不可思議な形の突起が出ている，足長のクモのような動物に見える．またホンヤドカリ類とタラバガニ類の移行型のようでもある．

カイケイヤドカリ *Ostraconotus spatulipes* は，1属1種で大西洋の北米沖から発見され1880年に記載された．形態的な特徴が非常に奇妙なので，古くから謎のヤドカリとされているものである．通常ヤドカリの甲はシールドの部分のみ硬く，他の部分は軟らかいが，本種の場合甲全体が石灰化していて，細かいツブツブが散りばめられている．甲側面はするどくエッジを切るような形になっている．ヤドカリで他にこのような形の甲をもつ種は他にはいないが，淡水にすむガラテアに近い仲間のアエグラ *Aegla*[31] によく似ている．また甲前半部に4つの横に並ぶ突起がある．腹部は甲に比してかなり小さく，とくにメスでは他のヤドカリと違って体節性が，はっきりと見て取れる．宿貝として何を使っているのかは，わかっていない．ガラテアのように，何も使わないと考える研究者もいる[32]．

カイガラカツギは，日本でもおなじみの種で，様々な図鑑でも紹介されているが，二枚貝の半片を背負うという特殊な生態をもつ．一見カニのようである．インド‐西太平洋から11種が知られ，浅海産域に分布する．

---

[30] Poupin & McLaughlin（1996）や McLaughlin（1997）による言明．
[31] 最近「淡水ガラテア」などと称して東京のペットショップなどで販売されていることもある．
[32] Wolff（1961），Russell（1962）など．

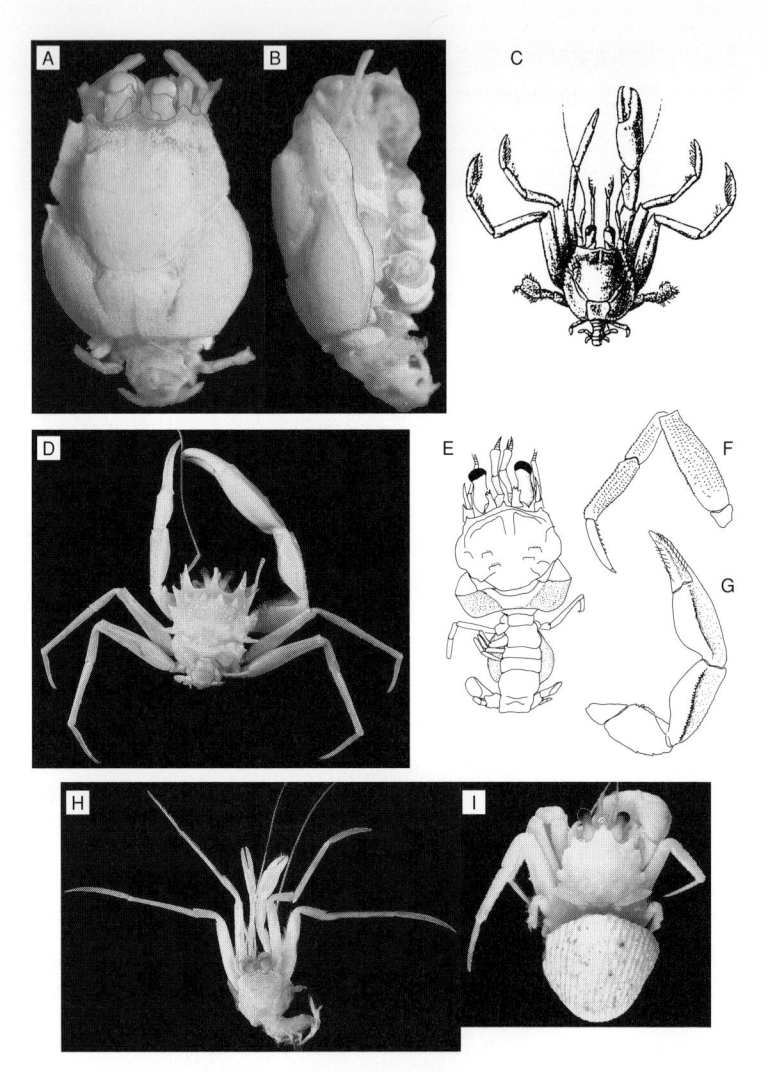

図13 A-C：カイケイヤドカリ *Ostraconotus spatulipes*. 総模式標本．この標本は大西洋のメキシコ湾で採集された（MNHN Pg 461）．C は A. Milne Edwards（1880）による．D：トゥルカイヤドカリ *Solitariopagurus triprobolus*. 副模式標本．この標本はポリネシアのツアモツ諸島の水深270m から採集された（MNHN Pg 5229）．
E：アランヤドカリ *Alainopaguroides lemaitrei*. 副模式標本．この標本はインドネシアの水深399〜405m の海底から採集された（MNHN Pg 5268b）．F：クロニエヤドカリ *Alainopagurus crosnieri*. 副模式標本．この標本はニューカレドニア沖の水深460m の海底から採集された（MNHN Pg 5240）．G：カイガラカツギの一種 *Porcellanopagurus tridentatus*. この標本はニューカレドニアの水深390〜420m の海底から採集された（MNHN Pg 5865）．

トゥルカイヤドカリは，ドイツのフランクフルトにあるゼンケンベルグ博物館の高名な甲殻類学者であるミヒャエル・トゥルカイ博士によって発見されたヤドカリである．その時発見された種は，紅海の水深1500mの海底から見つかったものである．トゥルカイ博士は，カイケイヤドカリに形態的特徴がよく似た特殊なヤドカリが見つかったことを，1986年に報告した．写真の種はこの属の2番目の種で，熱帯太平洋のポリネシアの水深200〜380mの海底から見つかった．兜のような甲にものすごい突起が出ていて，クモのように細長い脚がついている．いったい何のためにこんなスゴイ形なのか，不思議である．カイガラカツギと同じく二枚貝の半片を背負う．

　アランヤドカリは，インドネシアの210〜502mの深海から1種，タイのアンダマン海の47〜75mから1種の計2種が知られる．

　クロニエヤドカリはニューカレドニアの深海から1種が知られる．

変わった行動をするヤドカリ

　磯や干潟にいるヤドカリは巻貝の貝殻の中に入っている．それを人間が採集するとヤドカリは，貝殻の中に引っ込んでしまう．それを引っ張り出そうとしても，うまく引き出せず，無理やり引っ張ると脚や腹部がちぎれてしまう．ある人は，貝殻の先端をライターであぶると，ヤドカリが熱がって外へ出てくるという．やってみると，ヤドカリが中で我慢をして，腹部を煮てしまうことがよくある．また万力やペンチなどで，少しずつ貝殻を割っていって出す，という方法もある．これは熟達したわざが必要で，失敗すると腹部に穴をあけてしまったり，脚が脱落してしまったりする．

　ところが人間が手で採集するとそのとたんに貝殻を捨てて，ヤドカリの本体が裸になって俊足で逃げ去ってしまう不思議な種がいる．この種は，沖縄と伊豆諸島の八丈島から発見された種で，ヤドステヒメホンヤドカリ *Pagurixus nomurai* という．またハダカホンヤドカリ *Parapagurodes gracilipes* も同じ習性をもつ．これは筆者自身の観察であるが，岩手県の大槌に東京大学の臨海実験施設があり，その近くの水深数メートル程度のところに本種がたくさんすんでい

図14 ヤドステヒメホンヤドカリ．八丈島にて古瀬浩史氏撮影．右：貝殻を背負っている個体．左：つかまれて貝殻を捨てた個体．

る．本種は活発に動きまわりまた同種他個体に対して非常に攻撃的な種である．本種も捕らえられるとすぐに貝殻を捨てて，俊足で逃げていく．本種の和名の由来は知らないが，やはり捕まえるとすぐハダカになってしまうので，そのように命名されたのであろう．

　こうした宿捨て行動は，筆者の知る限り他に報告はない．貝殻の奥に引っ込んでしまうのも，また貝殻をつかまれるとそれを捨ててすばやく逃げるのも，捕食者などから身を守る方法であり，後者の方法では活発で俊足なヤドカリだからこそ，できる方法である．

謝　辞：標本の撮影で，フランス国立パリ自然史博物館（Museum national d'Histoire naturelle, Paris）のンゴウクーホウ博士（Dr. Nguyen Ngoc-Ho）に，ヤドカリが背負っている植物の同定で，千葉県立中央博物館の天野誠博士にお世話になりました．記して厚く感謝いたします．また写真を提供していただいた東京都自然教育研究センターの古瀬浩史氏，図2の使用許可をいただいたウエスタン・ワシントン大学のパッチー・マックラフリン教授（Patsy A. McLaughlin）とスミソニアン自然史博物館のラファエル・レメイトレ博士（Rafael Lemaitre）および出版社に感謝いたします．

7章
ハクセンシオマネキ
―その興味深い生活
山口隆男

シオマネキ類について

　シオマネキ（*Uca*）と呼ばれるカニ類では，極端なハサミ脚の不相称化が見られ，1本だけ巨大になっている．これを巨大ハサミと呼ぶ．もう1本の方はとても小さくて，あまりにもハサミ脚の大きさが違うので，初めて見た人は誰もが驚いてしまう．しかし，そのような違いがあるのはオスだけで，メスのハサミ脚は2本ともに小さい．巨大ハサミは，甲幅の4乗に比例して重くなる．体の他の部分は3乗である．十分に生長した大型の個体では巨大ハサミは乾燥重量で総体重の半分を占めるくらいになっている．

　奇妙な形態をしているが，かなり繁栄しているグループである．主に熱帯地方に分布している．世界中のシオマネキ類の種の数は100を上回っているであろう．日本には合計して10種が分布している．どれもオスの一方のハサミが巨大化している．干潟とかマングローブ地帯で生活しているので観察しやすい．ハサミ脚の極端な不相称に加えて行動も活発であり，かなり知られた存在になっている．日本本土にはハクセンシオマネキ *Uca lactea* とシオマネキ *Uca arcuata* が分布している．しかし，地球温暖化に伴い，紀伊半島で沖縄諸島に分布する3種が採集されている．それらが，一時的な来訪者ではなく，繁殖定住するようになると，本土産は5種ということになる．沖縄諸島全体では計9種分布しているが，1カ所でもっとも多いのは石垣島と西表島で，8種が生息している．シオマネキ類のうちでもっとも大きいのはスペイン，ポルトガル南部からアフリカ西海岸に広く分布する *Uca tangeri* で，甲幅は5cmを超える．巨大ハサミは15cmにもなる．世界最小の種は中央アメリカに分布し，甲幅は1cmに達しない．

　筆者はハクセンシオマネキについて30年以上研究をしてきた．この種は日本産の種としてはもっとも小さい．甲幅は最大級の個体でもせいぜい20mmである．紀伊半島，瀬戸内海，天草，鹿児島県の万世川河口，長崎市付近の雪の浦が主な生息地である．沖縄諸島には分布していないが，中国本土，台湾，朝鮮半島にも生息している．

ハクセンシオマネキに学名を与えたのは，オランダの動物学者のデ・ハーン（Wilhem De Haan）であった．彼はシーボルトがオランダへもたらした標本を調べて命名した．その種小名の *lactea* には乳白色のという意味がある．ハクセンシオマネキは体も巨大ハサミも白っぽい．その特色を学名に示したのであった．

　そもそも「シオマネキ」という名前は，中国から到来した．中国の文献にある「招潮」を日本語に置き換えるとシオマネキになる．日本ではカタツメガニとかタウチガニとかいっていた．中国の人は巨大ハサミを振り動かしている状態を，潮を招いているというふうに考えて，命名したのであろう．日本人ではとても思いつけないロマンチックな名前である．ハクセンシオマネキという名前を誰が最初に与えたのか，はっきりしないが，ハクセンは白扇のことである．白い巨大なハサミを振り動かしている状態から思いついたのであろう．上品なよい名前だと思う．中国では「清白招潮」と呼ばれている．もう1つの，和名がただ「シオマネキ」となっている *Uca arcuata* は日本産のものとしてはもっとも大きく，河口域の泥地などで生活している．甲幅は38mmに達する．佐賀県下では，捕獲されて，ガン漬と呼ばれる塩辛に加工されて食用にされている．中国名は「弧辺招潮」である．

ハクセンシオマネキの食事活動と行動範囲

　ハクセンシオマネキは，内湾か河口域の，波が直接当たらないような場所にある砂泥質の干潟に生息している．巣孔を掘り，その周辺域を生活場所にしている．巣孔の深さは10cmから20cmくらいで，曲がったキュウリみたいな形をしている．入り口は丸く，垂直になっているが，数センチメートル下のところから斜め横に曲がっている．そのため，内部をのぞくことはできない．巣孔はハクセンシオマネキにとってきわめて重要で，一生の大部分をそこですごしている．潮が満ちている時，雨の日，気温が低い日には巣孔に入り，入口を閉ざしている．天候がよく気温が高い日には，潮が引くと出てくる．活動は昼間に限られ，夜間には巣孔にこもっている．1日

の活動時間には個体差があるが，とくに長い場合でも7時間程度である．通常は3～5時間である．1年のうち，活動する日は110日くらいしかない．平均5時間の活動とすると，550時間の活動である．1年は8,760時間であるから，6％の時間を干潟表面で，残りの94％は巣孔内ですごすということになる．入口を閉ざしているので巣孔内は真っ暗である．その中で一生の大部分をすごすのである．

もっとも重要な活動は食事活動である．食物は干潟表面から得ている．砂泥にはバクテリアとか有機質が含まれている．それを口のところで分離して食べるのである．砂泥をハサミ脚ですくい取って，口に運んで，そこで処理をする．オスの巨大ハサミ脚はあまりにも大きすぎて，砂泥をすくうのには用いられない．メスだと小ハサミ脚は2本あるから，すくうのに好都合であるが，オスではそうはいかない．1本の小ハサミでせっせと砂泥をすくっている．ハクセンシオマネキの口は，体の割にかなり大きい．口の構造は相当に複雑であるが，そこに砂泥を詰め込んで，洗う．鰓に蓄えられた海水は，口に流し込まれる．口の内部に密生しているスプーン状の毛を用いて，砂泥粒子に付着しているバクテリア，有機質を洗い落として，それらを食物にしている．海水はまた鰓に戻り，再利用されている．洗われて食物成分が除かれた砂泥は口の下側に溜まってくるが，ある程度それが大きくなると，小ハサミでつまんで，体の周囲に捨て

図1　食事をしているハクセンシオマネキのメスとオス．メスには巨大ハサミはない．

ている．米粒状をしており，砂団子と呼ばれている．盛んに食事をしているハクセンシオマネキたちの周辺には多数の砂団子が散らばっている．

　砂泥中のバクテリア，有機質の量は至って乏しいので，ハクセンシオマネキたちは活動時間の大部分を食事に費やさねばならない．たくさんの砂泥を処理しないと必要な食物を得ることができないのである．ただし，自分の巣孔の周囲の砂泥が食物源になるので，食物を探しまわる苦労はない．食物を確保するためには，ある程度の面積が必要になる．それぞれの個体は，自分の巣孔の周辺部を自分の占有地にしている．占有地は，やや不規則な多角形で，ほぼ中央に巣孔がある．広さは生息密度で自然に決められる．密度が高い場所では狭く，低いと広くなる．高密度域では，巣孔を中心とした半径15cmかそれ以下の占有地を確保して，生活を維持している．はっきりした境界線があるわけではないが，ハクセンシオマネキたちはかなり協調的な動物であり，互いに相手を認め合って，他個体の占有地に侵入するのをなるべく避けるようにしている．

　潮が引いて，干潟上に出てきたそれぞれの個体は，占有地内をまんべんなく動きまわって盛んに食事をしている．それが終わると，どこか特定のところに腰を据え，少しずつ位置を変えながら，時間をかけてあらためて占有地内をくまなく食べてまわるのである．隣接して住んでいる個体が接近することがあるが，通常は互いに相手を避けて位置を変えるので，闘いにまで発展することは少ない．シオマネキ類の巨大ハサミは見せかけではなく，強力な武器である．固く，先端は鋭い．うっかり挟まれると血が出ることもある．その武器はオスにだけ発達しており，メスはまるで無力である．オスに対して，メスはどうやって自分の占有地を守ることができるのであろうか．答えは簡単である．オスはメスに対して巨大ハサミを突き出して威嚇することはあるが，巨大ハサミで挟んだり，危害を加えることはない．また，メスの方も威嚇に対して鈍感で，少し位置を変えるだけで，逃げまわるようなことはしない．強く威嚇されると自分の巣孔に逃げ込むが，すぐに出てきて食事を再開する．それぞ

れの個体は，狭い占有地で食物成分の少ない砂泥を時間をかけて処理して何とか食物を得ているのである．占有地を守るための闘争とか，追い払い行動に時間を費やすような余裕は乏しい．そういうことばかりをしていたら，むだに体力を消耗し，その一方で，食物の摂取が不十分になって，生存が困難になってしまうことであろう．

なお，それぞれの個体は自分の占有地の周辺の個体を認識している．何らかの事情で巣孔を失った見なれない個体がやってくると，大騒ぎになる．それらは侵入個体であり，追い払いの対象になる．そこにいるそれぞれの個体が同調して一斉に追い払い行動をする．オスたちは巨大ハサミを同じリズムで上下させるし，メスたちも小ハサミを体の上に伸ばして体全体を上下させる．侵入個体が住み着くことを許さないのである．侵入個体は仕方がないので，別の場所へ移動していくが，もちろん，そこでもたちまち追い払われてしまい，安住の地を得ることはできない．いったん巣孔を失うと，持ち主がいなくなった巣孔でも見つけない限り，いつまでも追い払われ続けることになる．

しかし，やがて潮が満ちてきて，それぞれの個体が巣孔に引きこもると，問題は解決する．巣孔を失った個体を邪魔するものがいなくなるので，潮をかぶる前に，その個体は，適当なところに大急ぎで浅い巣孔を掘って身を隠す．翌日になると，前からいる個体みたいにふるまって，その巣孔を掘り直して，きちんとした巣孔にする．そうして定住個体の仲間入りをするのである．

喧嘩にはルールがある，平和的な闘い行動

ところで，巨大ハサミの使用にはルールがあり，徹底して守られているのには，いつも感心させられる．巨大ハサミで挟むことができるのは，巨大ハサミだけと決められている．もしも，巨大ハサミで他個体の甲を挟むと，甲には大きな穴が開くか切断されてしまう．相手は殺されてしまうのである．しかし，自然状態ではそうした殺し合いは皆無である．巨大ハサミは堅く，きわめて丈夫なので，互いに挟みあっても，何も問題は生じない．

巨大ハサミを用いた闘争は比較的稀であるが，相撲のような儀式に沿って行われる．無警戒の相手を巨大ハサミで突然に襲うようなことは，決してない．最初に互いに向かい合って，巨大ハサミを突き出し，闘争の意志表示をする．次に巨大ハサミを突き出した状態で相手のハサミをつつき合うのである．その動作をしばらく続けてから，ともにハサミを開いて相手のハサミをがっちりと挟む．時間をかけて入念にきちんと噛み合わせるのである．うまく噛み合わない場合には動作を繰り返して，がっちりと噛み合うようにする．それから，それぞれが自分の脚を底質中に差し入れて，体を安定させて，身構える．次に，力を振り絞って，互いに相手を投げ飛ばそうとする．どちらかが投げ飛ばされて勝負が終わる．負けた個体は自分の巣孔に逃げ戻る．運悪く，負けた個体の巨大ハサミがもげてしまうことがある．巨大ハサミがなくなると，もちろん，一時的には困るのであるが，しばらくするともとの位置に再生してくる．もと通りになれるので，失っても，ひどく困ることはない．

　巨大ハサミで挟めるのは巨大ハサミだけなのであるから，メスはたとえオスからおどされても，実際に危害を加えられることは皆無である．オスにしても，闘争で殺されるようなことはない．もっとも，緊急事態の場合は別である．興奮したオスは巨大ハサミで手当たり次第に挟もうとする．ハクセンシオマネキを掘り出して，手でつかもうとすると，ハクセンシオマネキにとっては，大変な緊急事態であるから，ヒトの指などを強く挟むのである．そして，巨大ハサミを自切させる．挟まれると痛い．出血することもある．そのことに気を取られていると，ハクセンシオマネキの方はどこかに逃げてしまっている．また，採集したオスたちを狭い容器に何個体も入れたりすると，それぞれが異常に興奮して，巨大ハサミで傷つけ合う．その結果ほとんどが死んでしまう．

　しかし，自然状態では，巨大ハサミで巨大ハサミ以外のものを挟むことはない．ルールは厳密に守られている．強力な武器をもっているのに，それを抑制的に使用しているハクセンシオマネキは，実に平和的な動物といえよう．犬や猫には強力な歯がある．しかし，

飼い主に対しては，使用を抑制している．猫がじゃれて噛むことはあるが，その場合でも，本気で噛むことはない．真似だけである．シオマネキ類でも，同様であって，巨大ハサミを抑制して使用しているのである．節足動物には感情のようなものは一切なく，生得のプログラムに沿って行動しているだけといわれる．しかし，ハクセンシオマネキのそうした抑制的行動を見ていると，哺乳類の行動によく似た点があり，感情があるように思えてくる．そして，親近感を覚えるのである．以前に筆者のところに取材に来たNHKの人も，ハクセンシオマネキには個性があり，それぞれの行動に違いが見られ，することも人間的で，昆虫とはずいぶん違うと感心していた．

生まれつき決まっていない巨大ハサミの左右性

興味深いのは，シオマネキ類の最大の特色の巨大ハサミの左右性がまったくの偶然性に支配されていることである．巨大ハサミは右にあったり，左にあったりしている．個体によってまちまちなのである．体のどちら側にあるかを調べてみると，調査個体数が少ないとどちらかに偏るとしても，多数の場合，ほとんど完全に1対1になる．右大も左大も同数なのである．そうなるのは，左右性が非遺伝的に決められているためである．

ハクセンシオマネキのもっとも小さな稚ガニは甲の幅が1.4mmしかないが，巨大ハサミはまだ未発達で，オスメスを区別することはできない．甲の幅が4 mmくらいになると，巨大ハサミが発達してくるが，その前にハサミを脱落させる時期がある．オスは自分のハサミのうちの1本を自分で脱落させるのである．しばらくすると再生してくるが，そのハサミは巨大化しない．残っていたハサミの方は巨大化する．こうしたしくみによって左右不相称になり，左右性が決められる．どちらのハサミを脱落させるか，まったくランダムにそれぞれのオスが決めるので，結果としてサイコロの偶数の目と奇数の目が同じ割合で出現するように，左右同数になる．

小さな稚ガニを採集して，人為的にハサミを除去することで，左右性を自由に決めることができる．左のハサミを取った場合には再

生してきた左ハサミは小さくなり，残っていた右ハサミが巨大化して右大個体になる．右のハサミを取ったら左大になる．小さな稚ガニでは外見からはオスメスの区別をすることができない．そのため，実験された個体の半数はメスである．メスには何も影響は生じない．除去されたハサミはまもなく再生して，残っていた方のハサミと同じ大きさの小ハサミになる．しかし，オスではハサミ除去によって，どちらかに誘導できるのである．右大にでも左大にでも思うがままにできる．両方のハサミを除去すると，オスなのに，巨大ハサミが発達しない，外見的にはメスみたいな個体になってしまう．

　最初から左右性を決めていればよいのに，なぜかシオマネキ類ではそういうことになっている．ハクセンシオマネキとは限らず，他の種のシオマネキ類でも筆者が調べた限りでは，しくみはどれも同じである．巨大ハサミというきわめて特徴的な器官の左右性が非遺伝的に決められるというのは，動物の世界ではきわめて例外的なことである．沖縄にいるヒメシオマネキは，巨大ハサミの下半分があざやかなオレンジ色をしていてとても美しい．この種ではほとんどの場合，巨大ハサミは右にある．左が巨大化している個体も少数いるが，比率は40対1くらいで，圧倒的な違いがある．しかし，左右性決定のしくみはハクセンシオマネキと本質的には同じである．稚ガニの段階で片一方のハサミを脱落させている．ただし，脱落させるハサミはほとんどが左なので，右大個体が多くなる．脱落させる前のごく小さな稚ガニの右ハサミを人為的に除去すると，左大になってしまう．自然状態では数少ない左大に転換させることが可能なのである．遺伝的に決められていたら，そうはならないはずである．この種では，落とす時に左を選ぶようなしくみがあって，その結果として右大個体ばかりになっている．

　しかし，その点を除くと基本的にはハクセンシオマネキと同じであり，左大に変化させることができるし，両方のハサミを除去することで，外見的にはメスと同様な，巨大ハサミが発達しないオスにしてしまうこともできる．

　つまり，こういうことなのである．シオマネキ類のオスでは，稚

図2 巨大ハサミが2本あるシオマネキのオス（甲幅13.15mm）．こうした例はハクセンシオマネキを含む他の種でも知られている．

ガニの時期にハサミが脱落すると，再生してくるハサミは変質する．そして，巨大化できなくなる．その結果として左右不相称になる．左右どちらのハサミもともに巨大化が可能である．しかし，どちらも巨大にしてしまうと，食物をうまく得ることができない．砂泥をすくって口に運ぶことが困難になる．どうしても1本を小さくする必要がある．ハサミが脱落すると，ハサミを変質させるという特殊なしくみが機能して，再生してくるハサミを小ハサミに変化させてしまう．その結果として不相称になる．

　もしも，稚ガニの時期にハサミが脱落しなかったらどうなるだろうか．その場合には2本のハサミがともに巨大化した個体になる．もちろん，食物を得るのに具合が悪いので，大きく生長することはできない．やがて死んでしまう．しかし，ごく少数であるけど，そうした個体が色々な種で報告されている．ハクセンシオマネキでも見つかっている．そのような2本ともに巨大化した個体はもちろん，きわめて稀である．ハクセンシオマネキでは数十万個体に1個体くらいのきわめて低い出現頻度である．でも，そうした個体がいることは，左右どちらのハサミもともに巨大化できるようになっていることを示す証拠になる．

食事量はオスもメスも同じ

 ところで,食物は占有地の砂泥から得ているのであった.メスには2本の小ハサミがあるのにオスでは1本であるから,食べる量に違いが生じないかどうか問題になってくる.メスは2本を交互に用いて,次々に砂泥を口に運んでいる.オスでは1本しか使用できないので,運ぶ量が少ないように思える.メスの方が食事量が多い,あるいはオスはメスの2倍の速度で小ハサミを動かしているので,差はないというような研究報告がある.それで,調査したのであるが,違いはないことがわかった.体が同じ大きさなら,口の大きさも同じで,同じ量の砂泥を処理しているのである.メスは2本のハサミを用いて次々にすくっているけれど,1回当たりにすくい取る量はオスに比較して少ない.オスは1本しか用いていない.すくう回数はメスの2倍ということはないが,メスに比較して小ハサミはやや大きい.1回当たりのすくい取る量が多い.結果として,オスもメスも時間当たりにして同じ量の砂泥をすくい,処理していることを突き止めることができた.

 考えてみるとまったく当たり前のことである.食べる量を決めるのは,ハサミですくう回数ではない.口のところでどれだけ処理できるか,なのである.海水を鰓から循環させて洗っているのであり,

図3 食事をしているシオマネキのオス.

砂泥を処理する能力には限界がある．砂泥を大量に口に運んでも，その全部をうまく処理することはできない．処理能力に応じて，砂泥量を調節しながらオスもメスも小ハサミを動かしているのである．しかし，メスの方が多くの砂泥を処理しているという報告もあるし，調査しないと結論はできない．筆者は調べてみてそのことを確認したのであった．

　しかし，同じ量の食物を食べているとすると，奇妙なことがある．オスとメスとで体の大きさに違いが見られる．オスの方が大きいのである．オスには巨大ハサミがあるが，それだけではなく，甲の方も大きいのである．同じ量の食物を食べているのに，オスでは余分な巨大ハサミがあって，しかも甲も大きい．というのでは計算が合わない．その違いはメスにおける産卵に伴うエネルギーの支出にある．生殖期間は3カ月弱であるが，メスは2回産卵をする．その際に，体内に蓄えていた栄養物質のほとんどを消費してしまう．また，産卵すると，メスは卵が孵化するまで巣孔の中にいる．巣孔を閉ざしてこもっている．もちろん，その間は食事はできない．孵化するまでおよそ2週間かかるが，産卵を2回するので，計4週間は食事できないということになる．このように，産卵による負担がとても大きいために，メスオス間で生長に違いが生じるのである．

　砂泥に含まれる食物成分は量的に少ないので，栄養物質を蓄積するのはハクセンシオマネキにとっては容易ではない．カニ類では栄養物質のもっとも重要な貯蔵器官は中腸腺である．中腸腺はヒトの場合の肝臓に相当する器官で，栄養物質の貯蔵や食物の消化に関係している．カニのミソと呼ばれ，食用のカニ類ではおいしい部分とされている．生殖期のはじめにはメスの中腸腺はオレンジ色で，ふくれ上がっているが，2回目の産卵の後には，色も薄れて，すっかり小さくなってしまう．オスも生殖期間中は巨大ハサミを振り動かして，求愛ダンスをしているので，エネルギーを消耗している．しかし，活動休止期間はないし，求愛ダンスの合間に食事もしているので，ほどほどにエネルギーを補充することができて，結局，メスよりも体は大きくなり，その上に巨大ハサミも維持できることになる．

巨大ハサミの役割

　ところで，シオマネキ類の巨大ハサミは一体何のためにあるのであろうか．その答えは簡単みたいで，必ずしもそうではなかった．ハクセンシオマネキの場合には，求愛のための道具ということができる．生殖期間中はオスは活発に求愛ダンスをする．高く振り上げて，振り下ろすという動作を繰り返している．他の季節にはダンスはまったくしない．体色も生殖期間中はオスもメスも白くなるが，他の期間はくすんだ色になっている．しかし，それが実際に求愛ダンスであることを確認するのに，筆者は3年間も費やしてしまった．
　オスは周囲のメスに向かって，求愛ダンスを繰り返しているのであるが，メスはまったく反応しない．無視して食事をしている．一体何のためにダンスをしているのだろうかと，奇妙な感じがした．3年目になってやっと解決した．求愛ダンスに反応するのは，特殊な状態にある特定のメスに限られていたのであった．卵巣が大きくなり，卵が十分に成熟したメスは，突然に巣孔を放棄して干潟上を放浪し始める．そういうメスだけがオスの求愛ダンスに反応して，オスの巣孔に入るのである．しかし，いったんはオスの巣孔に入っても，すぐに出てきてしまう．そして，別のオスに誘われて，そちらの巣孔に入る．しかし，そこに落ち着くことはなく，また出てきてしまう．こうしたことを10回かそこら繰り返して，ようやく特定のオスの巣孔の中に落ち着くのであるが，メスが放浪を開始してから，落ち着くまでの時間は長くても20分である．そうした特殊なメスを求愛メスあるいは放浪求愛メスと筆者は呼んでいるけれど，求愛メスは出現しても，10分か15分でオスの巣孔の中に最終的に入ってしまい，姿を消すのである．したがって，求愛メスはめったに見られない存在である．数千から数万のハクセンシオマネキたちがいる干潟を観察していると，オスたちがとくに活発に求愛ダンスをしている場所が見つかることがある．そうしたところの中心には求愛メスがいることが多い．個体数が少ない場所では，よほどの幸運に恵まれないと求愛メスを観察することはできない．私は何も知ら

なかったので，数十個体を視野に入れて，ほぼ毎日観察していたけど，求愛メスに出会うことはできなかった．3年目の生殖期の終わり頃に初めて運よく求愛メスに遭遇し，オスに招かれて巣孔に入るところを観察でき，特定の状態にあるメスでないと求愛ダンスに反応しないことを知った．

　いったん事情がわかると，もうあとは簡単である．研究を発展させることができた．どのようなメスがオスの巣孔に招かれるのか，細かく調べることができた．オスが求愛メスだけを相手にして求愛ダンスをするのなら，もっと早く，問題は解決したであろう．しかし，オスは周辺にいるメスに対して求愛ダンスを繰り返すのである．それらのメスの卵巣が熟して求愛メスにならない限り誘いに応じることはないのに，求愛ダンスを繰り返すのである．それどころか，周囲にメスがまったくいなくてもダンスをする場合がある．もちろん，そうしたダンスは活発ではない．求愛メスに対する激しいダンスとはまるで違う緩慢なものである．でも，研究の当初は何もわからないので，すっかり迷わされて，求愛ダンスの本質を把握するのに思いがけない日数を要してしまった．

　招かれたメスはその後に交尾をしていることは，確実と思われた．オスの熱心なダンスぶり，メスの特殊な行動からして，交尾をすることには疑いの余地がないと思われた．しかし，そのことをきちんと示す証拠がない．曲がった巣孔の内部にいる雌雄の行動を観察することなどはとてもできない．交尾をしていることを何とかして証明しようと思い，ガラス水槽を買ってきて，巣孔をつくらせたりした．水槽の内部にブロックを入れて，そこには巣孔を掘ることができないようにしておく．ガラスにそった3cmくらいのところにだけ砂泥を詰めておく．まず，オスを水槽に入れて，巣孔を掘らせる．ブロックがある内部には掘れないので，仕方なく周辺に巣孔を掘る．オスの状態が安定したところでメスを入れて招き入れさせるのである．しかし，なかなかうまくいかない．オスは確かにガラスにそって巣孔を掘ったのであるが，泥をガラス面に塗ってしまうので内部がさっぱり見えないのである．本来巣孔の内部は真っ暗なのである

から，ハクセンシオマネキは明るい巣孔では落ち着けない．部屋をうんと暗くすると，あまり泥を塗らないが，今度は暗すぎて行動の観察ができなくなる．今は感度の高いビデオカメラがあるが，筆者が観察を試みた頃はまだそうした便利な機器はなかった．結局，努力したものの，証明することができなかった．

　ようやく思いついたのが間接証明である．まだ交尾したことがない処女メスを準備することにした．小さいときから室内で飼育して，交尾可能な大きさにまで育てたのである．それらを野外にもっていき，オスたちに招かせた．カニの場合，交尾すると精子はメスの受精嚢に蓄えられるので，そこを調べれば交尾したかどうかわかるではないかというわけである．もちろん，処女メスは他のメスと区別できるようにしておかねばならない．速乾性のラッカーで赤とか黄色，緑に甲を塗っておいた．自然には存在しない奇妙な色のメスであったけど，オスたちは区別無く求愛ダンスをしてそれらを招き入れた．オスたちにとって重要なのは大きさと動きらしい．不自然な色に塗られていても，本物のハクセンシオマネキのメスなのであるから，当然であろうけれど，オスたちに受け入れられて，ほっとした．メスが入った巣孔のそばに色を塗った小さな棒を立ててマークしておく，次に30分とか，1時間，あるいは2時間とか，一定の時間が経過してから掘り出すことにした．かわいそうではあったが，メスを解剖して受精嚢を調べた．その結果，精子が見つかり，巣孔内で交尾をしていることを証明することができた．招かれて2時間くらい経過すると60%は交尾をすませていた．

　ところで，この実験の結果，次のようなことも判明した．節足動物では交尾器の形態が種を区別する重要な手がかりになる．シオマネキ類でもそうである．オスのペニス（第1腹肢）の先端の形は種によって微妙に異なっている．ペニスの形態に応じて，メスの生殖口の形態も種ごとに異なっている．カギと鍵穴の関係といわれている．種が違うと，うまく交尾ができないのである．昆虫の場合には親になるともう体の大きさは変化しない．しかし，カニ類では成熟しても生長が続く場合が多い．ハクセンシオマネキにしても，そう

である．カギと鍵穴の関係としても，うんと大きなメスと小さなオス，あるいはその反対の組み合わせでは一体どうなるのであろうか．節足動物であるカニ類のペニスにはもちろん勃起ということはない．大きさを変化させることは不可能なのである．うまく交尾できるのであろうか．

　私が準備した処女メスは，室内で飼育して育てたのであるから，まだ小さかった．しかし，巨大なオスに招かれたこともあった．その場合でも，ちゃんと交尾をしていたのである．体の大きさがずいぶんと違っても，交尾には支障がないらしい．これは，カギと鍵穴の関係からして，おかしなことに思われた．大きなカギを小さな鍵穴に入れることはできないはずだし，その反対ももちろんうまくいかないはずである．

　それで，体の大きさと交尾器の大きさの関係を調べてみた．大型のオスでは確かにペニスは太く，長くなっている．体に比例して大きいのである．しかし，先端部は違う．先端部に関しては変化が至って少ない．体が大きくなっても，比例して大きくはならないのである．メスの場合も同様で，やはり体が大きくなっても，生殖口はほとんど同じで，広くなっていないのであった．こうしたしくみのお陰で，たとえ体の大きさが相当に異なっているとしても，支障無く交尾できることを突き止めることができた．

　容積は長さの3乗に比例するから，ハクセンシオマネキの甲の目方は甲幅の3乗に比例して重くなる．しかし，巨大ハサミは前述のように4乗に比例する．小型の個体ではまだそれほど大きくはないけど，大型個体になると巨大ハサミは一層重く，一層長く，目立つようになる．しかし，巨大であればあるほどメスを招くのに有利かというと，そうでもない．以前にNHKが，ハクセンシオマネキを用いた番組を企画したことがあった．本物のハクセンシオマネキの巨大ハサミよりもずっと大きな人工巨大ハサミを，つくってもってきたのである．NHKのスタッフは，巨大であればあるほど，メスには魅力的であるに違いないと考え，これを動かすと周辺のメスが皆招き寄せられるだろう，というのであった．筆者は，そのような

ことは絶対にない，むだだと力説したけど，彼らは聞き入れなかった．

果たして結果は筆者の予想通り，人工巨大ハサミはメスにとって魅力あるものではなかった．人工巨大ハサミは外敵，危険物と警戒されて，メスたちは驚いて巣孔に逃げ込み，招かれるどころではなかったのである．ハクセンシオマネキは自分たちよりも大きく，かつ動く物体は，外敵と判断して逃避するようである．

ただし，ハクセンシオマネキは，相手が動かなければ問題視しない．そこが，ヒトとまるで違うところである．ハクセンシオマネキにとって，すぐ近くで観察しているヒトは，山か超高層ビルくらいに巨大なはずである．しかし，じっとしている限り，警戒されない．最初は巣孔に逃げ込むが，人間の側がじっとしていると，やがて出てきて，何事もないかのように色々な活動を展開する．ハクセンシオマネキたちは，動かない物は危険ではなく，自分たちと同じ大きさの動く物は仲間であり，より大きな動く物は外敵といったきわめて単純な判断基準のもとに行動している．仲間であっても，隣接して生息している個体は，警戒されず，侵入個体は追い払いの対象になる．

ところで，前述のように，求愛メスは，オスの巣孔に招き入れられるが，すぐに出てきてしまい，別のオスの巣孔に入るのであった．その動作を10回くらい繰り返している．最後に選ばれたオスは特別に立派で巨大なハサミの持ち主かというとそうではない．多くの場合，ごく普通の，格別のこともないオスなのである．ある程度大きければ，もうそれで十分ということらしい．ハサミが巨大なオスほど求愛メスにとって魅力的というはっきりした傾向はハクセンシオマネキでは見られない．

そうしたことはあるとしても，ハクセンシオマネキのオスは巨大ハサミを用いて求愛ダンスをしており，そのダンスにメスが誘引されていることを明らかにすることはできた．しかし，求愛ダンスをしないシオマネキ類もいる．ヒメシオマネキでは，オスは求愛ダンスをしない．巨大ハサミはオス同士の挨拶行動に用いられている．オスが接近すると，巨大ハサミで互いに押し合うのである．そして，

すぐに離れる．ハクセンシオマネキではそれぞれの個体は自分の占有地内で食事をしている．しかし，ヒメシオマネキではかなり事情が異なっている．それぞれの個体は満潮時であるとか夜間には巣孔に入っている．その点ではハクセンシオマネキと同じである．しかし，占有地を保持していない．大部分の個体は，潮が引くと，一時的に巣孔の周囲でなかよく食事をしているが，やがて巣孔を放棄して，干潟の下部へと移動をする．移動距離は15mを超えることもある．干潟の下部にはまだ水が溜まっている場所とか，流れている川があったりするが，水中にも入っていく．そして，盛んに食事をしている．その際に多数が集まり，数百個体が集団になっていることもある．ヒメシオマネキの場合には，巣孔は，条件が悪い時に身を隠す場所なのである．食事は別の場所に出張して行う．また，巣孔の持ち主は決まってはいない．潮が満ちてくると，干潟上方の巣孔域へと移動し，やがて巣孔に入るが，もとの巣孔に戻るのではない．空いている巣孔を見つけて適当に入るのである．ヒメシオマネキは，かなり広い範囲を動きまわっているので，個体同士が接近することが頻繁にある．オスたちは巨大ハサミを突き合わせる挨拶行動をしばしば行う．それは儀式化された闘争行動である．突き合わせるとすぐに分かれてしまうので，本当の闘争にまで発展することは少ない．平和的に接近するための儀式になっている．巨大ハサミを噛み合わせた本格的な闘争をすることもあるが，稀である．ヒトが握手をする時に互いに右手を差し出すように，突き合わせる巨大ハサミは同じ側にある方が具合がよい．ヒメシオマネキでは右大個体がほとんどなのは，そうした事情があるからだと思われる．

　巨大ハサミを求愛ダンスに用いない種が存在しているのであるから，性淘汰の結果としてシオマネキ類で巨大なハサミが発達したと考えるのは早急ということになる．シオマネキ類の祖先の原シオマネキでは，オスのハサミは現在のものほどには巨大ではなかったが，2本ともに大きかったのではないだろうか．1本を脱落させて小さくするしくみが偶然に生じて，食事上の困難がなくなった．そうなると，もう一方はどれほど大きくても，構わなくなる．それで，

求愛ダンスに用いたり，挨拶行動に用いたりするようになった．そしてより巨大なものにした．こういうことなのだと思う．メスがより巨大なハサミをもったオスを選んだから，巨大化が進んだのではなく，1本を小ハサミ化することができたので，もう一方を色々な用途に使用できることになり，発達したということになる．ハクセンシオマネキでは確かに求愛に役に立つけど，種ごとに巨大ハサミの用途はそれぞれに異なるのである．発音の道具として用いている種もある．世界最大種のシオマネキの *Uca tangeri* のオスは，求愛ダンスを行うが，一方で楽器として巨大ハサミを用いる．北アメリカ東岸のシオマネキの一種 *Uca pugilator* も発音をしている．巨大ハサミで底質を叩き，音を出して求愛の合図をする．*Uca tangeri* も *Uca pugilator* も昼間だけではなく，夜間にも活動する．その場合，音による合図は効果的であり，巨大ハサミが役に立つのである．

表面交尾と交尾様式の謎

　ところで，ハクセンシオマネキには，求愛ダンスによらない交尾行動がある．その交尾様式は表面様式と呼ばれている．求愛ダンスは必要がない．オスは，近くにいるメスのところへ自分の方から出かけていく．オスが近づくと，メスは自分の巣孔に逃げ込む．オスはその巣孔に歩脚を差し入れて細かく震わせるのである．それが刺激になって，やがてメスが出てくる．そして，巣孔の入り口のところで抱き合って交尾する．この様式の場合，メスを選ぶのはオスである．求愛ダンスによる交尾は巣孔内で行われるので，筆者は巣孔内交尾と呼ぶことにしている．そちらの場合には，相手を選ぶのはメスである．表面交尾では選ぶのはオスなので，まったく逆になる．しかも，メスを招く必要がないので，巨大ハサミは不必要である．闘争によって巨大ハサミを脱落させたオスでも交尾することが可能である．巣孔内交尾と表面交尾とどっちが多いかというと，表面交尾の方がはるかに多い．正確なところはわからないけど，10倍か，それ以上ではないかと思う．それでは，一体何のために巣孔内交尾をしているのであろうか．それに，2通りの交尾様式があるのも奇

妙なことである．

　巣孔内交尾をすると，メスは産卵をする．オスの巣孔の中で交尾をし，さらに産卵をする．求愛メスでは卵巣が発達していて，すぐに産卵できる状態になっている．メスが産卵すると，次の日にオスは出ていってしまう．自分の巣孔をメスに譲り渡すということになる．オスが出てしまうと，メスはすぐに入り口を閉ざして，卵が孵化するまで中にこもっている．シオマネキ類では卵巣から出てきた卵は受精嚢のところを通過して産み出される．通過する時に受精が行われるのである．その際に，もっとも新しい精子が用いられると説明されている．巣孔の中で交尾をして，それから産卵するのであるから，巣孔の持ち主で，メスを招き入れたオスの精子が用いられることになる．オスはメスに自分の巣孔を譲り渡すのであるが，メスが産むのは全部自分の子供というわけである．巣孔を失うという代価を払う価値は十分にあるといえよう．表面交尾の場合には，メスは特定のオスだけと交尾しているとは限らない．付近にいる何個体ものオスから求愛されてそれぞれに交尾するのが普通である．もっとも新しい精子が受精に用いられるのであるから，それ以前にした交尾はすべて意味がないことになる．ところで，求愛メスは，ほとんどの場合，すでに交尾をしているのである．表面交尾によって精子を受精嚢に蓄えているのに，自分の巣孔を捨てて，オスに誘われて，そのオスの巣孔の中で交尾をするのである．

　オスの巣孔は奥の部分がメスのものよりも幅広くなっていて，容積も大きい．求愛メスは，産卵後に，オスからその巣孔をもらうので，大きな巣孔の持ち主になれる．ただ，巣孔が大きいと本当に具合がよいのかどうかは問題である．大きな巣孔は広くて快適かもしれないが，一方では壊れやすいという危険性があるように思える．すべてのメスが求愛メスになってオスの大きな巣孔を譲り受けているのなら，説明は簡単であるけれど，実際にはそうなっていない．卵を抱いているメスを多数掘り出して調べてみると，およそ半数は幅広い大きな巣孔にいる．これらは，オスから巣孔をもらったものである．しかし，別の半数は幅が狭く容積も小さい巣孔にいた．明

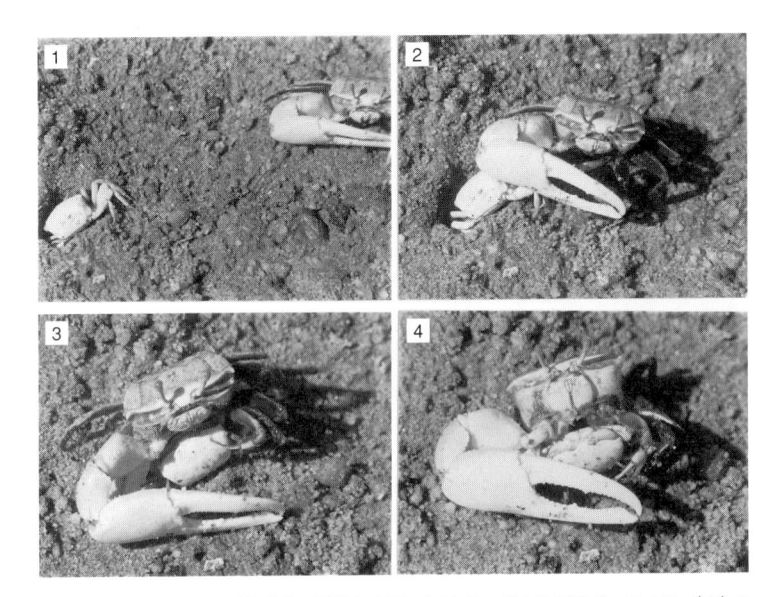

図4 表面交尾（組み写真）求愛の開始と交尾：（1）オスがメスに近づいてくる．（2）メスは巣孔に逃げ込むがオスに誘い出される．オスは歩脚の先端を震動させて刺激する．（3）オスは小ハサミでメスの甲をつまんだりして刺激する．巨大ハサミはまったく用いられない．（4）抱き合って一定の姿勢で交尾している．

らかにメス自体の巣孔の中にいたのである．つまり，メスの半数は求愛メスにはならないのである．それらは，自分の巣孔で産卵して，孵化するまで保護している．容積が大きいオスの巣孔の方が本当に都合がよいのであれば，当然に，どのメスもオスの巣孔へと移動するようになっているはずである．利益があるのなら，自然選択の結果として，そういうふうになるに違いない．しかし，実際にはそうではない．求愛ダンスによって求愛メスを自分の巣孔へと招き入れたオスは，自分の子供を産ませることに成功するので，それなりに利益があるに違いない．しかし，メスの方からすると，どのオスであっても構わないのである．求愛メスが必ずしも巨大ハサミが立派なオスを選んではいないことはすでに述べた．自分の子供がうまく育つことは重要であるけど，メスの立場からは，その父親のことはそれほど問題にならないと思われる．自分の卵が受精卵として産み出されれば，それで十分なのかもしれない．とにかく，シオマネキ

類の交尾行動は単純ではない．表面交尾と巣孔内交尾の2つの基本的様式があることが色々な種で確認されている．ただ，種ごとに変異がある．巣孔内交尾を行う場合でも，つねに巨大ハサミで招くとは限らない．甲の背中でメスを押して，自分の巣孔に押し込んでいる種もある．

どうして，2つの様式をもつようになったのであろうか．2つの様式があれば，とにかく交尾のチャンスは増えることになる．メスは確実に受精卵を産めることになるだろう．しかし，何回も何回も交尾をする必要があるのだろうか．産卵回数がきわめて多いのならともかく，ハクセンシオマネキの場合には生殖期に2回産むだけなのである．最初の産卵の後にメスを捕まえて，飼育して，室内で第2回目の産卵をさせてみると，受精卵を産んでいる．第2回目の産卵のために改めて交尾する必要はない．つまり，1回交尾すればもう十分なのである．にもかかわらず，何回も何回も交尾しているのはなぜなのだろうか．何回も交尾をしても，そのことで格別困ることもないのであろうけど．

長い寿命

ハクセンシオマネキは性的に成熟するのに，メスの場合には2年を要する．2年目に産卵を開始するが，その年は1回しか産卵しない．生殖期に2回産卵するのは，3年目からである．成熟が遅いのは成長が悪いためである．生息地の表面底質に含まれている食物は量的に乏しいので，どうしても生長が遅い．その替わりに，寿命は長い．運がよければ7年から10年生きるであろう．もちろん，10年も生きるのはごくごく少数であるが，カニ類としては相当に長命といえると思う．

ところで，カニ類の年齢を知るのはかなり困難である．寿命とか年齢構成がきちんと把握されている種はごく少数である．昆虫の場合には，成虫になるともう脱皮はしない．大型の昆虫なら標識を取り付ければ，個体識別ができて，寿命を調べるのに具合がよい．しかし，カニ類の場合には，成熟後にも，脱皮を繰り返して生長する

種が多い．そのために，長期間標識をつけておくことができない．大型の個体は高齢の個体ということになるけど，大きさと年齢の関係がはっきりしない限り，大きさから年齢を知ることはできない．ハクセンシオマネキの場合には，生後０～１年目の個体は小さいから，他の年齢のものと混同することはない．１～２年目のものもかなり小さいので，区別が可能である．２年目を超えた個体ではやっかいである．年齢が進んでも，あまり大きくならないのである．２年目，３年目の個体はともかく，それ以上の高齢個体では脱皮はしても，生長量が小さい．２年目以上の個体をそれぞれの年齢に応じてきちんと区別することはできない．多数採集して，大きさ（甲幅あるいは甲長）を測定し，ヒストグラムを描くと，０～１年目，０～２年目の個体の山は分離ができるが，２年目以降になると，山が重なり合い，うまく分離することはできない．図５にその例を示した．２年目，３年目の個体に比較して，６年目，７年目の個体はもちろん大きいのであるが，各年齢群をきちんと区別することはできないのである．区別できるなら，寿命とか生長とかを調べることができるのであるが，不可能になってしまう．

　年齢を調べる方法はないわけではない．それは，飼育することである．年齢が判明しているものを飼育して観察を続けるなら，生長も生存率（死亡率）も寿命も明らかにすることができるはずである．ただし，飼育環境は自然に近いものでなければならない．あまりにも人為的な条件下だと，参考資料は得られても，真実を知ることはできない．筆者は，一大決心をして，それを行った．もっとも，飼育ではない．ケージへの収容である．ハクセンシオマネキが生息している干潟に縦横90cmの，木材でつくり，網戸用のネットを張ったケージを設置して，大きさがわかっている個体を収容した．収容する密度は自然状態になるべく近くして，過密でも過疎でもないようにした．ケージ設置に先だって，設置予定場所に生息しているハクセンシオマネキたちを入念に掘り出した．ケージは合計して44個であった．掘ったハクセンシオマネキたちは大きさを測定してから，１個体ずつビーカーに入れた．44個の設置が終了してから，ビ

ーカーのカニをケージへ入れたのであるが，その際に大きさを揃えたのである．たとえば，あるケージには甲幅16mmのものを入れ，別のケージには13mmのものを入れるという具合である．自然状態における密度に近いように配慮して収容した．そして，1年後に掘り出して，生存している個体数，体長を調べたのであった．その結果，年間死亡率はおよそ20％という結果が得られた．大型個体で死亡率が高くなる傾向はないことが明らかになった．ケージ収容ではなく，別の方法で調べた死亡率はやや高く，およそ30％であった．その中間値を取って毎年25％が死亡すると仮定して計算すると，最初に1000個体いたものが，5年後には237個体になる．7年後には133個体生存していることになる．10年後には56個体になっている．本当にそうなのであろうか．

　自然状態で，この計算の通りになるかどうかは，かなり問題である．環境が安定した広い生息地でないと，長期生存は困難ではないだろうか．小さな生息地ではどうしても環境が不安定であるから，寿命にも影響していることであろう．そうしたことはともかくとして，運がよければ10年以上生きる個体がごく少数ではあるが，いるという結果になった．筆者はペットとして室内で数十個体を継続し

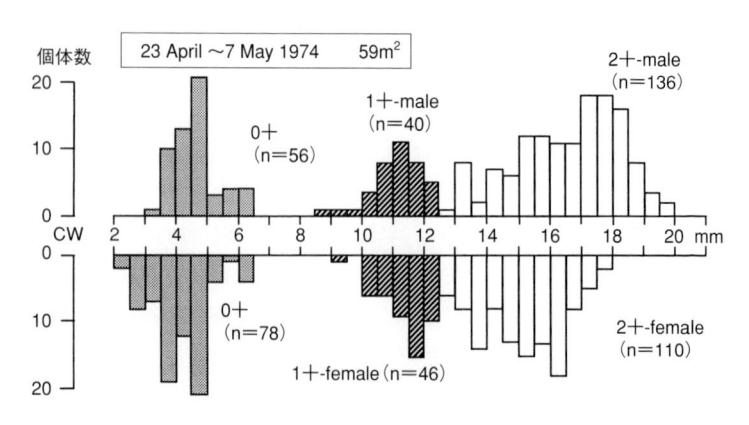

図5　ヒストグラム：横軸に甲幅（甲の最大幅）を示し，どれだけの個体がいるかを調べた．場所は熊本県の天草である．2年目以降の個体はそれぞれの年齢群のヤマが重なり合ってしまって，年齢ごとに区別することができない．

て飼育していたが，採集した時に2歳であったメスの中に10年生きたものがいた．12歳で死亡したことになる．

　なお，この数値はハクセンシオマネキに関したもので，他のシオマネキにそのままに当てはめることはできない．ハクセンシオマネキの場合にははっきりした天敵がいない．アメリカ産のシオマネキ類では鳥がさかんに捕食していると報告されているが，ハクセンシオマネキでは鳥は主要な捕食者ではない．そのためか，上からの刺激にはまるで鈍感で，物を投げ落としても逃げる行動が見られない．確実な捕食者はヒメアシハラガニであるが，このカニは泥っぽいところを好んでおり，通常のハクセンシオマネキの生息地では稀である．最初に触れたシオマネキ *Uca arcuata* でも寿命はやや長く，5年以上生きる個体がいることがわかっている．しかし，アメリカ産のシオマネキ類の場合には，ハクセンシオマネキ同様の長い寿命を保つのは，難しいのではないだろうか．

8章
コメツキガニやシオマネキの仲間に見られる2つの交尾行動

古賀庸憲

地下交尾と地表交尾——なぜ2つあるのか?

　干潟にはシオマネキの仲間を始めコメツキガニ,チゴガニ,スナガニ,オサガニの仲間といった,様々なグループのカニが生息する.このカニたちの交尾行動は種によって様々ではあるものの,大きく2つにまとめることができる.それは干潟に掘った巣穴の中で行われる地下交尾と,干潟の表面で行われる地表交尾である.どちらか片方の交尾を行う種もいれば,両方の交尾を行う種もいる.たとえば,日本においては,チゴガニ *Ilyoplax pusilla* は地下交尾だけを行うが,シオマネキ *Uca arcuata* は地表交尾だけを行うようである.ハクセンシオマネキ *Uca lactea* やオキナワハクセンシオマネキ *Uca perplexa*,コメツキガニ *Scopimera globosa*,ヤマトオサガニ *Macrophthalmus japonicus* などは両方の交尾を行うようだ.世界に目を拡げてみても,両方の交尾を行う種は結構たくさんいる.交尾行動は,それぞれの種で1つのやり方があればそれで十分なように思えるのに,なぜ2つの異なるやり方が存在するのか? この疑問を解き明かすのがこの章の目的である.そのために,2つの交尾行動の特徴,カニの仲間における受精のしくみを紹介し,それぞれの交尾にどのようなコスト(それを行うためにどんな負担が強いられるか.たとえば時間やエネルギーなど)と利益(それを行うことでどんなよいことがあるか.交尾行動ではどれだけ自分の子孫を残せるか)があるかを示していく.「コスト」と「利益」は人間社会の経済現象を理解するキーワードであるが,動物の行動や生態を理解する上でもきわめて重要なキーワードである.以上は,主に種内における事情であるが,生物の世界においては種間関係も重要であり,その中でも食う・食われるの関係(とくに食べられる危険性)はもっとも重要な物の1つである.そこで最後に,捕食者の存在がカニの2つの交尾行動の割合を変化させる例を紹介する.

2つの交尾行動の特徴

1. 様々な地下交尾―場所はオスの巣穴？ メスの巣穴？

　それぞれの交尾がどのような手順で行われるかを記す．まず地下交尾では，多くの種においてオスはオスのみがもつ立派で目立つハサミ脚（鉗脚）を上下あるいは上下左右に動かしたり，それに合わせて美しい色の体を上下させたり（"ウェイビング"という）してメスに求愛し，メスがその気になるとオスの巣穴に招き入れる[1]．そして，メスがそのオスか巣穴，あるいはその両方を気に入って，その巣穴に留まることになれば，オスが巣穴の入口を閉じ，閉じた巣穴の中で交尾した後メスは産卵する．メスの産卵後オスは，巣穴から出ていき，残されたメスは卵が孵化するまで腹部に抱卵し地上にはほとんど出てこない．1回に産む卵の量が多いので，メスが腹部に卵を抱いたまま地上で活動するのは困難である．交尾後すぐに産卵するので（数時間〜2,3日），地下交尾を行うメスのほとんどすべてが，卵巣の十分発達したメスである[2]．もし，卵巣の発達していないメスがオスの巣穴に入ってしまうと，産卵するまで長い時間が必要となり，その間オスメスともに食事ができなくなるので，その後の繁殖活動に悪影響が生じるだろう．交尾ペアの体サイズは大抵オスの方が大きい．ハクセンシオマネキやオキナワハクセンシオマネキ，新大陸に分布する多くのシオマネキ類などではそのようである．このグループのオスのウェイビングには華麗なものが多い．

　コメツキガニでは巣穴でペアになるまでの行動が違ってくる．オスはメスと同様にまわりの砂の色とよく似た保護色の体をもち，ハサミ脚も目立つわけではない．そのせいか，オスはウェイビングでメスの気を引いてオスの巣穴にきてもらうのではなく，直接メスを捕まえて自分の巣穴に運び込むという，一見乱暴なやり方でペアになる[3,4]．しかし，ウェイビングをしないわけではなく，他の種と

---

[1] Crane (1975)
[2] Murai, Goshima & Henmi (1987)

同様,繁殖期にはウェイビングが観察される[5].そのため,コメツキガニのウェイビングは地下交尾と直接関係しないものの,周囲のオスへの威嚇効果や,その後交尾相手になる可能性のあるメスに対しての宣伝効果をもっている可能性がある.私は以前,博多湾の和白干潟に置いた野外ケージの中に,オスを入れ,オスが巣穴を掘って地下交尾可能な状態になった後に,メスをケージ内に放す実験を行った.メスがウェイビングしているオスに気がついてから,そのオスにさらに近づき地下交尾に至った場合,それらのメスはすべてすぐに産卵した.それに対し,ウェイビングしているオスから逃げようとしたのに,オスに捕まり巣穴に運び込まれた場合,それらのメスは産卵しなかった.つまり,産卵の準備のできたメスはウェイビングオスに引き寄せられて地下交尾を行ったのに対し,産卵の準備のできていないメスはウェイビングオスを避けたわけである.したがって,コメツキガニのオスのウェイビングは,少なくともメスへのシグナルの役割をもっていることがわかる.ハクセンシオマネキなどと同様に,メスの産卵後にはオスがメスに巣穴を譲って出ていき,残されたメスがそこで抱卵する.1回の産卵量はやはり多く,メスは抱卵中にはほとんど地上に現れず巣穴の中でじっとしている[6].地下交尾を行うメスの甲羅内は,成熟卵がぎっしり詰まっていて,産卵後には甲羅内がガラガラになってしまう.その状態は卵の孵化後,地上で摂食を再開するまで続く(2週間以上).交尾ペアの体サイズはつねにオスの方が大きい.メスがオスと同じサイズまたはメスがオスより大きい場合には,オスに抱えられたメスの体が巣穴の入口で引っかかってしまい,なかなか巣穴に入りきれない.そうこうするうちに近くから別のもっと大きなオスがやって来て,メスを奪い去ってしまう[7].

　これら以外にも様々な地下交尾が存在する.たとえば,タイのプ

---

[3] Yamaguchi, Noguchi & Ogawara (1979)
[4] Wada (1981)
[5] Moriito & Wada (1997)
[6] Henmi & Kaneto (1989)
[7] Koga & Murai (1997)

ーケット島のルリマダラシオマネキ *Uca tetragonon* では，オスの巣穴でペアになるまでの行動はハクセンシオマネキと似ているが，メスの産卵後には，オスが巣穴に残りメスを追い出してしまう．産みたての卵を抱えたメスは自力で新しい巣穴を確保せざるを得ない．なんて利己的なオス！　と思われそうだが（確かにそうかもしれないが），これにはわけがある．メスの1回の産卵量は少なく，抱卵が活動の妨げにほとんどならないので，メスは抱卵中でも地上で摂食を行う．そのため，腹部に抱いている卵の発生の進行とともに，体内では次の産卵の準備も進む．そして，抱いている卵が孵化すると，すぐに新しい卵を産めるのである．つまり，ハクセンシオマネキやコメツキガニのメスと違って抱卵中でも地上で活動するので，巣穴から追い出されてもそれほど困らないのだろう．交尾ペアの体サイズは大抵オスの方が大きい[8]．

ところが，このルリマダラシオマネキではもう1つ別のやり方での地下交尾も行われる．オスはハサミ脚などをふらずにメスの巣穴を訪れ，入口上でオスを威嚇するメスをなだめて，メスと一緒に巣穴に入ってしまうのである．つまり，通い婚みたいなもので，オスの巣穴ではなくメスの巣穴で地下交尾するわけだ．おもしろいことにこのやり方では，オスの巣穴での地下交尾とは逆に，メスの産卵後にオスが巣穴を出ていくことが多い．しかしこの場合，交尾ペアの体サイズはメスが大きいのである．したがって，オス・メスどちらの巣穴で地下交尾が行われても，メスの産卵後その巣穴に留まることができる個体は，もとの巣穴の持ち主であることが多いのである．そうなる理由は，巣穴の持ち主が居候個体より体が大きくてけんかに強いからであろう．また，この種のオスは体色こそきわめて派手なものの（しかしメスも同じく派手），ハサミ脚を使ったダンスはそれほど華麗ではなく，見た目にちょっとぎこちない．

マレーシアのクアラルンプール近郊の泥深い河口干潟で調査したシオマネキ類の一種，*Uca paradussumieri* では，すべての地下交尾

---

[8] Koga, Murai, Goshima, & Poovachiranon (2000)

と産卵がメスの巣穴で行われる[9]．カニたちはオス・メス入り交じって干潟に巣穴をもっており，多くのメスは約2週間の半月周期ごとに産卵する．この種のメスもルリマダラシオマネキと同様，腹部に抱いた卵が孵化すると，すぐに次の卵を産む．産卵日はメス間でかなり同調しており，新月または満月の大潮の期間が終わる頃からの4～5日間である．オスは普段は巣穴を変えることが少ないが，産卵期間になるとそれ以前とは行動が一変し，自分の巣穴を放棄してその日産卵することになっているメスの巣穴を渡り歩く．多くのメスは産卵当日にだけ巣穴の中へのオスの訪問を許すのである．そしてメスに受け入れられたオスは，まずメスの巣穴の上に陣取って，潮が満ちてくるまで他のオスの侵入を防ごうとする．ところが，しばしば他のオスによる乗っ取りが起こり，せっかく先にメスの巣穴に入れても交尾できないこともある．それでも多くの場合，最初にメスに受け入れられたオスは，他のオスによる攻撃を上手にかわしてメスとその巣穴の防衛に成功した．潮が満ちてくると巣穴を閉じてオス・メス一緒にすごし（たぶんそれから交尾が行われ），翌日潮が引くとオスは巣穴を出ていき，メスは産みたての卵を腹に抱えている．そして，オスは再びその日産卵するメスを探し求めて，そのメスとメスの巣穴を他のオスから防衛するのである．1回の産卵期間（半月周期）の中で，3個体のメスとの地下交尾に成功したオスがいた．一体どうやってオスたちがまわりのメスの産卵日を知るのか，不思議である．この種のオスの体色はメスと同様に泥と同じ色をしており（体中泥まみれであることもあり，個体識別のためにつけた背甲のマーキングが見えにくいことがしばしばあった），決してきれいとはいえない．しかも，大きなハサミ脚を使ったダンスもほとんどしない．大きなハサミ脚は求愛のためではなく，もっぱら威嚇と闘争のために用いられるが，捕食者から身を守るのにも役立っているようだ（後述）．

　このように，種によって，あるいは種内においてさえバリエーシ

---

[9] Koga, Murai, & Yong (1999)

ョンの大きな地下交尾であるが，すべてに共通する特徴がある．それは交尾後，メスが産卵するまでオスがそばにいて，他のオスからガードすることである．その理由は，精子競争の項で説明する．

2. もう1つの交尾，地表交尾

地表交尾は地下交尾と比べると，種間または種内におけるバリエーションが小さそうだ．例として，ルリマダラシオマネキと *Uca paradussumieri* について記す．地表交尾はメスの巣穴の入口上で行われる．相手の多くは近隣に巣穴をもつオスである．これら2種とも，地下交尾を行うためにオスがメスに近づく際，ハクセンシオマネキと同様（山口氏の章を参照）ウェイビングはほとんど行われない．しかし，メスはオスが近づいてきても巣穴内に退くことは稀で，多くの場合巣穴入口上に留まり，オスを威嚇する（ハクセンシオマネキのメスはここで巣穴に退くのだが）．それでも近づいてくると，オスに背中を向けて後ろ向きに押し返そうとする．それでもあきらめなかったオスはメスの甲羅などを歩脚でなでてメスをなだめ，メスが受け入れ可能な状態になると交尾を行う[8,9]．交尾が終わってしまうとオスはさっさと自分の巣穴へと戻り，摂食活動や他のメスへの求愛などを再開する．ところが，ほんのしばらく（数分間）とはいえ巣穴を留守にするために，交尾が終わって戻ってみると他の個体がちゃっかり巣穴を占拠していて，放浪を余儀なくされることもある．

地下交尾に先立ちウェイビングを行わないコメツキガニでは，地表交尾でもウェイビングを行わず，しかも，地表交尾に先立ちオスがメスをなだめるような求愛も行わない．オスはメスと出会うとすっとメスの鉗脚をつかんで，メスが拒否しなければすぐにメスの腹の下に潜り込んで交尾を行う[3,4]．シオマネキ類と比べると，なんとも情緒に欠けるように思われるが，本種の地下交尾と同様にオス・メスとも決断が早いだけなのかもしれない．

また，いずれの種にも共通するのだが，交尾後のメスは主に摂食活動を再開し，すぐに産卵することはほとんどない．産卵までに他

のオスと再交尾することもある．すなわち，地表交尾は地下交尾とは異なり，産卵の準備ができていなくても，いつでもできるのである．

精子競争――誰が卵の父親か？

1．精子競争とは？

　動物のメスの中には，1回の産卵または産仔のために複数のオスと交尾するものが多い．そうすると異なるオスの精子間で，卵の受精を巡る競争が生じる．たとえばネコは1回に数匹の仔猫を産むが，その中に毛の模様などから明らかに2匹以上のオスの子が含まれていることがある．この場合，2匹以上のオスが1匹のメスを巡って競争したことになる．もしかすると，交尾はしたものの子を残せなかったオスもいるかもしれない．ネコに限らず様々な動物のメスでは，どのオスと交尾して産仔しようと，産まれてきた子は確実に自分の子である（よいオスを父親にすることにより，子に遺伝的な恩恵がもたらされることがあり，よいオスを選ぶことも重要ではあるが）．しかし，オスの場合は，オス間の競争に負けて交尾できないと自分の子孫をまったく残せない．また，交尾はしても自分の精子で確実に受精できるようにフォローしないと，別のオスの精子で受精されてしまうかもしれない．

　それではカニの場合，どうすればオスは確実に自分の子を残せるのだろうか？　それを知るためには，まず，カニの仲間における受精のしくみを知る必要がある．オスの精子は交尾によりメスの体内に入ると，交尾嚢という袋状の器官に蓄えられる（図1）．後から別のオスの精子が入ってくると，先に交尾したオスの精子は交尾嚢の奥に押し込まれ，後に交尾したオスの精子が交尾嚢の入口付近を占める．卵はメスの卵巣から出ると，交尾嚢に蓄えられていた精子と出会って受精し，それから生殖孔を通って外に出る（図1）．そのため，卵巣と交尾嚢の位置関係がどうなっているかによって，どのオスの精子が受精に用いられるかが決まる．その位置関係は分類群（種のグループ）によって決まっている．イワガニやスナガニ，一部のクモガニ等の仲間では，卵巣が交尾嚢の基部につながっ

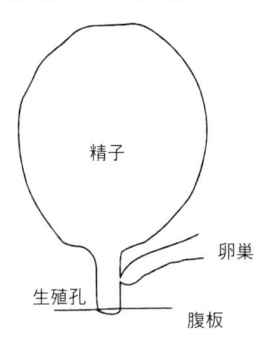

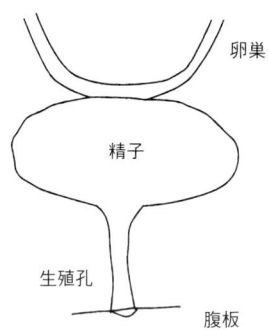

(a) 腹面タイプの受精嚢の1例　　　(b) 背面タイプの受精嚢の1例

図1　メスの交尾嚢の模式図．複数オスの精子が交尾嚢内に貯蔵される場合，腹面タイプでは最後に交尾したオスの精子が，背面タイプでは最初に交尾したオスの精子が，卵の受精に有利だと考えられる．（古賀，1995）

ているので，卵巣から出てきた卵は最後に交尾したオスの精子と出会う（図1a）．つまり，最後に交尾したオスの精子で受精する．それに対し，別のグループのクモガニやワタリガニ，イチョウガニ等の仲間では，卵巣が交尾嚢の奥部につながっているので，卵巣から出てきた卵はまず最初に交尾したオスの精子と出会う（図1b）．つまり，最初に交尾したオスの精子で受精する．

2．交尾後ガード（地下交尾）vs. ガードなし（地表交尾）

　カニのオスは自分の精子が卵の受精に有利になるような順番で交尾をすればよい．そのために，他のオスが自分よりいいタイミングで交尾できないように，メスをガードする．これは配偶者ガードと呼ばれるが，さらに，いつガードするかによって交尾前ガードと交尾後ガードに分けられる．ワタリガニの仲間のオスは，メスにとって自分が最初の交尾オスになるように，メスが交尾可能になる前からガードする．これが交尾前ガードである．メスは脱皮直後の体の柔らかいときにだけ交尾可能になるので，脱皮の時期が近づくとフェロモンを出してオスに知らせ交尾するわけだが，そうすることによりメスにとっては，脱皮後の危険な時期を強大なオスに守られることにもなっている．海中で生活するカニでは，これと同じような

やり方で子孫を残している種が多い．それに対し，スナガニの仲間のオスでは，メスにとって自分が産卵前の最後の交尾オスになるように，交尾したあと産卵するまでメスをガードする．これが交尾後ガードである．

それでは，スナガニ類の2つの交尾行動のうち，どちらが交尾後ガードを伴うタイプだろうか？　地下交尾では，入口を閉じた巣穴の中で交尾してその後産卵が行われるので，これが交尾後ガードにあたる．交尾から産卵までの間に他のオスによる妨害はほとんど不可能である．閉じた巣穴内での行動は観察不可能なので，「巣穴の中で交尾している」かどうかは長い間謎だったが，私と共同研究者はコメツキガニを使ってそれを確かめた[10]．実験に使う一部のオスに放射線を照射し，精子のDNAだけを破壊（不妊化）してメスと交尾させた．つまり，照射オスの精子で受精した卵は発生が途中で停止してしまうのに対し，非照射オスの精子で受精した卵は正常に発生して幼生になるのである．最初に室内で照射オスと交尾し，そのあと非照射オスの巣穴に入れられて産卵したメスの卵は，ほぼすべてが正常に発生した．それに対し，非照射オスと交尾した後，照射オスの巣穴に入れられて産卵したメスの卵は，すべて途中で発生が止まってしまった．これらの結果から，閉じられて外からは見えない巣穴の中で，交尾と受精が行われていることと，最後に交尾したオスの精子で卵が受精していることが証明された．またこの結果は，交尾嚢と卵巣との位置関係からの予測と一致している．

したがって，地下交尾では交尾後メスが産卵するまでガードすることにより，交尾オスは自分の精子で卵を確実に受精できるので，地下交尾は父性の確実な交尾タイプであることがわかる．それに対し，地表交尾では，交尾後オスはメスをガードしないので，そのメスは産卵までに別のオスと再交尾することがある．その場合は，最初に地表交尾したオスの精子は卵の受精には使われなくなってしまう．地表交尾は父性が確実ではない交尾タイプということになる．

---

[10] 古賀（1995）

それではなぜ，すべてのオスが父性の確実な地下交尾を行わないのだろう？　なぜ，地表交尾が行われるのか？　その理由を次節で説明する．

利益とコスト―それぞれの交尾の損得は？

1. コスト―交尾するためにどれだけ苦労するか

コメツキガニのオスが，地下交尾・地表交尾のそれぞれを行うことのコストと利益を表にまとめてみた（表1）．ここではまず，コストについて紹介する．オスが地下交尾を行うためにメスをつかまえて巣穴に運び込もうとすると，まわりのオスから妨害を受けることがよくある．その場合，相手のオスを撃退してメスを守り抜き，無事交尾に成功することもあるが，相手のオスにメスを横取りされたり，あるいは争っている間にメスの気が変わって（？）逃げられたりすることもある．博多湾の和白干潟において自然条件下で観察したところ，メスがオスに捕まった後（メスが地下交尾を受け入れる状態になった後），全体の約半分（48%）のケースで周囲のオスによる妨害が見られた．そして，妨害が起こった場合，相手のオスの方が体が大きいと闘いに負けることが多かった．妨害を受けても交尾に成功する確率は52%であった．また，メスを無事に巣穴の入口まで連れて行くことができても，巣穴が小さいとメスの体が引っかかり巣穴に入れることができない．それでもたもたしていると，まわりからオスが妨害にやってきたりメスの気が変わったりして交

表1．コメツキガニにおける地下交尾と地表交尾の経済性

コストまたは利益に関する項目	地下交尾	地表交尾
周囲のオスによる妨害を受けた確率(%)[*]	48%	24%
被妨害後の交尾成功率(%)[*]	52%	7%
所要時間[**]	数時間〜数日	1分前後
巣穴域で観察した交尾数（1時間当たり）[***]	0.91	0.46
含水域で観察した交尾数（1時間当たり）[***]	0.20	2.35
一定期間内に産卵したメスの数[**]	25	6
交尾を試みたオス1個体が受精させた平均卵数[**]	2900	740

出典：[*] Koga & Murai (1997), [**] Koga (1998), [***] Koga (1995).

尾に成功しない．オスが自らあきらめることもある．体の大きいオスが大きい巣穴をもつ傾向がある．したがって，地下交尾に成功するのは，闘いに強く，大きな巣穴をもつことのできる体の大きなオスなのである．したがって，体の小さいオスが地下交尾を行うことは容易ではなく，地表交尾しかできないのかもしれない．

　一方，コメツキガニの地表交尾ではオスは巣穴を必要としないので，巣穴サイズに関係なくどのサイズのオスでも交尾可能である．しかし，野外では比較的小型のオスが地表交尾を行い，メスの方がオスよりも大きいことが多い．オスはメスの正面から自分の2つのハサミでメスの2つのハサミをつかみ，向かい合ってメスの腹の下に潜り込み，オスが下，メスが上になって交尾する．オスが小さい時には，交尾中，メスは自分の歩脚で干潟の上に立っている．ところが，腹の下に潜るオスが大きいと，メスの歩脚は地面から離れて，オスの体の上に立つことになり，足場が悪く不安定である．どうもメスはこの不安定さを嫌っているように見える．つまり，メスは大きなオスとの地表交尾を好まないようである．これが地表交尾オスが小さい理由の1つになっているのだろう．また，地表交尾ではオスがメスにつかみかかり，これをメスが受け入れると，まわりのオスの妨害を受ける割合は地下交尾の約半分（24％）と小さい．地下交尾と比べると動きが地味で，まわりの個体に気づかれにくいのかもしれない．つまり，地表交尾はまわりのオスに妨害されることが少ないので，小さいオスでも行えると考えられる．しかし，妨害を受けたときには相手のオスが大きいことが多いので，大抵交尾に失敗してしまう（妨害された場合，成功したのはわずかに7％）．したがって，地表交尾は，巣穴を必要としないのですべてのサイズのオスにとって可能な交尾行動だが，メスが大きなオスとの地表交尾を嫌がり，しかも，まわりのオスから妨害を受けることも少ないので，闘争能力の低い小さなオスに有利な交尾行動なのだろう[7]．

　交尾をするためにかかる時間，すなわち時間的コストも，2つの交尾で違っている．地表交尾はすぐすむのに対し，地下交尾は長い時間拘束される．地表交尾では，オスがメスをつかんでメスの腹の

下に潜り込み，交尾が終わって離ればなれになるまで，およそ1分しかかからない．すぐに別のメスと交尾することもある．もっとも，続けて何回も交尾できるほど精子の蓄えはなさそうである．1日にせいぜい2〜3回で，しかもそのペースで毎日交尾できるわけではない．とはいえ，オス・メスともに交尾後すぐに自由になるので，摂食などを再開できる．それに対し地下交尾では，オスがメスを巣穴に連れ込んだ後メスが産卵するまでオス・メス一緒にいる．だいたい1〜3日かかる．その間，オスは摂食できないし，また他のメスと交尾することも不可能である．メスは前述の通り卵が孵化するまで巣穴の中でほとんど摂食することなくすごす．したがって，かかる時間で考えても，地下交尾の方がコストが大きいのである[7]．

2. 利益―実際にどれだけ子孫を残せるか

オスにとって確実に子孫を残せる地下交尾は，それを成功させるために様々な障害を乗り越える必要があり，その障害をものともしない大きなオスが主に行う．一方，地表交尾はオスにとって子孫を確実に残せるとは限らないが，小さいオスにとって比較的容易にでき，しかもすぐに終わりお手軽である．果たしてどちらの交尾がより多くの子孫を残せているのだろうか？　和白干潟に置いた野外ケージの中に，まわりと同じ密度とサイズ組成のオス個体群を入れ，オスが巣穴を掘って地下交尾可能な状態になるのを待ってから，メスをケージ内に放す実験を行った（調査を行った和白干潟では，自然条件下ではオスが繁殖のために巣穴を掘ってもっている場所に，産卵の準備ができたメスが別の摂食場所からやって来て，あるメスはオスに捕まえられてオスの巣穴で産卵し，またあるメスは自分の巣穴を獲得してそこで産卵する．自分の巣穴を獲得したメスは，そこで地表交尾を行うこともあるが，多くのメスは摂食場所ですでに地表交尾を行っているようだ）．そして，各々のメスがどのオスとどちらの交尾を行って産卵するかを観察・記録したところ，81％のメスが地下交尾後に，19％のメスが地表交尾後に産卵するという結果が得られた．オス1個体当たりの繁殖成功（どれだけの卵を自分

の精子で受精したか）を比較しても，地下交尾を行ったオスは地表交尾を行ったオスより，平均して約4倍の卵を受精していた．2個体のメスと地表交尾をしても卵を受精できなかったオスがいる一方で，3個体のメスとの地下交尾に成功して約19600卵を受精させたオスがいた．そして，自然条件下と同様にこの実験でも，大きいオスほど地下交尾を，小さいオスほど地表交尾をよく行う傾向が見られた．したがって，地下交尾を行うには苦労が多いが，成功したときの報酬が大きいので，競争力の高い大きなオスがこれを行うことで，高い繁殖成功，すなわち大きな利益を得ているのである．しかし，競争力の高い大きなオスにとっては，地下交尾を行うことは大した苦労ではないのかもしれない[11]．

3. 生活史戦略——一生の中でいつどうやって子孫を残すのか？

それでは，大きい個体だけが数多くの子孫を残すことができ，小さい個体は子孫をほとんど残せないまま死んでしまうのだろうか？実はそうではなさそうである．カニだけでなく，グッピーやネコなど様々な動物では，小さい個体は若く大きい個体は齢が進んでいる．幼いうちは繁殖しないでもっぱら成長して体を大きくするだけだが，ある程度のサイズになると成長を続けながら繁殖に参加できるようになるものが多い．その場合，繁殖を開始してもまだ比較的小さいうちは繁殖よりも成長に多くの栄養・エネルギーを使うが，大きくなるにしたがい成長速度は遅くなり，栄養・エネルギーも繁殖に多く使うようになるのである．

和白干潟で調査したコメツキガニの場合，生息場所はその特徴により主に2つに分けることができ，その2つの場所を成長（または栄養補給）と繁殖に使い分けていた[12]（表2を参照のこと）．ここではまず，2つの場所の特徴を紹介し，次に成長に応じてどう使い分けているか，第三に2つの場所の使い分けと地下交尾・地表交尾

---

[11] Koga (1998)
[12] Koga (1995)

表2 コメツキガニの繁殖期における巣穴域と含水域の特徴.（Koga, 1995）

比較される項目	巣穴域	含水域
メスにとっての主な利用目的	産卵・抱卵	摂食
エサの質としての窒素含量	低い	高い
活動中の巣穴所有の有無	所有	所有せず
活動しているオス・メスのサイズ	大きい個体が多い	小さい個体が多い
活動しているオス・メスの齢	進んだ個体が多い	若い個体が多い
主に行われる交尾	地下交尾	地表交尾

との関連を，第四にメスの体サイズと交尾行動との関係を説明する．以上の内容を受けて，最後になぜ地表交尾が存在するのか考えてみる．

　まず2つの場所についてであるが，1つはカニの各個体が巣穴をもって活動する場所で，巣穴域と呼んでいる（図2）．巣穴域は干潮時には乾燥する．もう1つは巣穴をもたずに活動する場所で，含水域と呼んでいる（図2）．含水域は澪筋付近などの干潮時でも乾燥しにくく，水分が多いために巣穴を掘りにくい場所である．地下交尾やメスの産卵と抱卵はもっぱら巣穴域で行われる．巣穴域では地表交尾や摂食も行われるが，地表交尾は比較的少なく，摂食時間も比較的短い．つまり，繁殖期の巣穴域は主に繁殖のための場所なのである．それに対し，含水域では摂食が盛んに行われ，すぐにすむ地表交尾が割と頻繁に行われる（図3）．カニがエサとする干潟表面の砂泥に含まれる窒素含量（蛋白含量が計算できる）を測定したところ，巣穴域よりも含水域の方がはるかに高かった．また，含水域では砂泥が湿っているので乾いた巣穴域よりも摂食しやすいだろう．つまり，含水域はカニにとってエサの栄養価が高く，食事もしやすい摂食に適した場所なのである．

　それでは，コメツキガニは巣穴域と含水域を成長に応じてどのように使い分けているのだろうか．和白干潟における調査および観察に基づき，1年を通じてのカニの動きをサイズを考慮して見てみよう．ほとんど地上で活動しない冬の間は，サイズに関係なくカニたちは巣穴にこもってすごしており，みな巣穴域の割と高い場所にいるようである．それが春になって活動を開始するとともに次第に

図2　巣穴域と含水域．乾燥した場所が巣穴域で，澪筋およびその周辺の湿った場所が含水域．汀線と垂直な澪筋が何本も存在し，巣穴域と含水域が交互に配置されている．

図3　含水域のコメツキガニ．摂食している個体と地表交尾している個体が見える．

干潟の低い場所すなわち含水域の方へと移動しながら摂食する．繁殖期前の5月には巣穴域にいる個体は少なく，含水域に多くの個体が観察される．繁殖期初期の6月上旬には，まずオスの大型個体が巣穴域に移動して，巣穴を構えて繁殖の準備を整え，それに少し遅れて大型メスが巣穴域に移動するようだ．繁殖期盛期の6月下旬から7月にかけては，小型個体も巣穴域に集まってきて繁殖に参加し（小型メスも産卵する），含水域で活動する個体は少なくなる．繁殖期終期の8月になると，再び小型個体の多くは含水域で活動するよ

うになり，大型個体の多くは巣穴域に残り繁殖を続ける（厳密には，卵を孵化させたメスの多くは体サイズに関わらず含水域で摂食を行うが，しばらくすると大型メスは再び繁殖のため巣穴域に移動するようだ．逸見らの研究[6]も参照のこと）．秋になり繁殖期が終わると，年により多少は状況が異なるものの，大型個体の多くは死亡する．小型個体は生き残り含水域で摂食を続け，翌年まで生き延び大きく成長して次の繁殖期を迎えることになる．また，繁殖期に孵化したカニの幼生は，プランクトンとしてしばらく海中を漂った後，夏の終わりから秋にかけて干潟へ戻り，親と同じ姿に変態して定着する．そして成長し，翌年の繁殖期には小型ながら繁殖にも参加するようになる．

オスの交尾行動を成長に応じた2つの場所利用パターンと関連づけて考えてみる．オスは若くて小さいときには，繁殖期であっても多くの時間をエサ条件のよい含水域ですごし，すぐにすむ地表交尾を行う．しかし，多くのメスが巣穴域で産卵する繁殖期の盛期だけは巣穴域ですごし，巣穴域でも地表交尾を行っている．メスの数が多いときであれば，オスに捕まらずに自分の巣穴を獲得して産卵するメスの数も増えると考えられる．その場合は，地表交尾したオスの精子で卵が受精することになる．さらに，同じ地表交尾であっても，含水域よりも巣穴域で行う方が産卵するメスの最後の交尾相手になる可能性が高く，卵を受精するチャンスが高くなると予測される．繁殖期の後期になって多くの小型メスが含水域に戻る頃には，小型オスも含水域に戻り，そこで成長のための栄養を蓄えつつ，地表交尾も行う．それに対し，大きく成長したオスは，繁殖期の大部分を巣穴域ですごし，もっぱら地下交尾を行う．翌年まで生き残る可能性も小さいので，繁殖に最大限の投資をしているのだろう．

巣穴域で交尾するメスの体サイズを調べてみると，地表交尾を行う個体の方が地下交尾を行う個体よりも体サイズ（甲幅の平均値）がやや大きかった．そこで前述した内容と合わせて考えられることは，小型メスは比較的小さいオスの巣穴にも入れるので，地下交尾をするチャンスが多い（サイズ的に小型メスと地下交尾できるオス

が多い）のに対し，大型メスは大きなオスの巣穴にしか入れないので，地下交尾をするチャンスが少ない（サイズ的に大型メスと地下交尾できるオスが少ない）．さらに，小型メスにとっては自分より体の小さいオスが少ないので，地表交尾をするチャンスが少ないのに対し，大型メスにとっては自分より体の小さいオスが多いので，地表交尾をするチャンスが多いのだろう．

　最後に，なぜ父性の不確実な地表交尾が行われているのか，その理由を考えてみる．小型オスは翌年の夏の繁殖期を迎える頃には成長して大型オスとなり，地下交尾を行って高い繁殖成功を収めるはずである．ただし，それは秋から春までの季節を生き延びた場合の話であり，毎年秋と春にはコメツキガニの主な捕食者であるシギ・チドリ類が干潟に多数飛来して，次から次へとカニを捕食するので，小型オスが翌年まで生き残るという保証はない．だから小さいうちであっても繁殖できるのであればやった方がよい．小型オスにとっては地下交尾を成功させるのは困難だが，地表交尾なら行える．地表交尾では卵を受精させられる確率は低いがゼロではなく，しかも交尾に伴うコストが少なく，小型オスでも行える．つまり，地表交尾は小型オスにとって利益に見合った低いコストが必要なだけなのだろう．したがって，成長により多く投資したい小型オスにとって，やって損のない行動になっており，地表交尾がなくならないのではないか．

捕食者による影響

　前節までは主に種内の事情について述べてきた．しかし，生物の社会では同種内の個体との関係だけでなく，異なる種との関係（種間関係）も重要で，たとえば食う・食われるの関係は，食われる側の行動や生態を決定づける可能性をもつ．ここでは，まず，私がこれまで観察したスナガニ類の捕食者について記す．それから，非常に頻繁に捕食されるシオマネキ類の一種を用いた実験で，交尾行動が捕食者の影響を受けることを示した研究を紹介する．

1. 繁殖期における捕食者

　スナガニ類の主な捕食者は，シギ・チドリ類や魚類，他のカニ類である．ただし，日本においてはシギ・チドリ類の多くは渡り鳥で，秋から春に日本の干潟ですごすものが多いため，スナガニ類の繁殖期である夏にカニを食べるものは少ない．しかし，カモメ類や一部留鳥となるシロチドリは，夏でもコメツキガニやハクセンシオマネキをエサとして利用しているようである．スナガニ *Ocypode stimpsoni* やアシハラガニ *Helice tridens* といった捕食性の種は大きな個体では甲幅が3 cmを超えるので，甲幅1 cm前後のコメツキガニや2 cm以下のハクセンシオマネキは一度捕まえられるとほとんど逃げることはできない．コメツキガニの場合，生息場所がスナガニの分布域と重なることがよくある．スナガニはハクセンシオマネキやコメツキガニのように堆積物を食べるだけではなく，他の生き物を捕らえて食べる捕食者でもある．スナガニの個体数の少ない和白干潟でも，コメツキガニを食べているのを時々目撃した．また，アシハラガニもコメツキガニを捕食するが，アシハラガニが干潟に出てくるのは主に早朝や夕方であり，日中に姿を見ることは少ない．ハクセンシオマネキはコメツキガニと同じような場所に生息していることが多いので，やはりスナガニやアシハラガニなどが繁殖期における主な捕食者ではないかと思われる．しかし，いずれも捕食が観察されるのはきわめて稀であるため，捕食が交尾行動に何らかの影響を与えるとは考えにくい．

　タイのプーケット島でルリマダラシオマネキを調査したときには，イワオウギガニがルリマダラシオマネキの大型オスを難なく捕食しているのを目撃した．甲幅5 cmを超えるイワオウギガニは，まるで装甲車のような堅い甲羅と強大な鉗脚をもち，ルリマダラシオマネキの大型オスでもまったく歯が立たなかった．巨大な鉗脚までもがバリバリと砕かれていた．ちなみに甲幅2 cmほどのルリマダラシオマネキのオスに挟まれた私の指は出血したのだが．クラン川河口では，巨大なトビハゼ *Periophthalmodon schlosseri* が甲幅4 cm近い（鉗脚の長さは10cm近い）シオマネキの一種 *Uca paradussumieri* の大型オスを捕食することがあった（松政正俊氏，私信）．しかし，近づいてくるトビハゼをオスが大きな鉗脚でうまくハサミつけることもあり，挟まれてしばらくの間そのトビハゼは普通に動くことができなかった．ダメージが大きかったのだろう．同じ干潟にイワガニ科の一種 *Metaplax crenulata* も生息しており，これが武器となる大きな鉗脚をもたないメスを捕食する場面を数回観察したが，さすがに巨大な鉗脚をもつオスには手が出せないようだった．ところが，オス間闘争などで巨大な鉗脚を失ったオスは，いとも簡単に捕食されていた．オスは重たい鉗脚を失った後でも，メスよりも逃げるのが遅い（動きが鈍い）ように見えた．しかし，ここで述べた捕食も頻繁に観察されるわけではなかった．

2. 捕食者の存在が *Uca beebei* の地下交尾と地表交尾の割合を変える

　中央アメリカのパナマの干潟では，シオマネキの一種の *Uca beebei* が繁殖期にオナガクロムクドリモドキ *Quiscalus mexicanus* に頻繁に捕食されている．捕食の影響を調べるのに絶好の材料である．そこで，捕食者数を操作してカニの交尾行動がどう変わるか調べてみた[13]．まず，干潟の真ん中に布でフェンスを張り2つの区域に分け，カニがフェンスの向こう側を見ることができなくした．これはフェンスを挟んでカニを異なる条件下に置いて，フェンスの向こう側の影響を受けないようにするためである．次に，片側には鳥のエサ（ここではドッグフード）を干潟に蒔いて，捕食者を多数呼び寄せた．それに対し，もう片側には鳥のエサを蒔かず，しかも干潟に降り立った鳥は自作の吹き矢で追い払った（吹き矢で鳥が傷つくことはなかった；図4）．すなわち実際より多い，または少ない捕食者が存在する条件下で，観察された地下交尾と地表交尾の数や求愛オス数などを両方の区域で記録した．結果は，捕食者が多い時には少ない時と比べて，地下交尾（実際に解析したデータは地下交尾のためにオスの巣穴を探しまわるメスの個体数）と地表交尾の数，

---

[13] Koga, Backwell, Jennions, & Christy (1998)

図4 ドッグフードに集まってきた *Uca beebei* の捕食者，オナガクロムクドリモドキ（布製フェンスの右側）．フェンスの左側には鳥はいない．

求愛オス数のすべてが少なかった．すなわち，死と隣り合わせの状況では，なかなか交尾できないのである．さらに，地下交尾数と地表交尾数の割合を比較したところ，捕食者が多い時に地下交尾の割合がより小さくなった．捕食者が多い時の地表交尾数は，捕食者が少ない時に比べ60～64%の減少に留まったが，地下交尾数はこれより減少率が大きく87～97%も減少した．なぜ，捕食者が多い時には，地下交尾が地表交尾より一層少なくなるのだろう？

その理由は，地下交尾の方が地表交尾よりも捕食の危険が高いからであろう．それは，それぞれの行動から推察できる．*Uca beebei* の地表交尾では，前述したルリマダラシオマネキや *Uca paradussumieri* と同様に，まずオスはウェイビングをすることなく，ススッとメスに近寄る．これに対しメスは自分の巣穴入口まで戻り，オスを威嚇する．巣穴を奪われないためであろう．するとオスは歩脚を使ってなだめようとするかのように，メスの体にソフトタッチを繰り返す．メスがオスの求愛を受け入れると巣穴の入口上で交尾を行う．交尾の間はオス・メスともじっとしている．このメスへの接近から交尾までの一連の行動において，近くで観察している私が少しでも動くと，オス・メスともすぐに自分の巣穴に逃げ帰った．オスは派手に動いているわけではないために，おそらくまわりに気を配ることができ，捕食の危険に対しすばやく反応できるのであろう．メスはずっと自分の巣穴の入口にいるので，オスよりさらに安

全である．

　それに対し地下交尾では，交尾するのは自分の巣穴をもたずに，交尾に適したオスの巣穴を探して放浪しているメスと，そのメスに派手な動き（ウェイビング）で求愛して巣穴に招き入れるオスである．放浪メスは捕食者が接近すると近くのオスの巣穴に逃げ込むことが多い．しかし，つねにすばやくオスの巣穴に避難できるとは限らず，地表交尾と比べると明らかに危険である．そのため，捕食者が多い時には捕食の危険を避けるために，放浪するメスが減ったのだと考えられる．一方，オスも求愛のために激しく動きまわると，捕食者への警戒がおろそかになるはずである．一般に，捕食者への警戒と他の行動とは両立させにくい．実際，今回の実験でも，捕食者が多い条件下では，ウェイビングをするオスの数が大きく減少した．この求愛オスと先の放浪メスの減少が，地下交尾数が大きく減少した原因であろう．

　上の実験とは別の調査も行った．干潟に座り込んで数時間じっとして動かず，*Uca beebei* の行動を観察するというものである．当然，捕食者の鳥は近寄ってくることができず，まったくの捕食者なしの状態であった．その観察結果からは，約3/4のメスが地下交尾後に，残りの約1/4が地表交尾後に産卵したと推定された．しかし，上の実験で鳥の多い条件下では，地下交尾後に産卵するメスはほとんど存在せず，大部分のメスは地表交尾後に産卵するはずである．以上まとめると，鳥の少ない時にはオスにとっては地下交尾が有利になるのに対し，鳥の多い時には地表交尾が有利になる．つまり，条件によって2つの交尾行動の優位が逆転するのである．食う・食われるの関係が2つの交尾行動の共存に寄与している可能性がある．

　コスト（捕食のリスクも含め）と利益という経済性から見て，2つの交尾行動が種内に存在できることが理解されたことを願う．

9章
エビ・カニ・ヤドカリの幼生時代

諸喜田茂充

はじめに

　この章では，一般にエビ・カニ・ヤドカリとして親しまれている十脚甲殻類（エビ目）を中心に，その他の甲殻類にも触れながら，幼生や生活史などについて述べることにする．これらの甲殻類は，陸域・河川・マングローブ域（汽水域）・浅海（サンゴ礁）・深海と様々な場所に生息している．甲殻類は，かつて他の生物同様に浅海域に起源したと考えられている．カンブリア紀は，背骨のない無脊椎動物が爆発的に出現し，今日の生物の原型を形成したことが化石から明らかになっている．この紀は，カンブリア・ビッグバーンと称している．カンブリア紀に出現したほとんどの種は，絶滅と進化を繰り返しながら，今日の生物世界を形成している．

　一般の方には，クルマエビ・テナガエビ・イセエビなどのエビ類やモクズガニ・ガザミ・ノコギリガザミなどのカニ類は，水産上重要種で多くの人たちが食用にしていることもあって，容易に形態を連想することができると思う．しかし，これらの子供がどのような形格好をして，どこでどのような生活を送っているかについては，あまりわからない方が多いのではと思われる．様々な場所に生息している甲殻類の子供（幼生）と生活史に焦点を絞って筆を進めていきたい．

　私の研究室は，水生動物の生活史研究を柱に，とくに，増養殖や保全の応用も視野に入れながら，陸域からサンゴ礁域に生息する様々な甲殻類の幼生を飼育している．沖縄の陸域は亜熱帯であるが，サンゴ礁海域は生物相の多様性から熱帯の海と見なされている．甲殻類も多種多様な種類が多く，これらは学部や大学院の学生の卒論や修論あるいは博士論文の研究材料として，おおいに利用されている．ここでは，沖縄の甲殻類を素材に学生の未発表の幼生も紹介したい．

幼生はどのような形をしているのか

　十脚甲殻類の幼生は，どのような形格好をしているのでしょうか．

また，これらの幼生を研究することによって，どのようなことが明らかになるのでしょうか．

1. 幼生の様々な呼び方

甲殻類の幼生名は，エビ類・カニ類・ヤドカリ類・イセエビ類などのグループで，様々な呼び方がある．クルマエビ類の場合は，孵化から稚エビに変態するまで，ノウプリウス・ゾエア・ミシス（あるいはゾエア）・デカポディド（あるいはマスティゴプス）と脱皮ごとに幼生の形態が著しく変化していく．ヌマエビ類やテナガエビ類などのコエビ類は，ゾエアとデカポディドを経て稚エビへと変態していく．ヤドカリ類は，ゾエア期を経てグラウコトエアになり，稚ヤドカリに変態する．イセエビ類は，フィロソーマからプエルルスを経て稚エビに変態する．セミエビ類はフィロソーマからニストを経て，稚エビに変態する．サクラエビは，ノウプリウス・エラフォカリス・アカントソマを経て後期幼生のマスティゴプスに変態する．オキアミ類は，ノウプリウスで孵化し，メタノウプリウス，カリプトピス，フルキリア，キルトピアのそれぞれの幼生期を経て成体形に変態する．シャコ類の幼生は，アンチゾエア（エリクタス型），シュウドゾエア（アリマ型），シンゾエアの幼生を経て，底生性のストマトポディト期になる．

これらの代表的な幼生の形態を図1に，特異な形態をした7種の幼生を図2に，それぞれ示した．次に，幼生名について定義しておこう．

ノウプリウスとは，頭部に3対の有毛機能的な付属肢をもち，その他のものはないか原基的にある幼生期．ゾエアは，胸部のいくつかあるいはすべてに遊泳用の外肢をもち，腹肢がないか原基的にある幼生期．後期幼生は，ゾエア期後に続く成体に近い付属肢や体形をした幼生期．デカポディドは，最初の後期幼生で，最後の幼生期の脱皮直後あるいは5対の腹肢が有毛機能になる期．メガロパは，十脚甲殻類の後期ゾエアに続く幼生で，頭胸甲の付属肢がすべて発達し，腹肢が遊泳用に機能する．

後期幼生やメガロパおよびグラウコトエアは，いずれも幼生期と成体形に近い期の中間的な形態をしているが，近年，これらをデカポディド（decapodid）と呼ぶ学者が増えた．このデカポディドは，Kaestner（1970）によって提唱され，十脚甲殻類の第1後期幼生のことである．Felder *et al.*（1985）は，メガロパはカニ類に，デカポディドはその他の甲殻類の後期幼生に使用しようと提案している．学者によって，従来の幼生の呼び方にこだわって，用語が統一しにくいこともある．

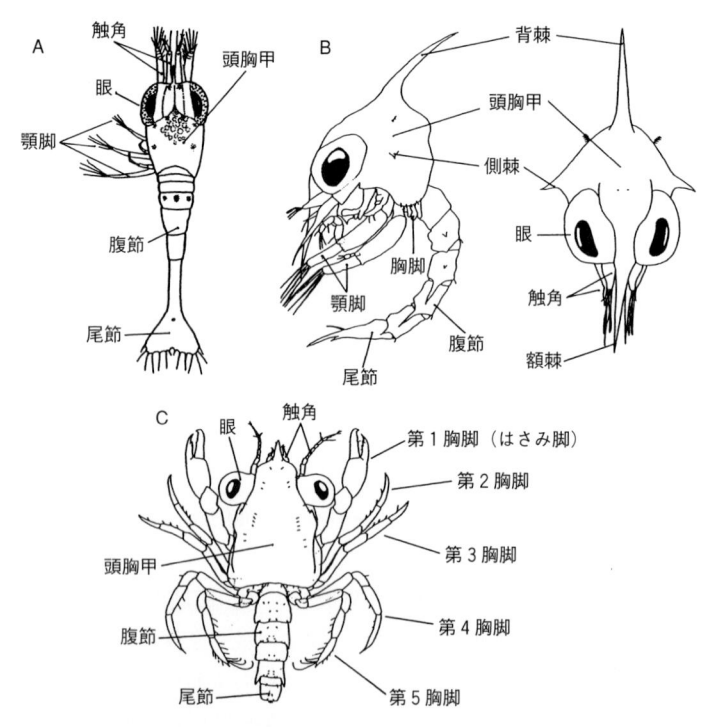

図1　十脚甲殻類幼生の各部の名称．A：オオテナガエビ *Macrobrachium grandimanus* のゾエアI，背面．B：ミナミベニツケモドキ *Thalamita danae* のゾエア幼生，側面と正面（金田原図）；背面．C：ミナミベニツケモドキのメガロパ幼生，背面（金田原図）．

2. 親に似て似つかない幼生

　十脚甲殻類の幼生は，親とはまったく異なった形態をしているが，生存戦略上どのような意味があるのだろうか．カニ類のゾエア幼生は一般に頭胸甲の前・背・側に棘，イセエビ類のフィロソーマ幼生は扁平，カニダマシ類のゾエア幼生は頭胸甲の前後に長大な棘，モ

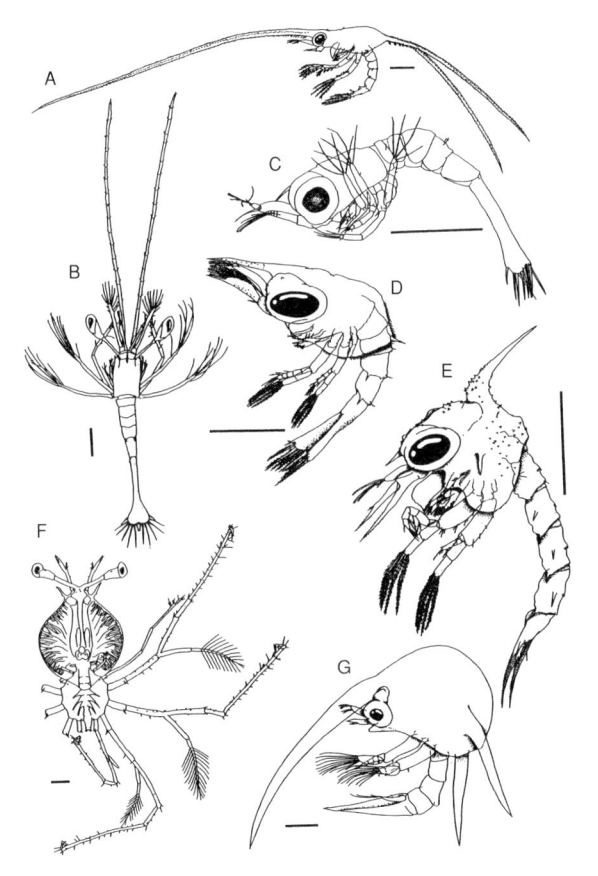

図2　サンゴ礁海域の十脚甲殻類の幼生．A：カニダマシ類の一種 *Novorostrum decorocrus*（異尾類）のゾエアI（藤田原図）．B：キノボリエビ（モエビ類）のゾエアII（新城原図）．C：エンマクカクレエビ *Periclimenella spinifera*（テナガエビ類）のゾエアI（長井原図）．D：ミヤケコシオリエビ *Sadayoshia edwardsii*（異尾類）のゾエアI（藤田原図）．E：コマチガニ類の一種 *Harrovia longipes*（カニ類）のゾエアI（藤田原図）．F：キタンヒメセミエビ *Galeactus kitanoviriosus*（ヒメセミエビ類）のフィロソーマIV（比嘉原図）．G：スナホリガニ *Hippa pacifica*（異尾類）のゾエアIV（小林原図）．スケールは0.5mm．

エビ類のキノボリエビ *Merguia oligodon* のゾエア幼生は長大な第1触角を，それぞれ有している（図2）．

　これらの幼生は，プランクトンとして，多くは浮遊生活をしている．運動能力の乏しい幼生が浮遊生活をするには，あまりエネルギー消耗が少ない方が生存上有利であると思えるので，幼生の異常とも思える奇妙な形態は浮くための適応であると考えられる．一般に熱帯・亜熱帯の海水は，温帯や亜寒帯に比べて比重が軽いので，幼生が浮遊するには長い棘や扁平な体形が有利と思える．

　また，幼生プランクトンは，稚魚などの餌として重要であるので，甲殻類幼生の長大な棘や剛毛は捕食者の口内や消化腺などをちくりと刺して不快感を与えることで，食べられにくいようにしていることも考えられる．

3. 幼生研究から何がわかるか

　生活史の解明：様々な甲殻類の卵を抱えた親を実験室の水槽で飼育し，子供を孵化させて育てていくと，脱皮しながら変態していく．この変態過程を図解し記載すると，初期生活史が明らかになる．水産上重要な甲殻類の幼生飼育は，戦前から行われていたが，飼育技術は1970年代から進展し多くの種の生活史が明らかにされている．生活史の解明は，有用種の増養殖や希少種の保全などに役立つ．

　個体発生と系統発生：甲殻類の幼生研究は，幼生の形態や行動などが親の系統関係を解明するのに役立つ場合がある．幼生形態から科・属・種レベルの系統関係を推察することは，過去多くの研究が行われている．たとえば，根鰓亜目のクルマエビ類は，卵を産みぱなしで未熟なノウプリウス幼生として孵化し，その他の抱卵亜目のコエビ類は産出卵を腹部で保護し，ノウプリウス期を卵内で経過しゾエア幼生として孵化する．前者が系統的に原始的なグループであるのに対し，後者は進化したグループといわれ，卵内・後期発生に系統性を反映しているように考えられる．しかし，幼生形態は必ずしも系統関係を反映していない場合もある．たとえば，テナガエビ類やヌマエビ類は，小卵多産種・中卵中産種・大卵少産種に分けら

れ，未熟な幼生から発生の進んだ幼生まで様々な発育段階で産出し，発生が進んだものが進化していると解釈されがちである．しかし，それぞれの幼生は様々な生息環境への適応の結果として，浮遊型や直達発生型になったと解した方がよく，進化系統は必ずしも反映していない．

川のエビ類の多くは，川で孵化した幼生が流されて海にたどり，そこで変態して再び川に戻るが，その際に捕食者に食べられたり，物理的化学的変動で死亡する個体が多くでると思える．上流へ上りつめたエビの中には，危険を冒してまで子供を母なる海へ旅立たせる必要がないというのが出現して，大卵を数少なく産み丈夫な子供として誕生させ，親の周辺で一生をすごすようになったと思える．

ヘッケルは，「個体発生は系統発生を繰り返す」といい，生物発生の基本原則とされた．その意味は，個体発生は遺伝的発生を示すだけでなく，環境の影響を受けて適応発生が現れることであるが，発生の途中に現れる祖先型の概念が不充分だといわれる．系統発生に現れる祖先型は，発生過程中に現れたある性質がそのまま過去の形を現すのではなく，系統発生は各動物のそれぞれの時代の個体発生の経過をすべて含むということだという．

幼生プランクトンの解明：水生動物の多くは，卵から孵化後に一定期間浮遊生活をするものが多い．これらの幼生プランクトンは同定が大変難しい．節足動物の中で，甲殻類は陸界の昆虫類についで種類が多く，水界で繁栄している．浮遊生物学の中で，幼生プランクトンの研究が遅れているが，甲殻類の幼生を飼育し形態を図解し記載することで，この分野の進展に寄与できる．学生に幼生を記載し学会誌に発表すると，新種を記載したのと同じような価値があると激励している．

地理的分布の解明：甲殻類幼生の多くは，海洋で浮遊生活をしながら脱皮し成長するが，その期間に海流や潮流にのって分布を広げることができる．したがって，河川産のエビ類やカニ類でも幼生期に海を伝って分布を広げることができる．たとえば，コエビ類のコンジンテナガエビ *Marobrachium lar* やトゲナシヌマエビ *Caridina* *typus* などはインド‐太平洋に面する大陸や島嶼の川に広く分布しているが，これらの幼生は海水中で育ちゾエア幼生期や浮遊期が長く，海を伝って分散したことが考えられている．このように，河川産コエビ類や海産の甲殻類の分布現象は，幼生の浮遊期間や適性飼育水の塩分などを調べることで解明できる．

水産学への貢献：有用甲殻類の増養殖は，大量に種苗を生産する技術を解明することが重要で，幸い経済価値のあるクルマエビ類やテナガエビ類およびカニ類の幼生飼育は明らかになっている．しかし，イセエビ類は天然資源が減少し，増養殖が叫ばれているが，大量種苗生産の技術はまだ解明されていない．また，天然での有用甲殻類の資源動態や漁場管理にも，幼生研究はこれから推進しなければならない．

では，次に陸域から海域にかけて生息している主要な甲殻類の幼生や生活史などについて述べよう．

陸域の十脚甲殻類

1．オカガニ—満月の旅たち

オカガニとは：オカガニ類は，わが国に4属（*Discoplax*属・オカガニ属 *Cardisoma*・ゲカルコイデア属 *Gecarcoidea*・ヒメオカガニ属 *Epigrapsus*）5種（オカガニ *D. hirtipes*・オオオカガニ *C. carnifex*・ヘリトリオカガニ *C. rotundum*・ムラサキオカガニ *G. lalanidii*・ヒメオカガニ *E. notatus*）が生息している．この仲間は熱帯系のカニで，沖縄県には4種とも分布しているが，オカガニは鹿児島県のトカラ諸島あたりまで北上している．オカガニ類は，これから地球温暖化が進むと，九州・四国・本州あたりまで分布を拡大することが考えられる．これらの中でオカガニがもっとも多く，湿った陸域に進出している．オオオカガニ（ミナミオカガニ・ギターサオカガニともいう）は，マングローブ域や内湾の岸近くに，ムラサキオカガニは海岸の琉球石灰岩地帯に，ヘリトリオカガニはオカガニ同様陸域に，それぞれ生息している．ムラサキオカガニは，前3種とは属が異なり，石垣島から数個体しか採集されていない．

また，このカニは，NHKなどのテレビで数回放映された「クリスマスアカガニ」と同じ属である．

満月の夜の旅立ち：オカガニは，沖縄で毎年6月から10月にかけての満月前後に腹部にかかえた孵化間近の卵を海に放す（放卵）ために，メスは陸域から波打ち際に下りてくる（写真1）．この放卵は，沖縄では1年で7月の満月前後にもっとも多く，真っ白な砂浜に降りた光景は，浜が揺れ動くかのごとく壮観である．母ガニは，日没後8時から11時にかけての満潮時前後に波打ち際で全身激しく振って，子供を母なる海に放す．この光景は，はさみ脚を上にあげて全身振るわせているので，子供たちにはカニが踊って見えるようで，「カニダンス」と表現している．満月の夜の神秘的なオカガニの放卵習性を見るために，沖縄諸島の宮城島や宮古諸島の池間島では，小中学校の学童たちが父兄とともに観察している．子供たちの総合学習の格好の教材になっている．後者では，旅行者がオカガニツアーをくんで，満月の夜に神秘体験のエコツーリズムを実施している．

写真1　満月の夜にゾエア幼生を海に放しに岩場に下りたオカガニ（伊良波提供）．

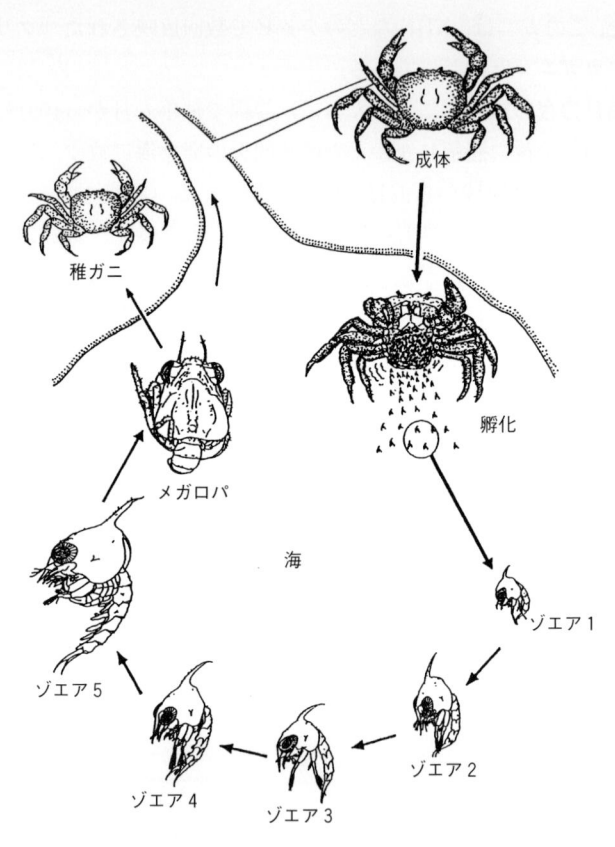

図3 オカガニの幼生と生活史(諸喜田ら,2000).

ゾエアとメガロパ:ところで,このオカガニの子供はどのような形をしているのでしょうか.このカニの子供は,図3に示すように,生まれた直後はゾエアと呼ばれる幼生で,前部・背面・側面に,それぞれ鋭い額棘・背棘・側棘があり,親とは似ても似つかない.このゾエア幼生は5期あり,脱皮ごとに少しずつ形を変えていき,メガロパという大部カニに似た形になる.このメガロパが脱皮すると稚ガニになる.このように,カニ類の子供が脱皮ごとに形を変えることを変態という.

月夜に放卵する理由:オカガニの母親は,なぜ満月前後の大潮時

に子供を海に放すのでしょうか．動物の繁殖は月周期と関係して産卵・放卵する種類が多い．この月周期性とは，月の周期に対応する産卵や放卵などの生物活動の周期性のことで，とくに，多くの海産魚介類は満月前後に産卵・放卵するのが知られている．また，繁殖活動で新月と満月の半月ごとの大潮時に半月周リズムをもっている種類もいる．たとえば，アカテガニはゾエア幼生を半月ごとの大潮時に海に放している．この月周リズムは，カニ自身が内因性のリズムをもっていることが考えられている．

オカガニが満月前後の大潮時に子供を海に放す理由の仮説として，1つは，大潮時は海岸の上部陸域まで潮があがってくるので，親が海岸縁の仮の巣穴から直ちにゾエア幼生を放すのに便利で，かつ捕食者にも襲われにくいこと，2つは，ゾエア幼生には光に集まる走行性があるので，海面に照り輝いた月光に子供が集まり沖合へと分散しやすいこと，3つは，前述の月周期に対する内因性のリズムがDNAに組み込まれていること，などが考えられる．

2．陸に進出したイワガニ類

イワガニ類の中には，若干種が陸域に進出している．たとえば，真っ赤なベンケイガニ *Sesarmops intermedium* や紫色のカクレイワガニ *Geograpsus grayi* は，湿った陸域に巣穴をつくってすんでいる．これらのカニ類は陸域では一生を全うすることはできない．子供（ゾエア）は，オカガニ同様に海で浮遊生活しながら脱皮成長し，メガロパを経て稚ガニに変態し，陸域へと移行する．

ベンケイガニは，西表島では3月頃から産卵し，大潮時に陸から波打ち際に降りて，ゾエア幼生を孵化させる．詳しい産卵期は調べられていないが，10月にも抱卵個体が確認されているので，おそらく3月から10月頃まで産卵することが考えられる．孵化後5ゾエア期を経てメガロパになり，稚ガニに変態する．

陸生のカニ類が放卵のために陸から海へ移動する際に，海岸沿いの道路を横切らなければならない場合が多いが，横断中に車に轢かれて死亡する「ロードキル」が頻繁に起こっている．カニ類やオ

カヤドカリ類の交通事故を少なくするために，行政は沖縄島北部や池間島などで，これらが多く横断する道路の下に「カニさんトンネル」をつくって粋な計らいをしている．

　事故にあったカニ類は，西表島では同じ仲間のカニ類やヤシガニおよびオサハシブトガラスやカンムリワシなどの鳥類に食べられている．さらに，イリオモテヤマネコも事故にあったカニ類を食べているようである．

3. 天然記念物のオカヤドカリ類

　亜熱帯や熱帯の海岸から陸域にかけて，オカヤドカリ科の2属（オカヤドカリ属 *Coenobita*・ヤシガニ属 *Birgus*）のオカヤドカリ類が生息している．オカヤドカリ属は，沖縄に6種（オカヤドカリ *C. cavipes*・ナキオカヤドカリ *C. rugosus*・オオナキオカヤドカリ *C. brevimanus*・ムラサキオカヤドカリ *C. purpureus*・サキシマオカヤドカリ *C. perlatus*・コムラサキオカヤドカリ *C. violascens*），ヤシガニ属はヤシガニ *B. latro* 1種が，それぞれ生息している．ヤシガニ以外のオカヤドカリ類は，国の天然記念物に指定されている．オカヤドカリ類は，幼生期以外は海産や陸産の巻き貝を宿にしているが，ヤシガニは体重2～3kgに成長するので，変態後のしばらくの間を除いて宿貝なしで生活している．大きくなりすぎて，体を隠すために入る宿（巻貝）がないのである．

　産卵期と放卵：これらのヤドカリ類は，一生のほとんどを陸域で生活しているが，子供は海で育ち稚ヤドカリに変態して，波打ち際から海岸や陸域へと移動していく．ナキオカヤドカリを例に，産卵期や幼生および生活史について説明しよう．

　本種の沖縄島個体群での産卵期は，放卵メスが6月から11月にかけて出現しているので，産卵が6カ月の長期にわたって行われている．とくに，抱卵個体は8, 9月に多く出現している．発生が進んだ熟卵をもったメスは，石垣島での観察によると，夜間の8時から10時にかけて波打ち際近くの隆起石灰岩や砂礫地帯に降りてくる．そこでメスは，打ち寄せる海水を宿貝の中に浸し，ピストン運動を

するように腹部を貝の外に出したり入れたりするうちに，腹肢に付着した卵が孵化して，子供が海へ旅立つ．放卵に降りる場所は，だいたい決まっていて，波打ち際は多くのメスが競って子供を海に放すためににぎわう．海に放されたゾエア幼生がどのようにして生活しているかは不明である．波打ち際では，スズメダイ類などの熱帯魚が集まり孵化したばかりのゾエア幼生を食べているのが観察されている．

抱卵メスが，長期にわたって出現しているので，1個体のメスが年に数回産卵している可能性がある．実際，放卵後のメスはすでに卵巣卵が発達している個体が確認されている．

幼生：孵化幼生はゾエアと呼ばれ，図4に示すように，カニ類のゾエアとは異なった形態をしている．頭部の触角が強大で長く，第2腹節背面後方に棘がある．ゾエア幼生は5つの浮遊期があり，脱皮ごとに形態を変えてグラウコトエア（デカポディド）に変態し着底する．海底に定着すると，小さな巻き貝に入り捕食者から身を守り，やがて稚ヤドカリに変態して波打ち際を経由して砂礫地帯や砂

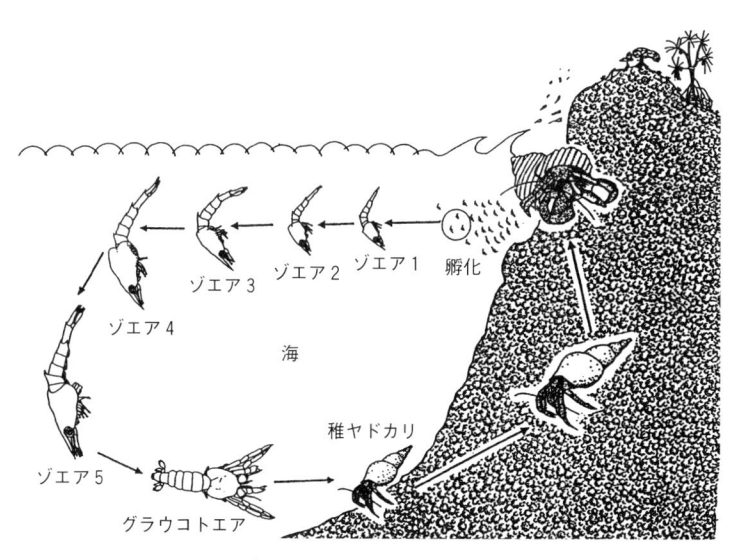

図4　オカヤドカリ（ゾエア1～5）とナキオカヤドカリ（グラウコトエア）の幼生と生活史（諸喜田ら，2000）．

浜に移動する．子供は脱皮しながら成長し，自分の体にあった宿貝を変えていく．

河川とマングローブ域の十脚甲殻類

1. 海水にもすめる「沼蝦」

　ヌマエビ類は小型のコエビで，わが国に未記載種も含めると9属21種が生息している．とくに，琉球列島にはマングローブ域・川・湧泉・洞窟地下水などの海水・汽水域・淡水域に18種が生息している．ヌマエビ類は沼蝦の名前からすると，淡水域にすんでいるように思えるが，マングローブヌマエビ *Caridina propinqua* のように，マングローブ林内の小さな溶存酸素が少なく塩分変化の激しい悪い環境にも生息している種もいる．本種は海から淡水への移行を考えるのに重要なエビである．また，川にすんでいる種類は，淡水性のカワリヌマエビ *Neocaridina* の仲間とヌマエビ属 *Caridina* の一部の種を除いて，幼生期はある程度の塩分がなければ育たない．

　ところで，戦後，奄美諸島や沖縄諸島以南は南西諸島と称されているが，歴史的自然科学的面から「琉球列島」がしばしば使われるので定義しておこう．この琉球列島は，地質構造や生物地理区分などから，北琉球（種子島・屋久島からトカラ海峡の間）・中琉球（トカラ海峡から奄美諸島・沖縄諸島の間）・南琉球（慶良間ギャップから宮古諸島・八重山諸島の間）の3つのグループに分けられている．

　幼生と生活史：ヌマエビ類は卵数や大きさおよび幼生の形状や齢期数から，小卵多産種，中卵中産種・大卵少産種に分けられる．小卵多産種は小さな卵を数多く産む．これらの幼生は，6～12ゾエア齢期を経て後期幼生のデカポディド期に変態し稚エビになる．たとえば，学生が卒論で取り組んだマングローブヌマエビは，1～6ゾエア期からデカポディドを経て，稚エビに変態する．孵化幼生は，眼が頭胸甲と融合し，尾節がほぼ三角形状で7対の羽状剛毛がある．ゾエアIIは眼が頭部から離れ柄ができ動くようになり，尾節後縁中央に1対の小さな棘ができて8対になる．ゾエアIIIは尾部に尾

肢ができるようになる．ゾエアIVからゾエアIXにかけて腹肢が発達する．このように，脱皮ごとに付属肢が発達し形状が変わっていく．また，ゾエア幼生は顎脚や歩脚の外肢を用いて遊泳するのに対し，ゾエアIXからデカポディドに変態すると，これらの外肢が退化し，腹肢が発達して泳いだり底を這いまわるようになる．

大卵少産種は，大きな卵を数少なく産む種で，西日本にミナミヌマエビ *Neocaridina denticulata*，石垣島にイシガキヌマエビ *N. ishigakiensis* とコツノヌマエビ *Neocaridina* sp.，西表島に未記載種2種が生息している．これらの孵化幼生は，浮遊期を完全に省略し，

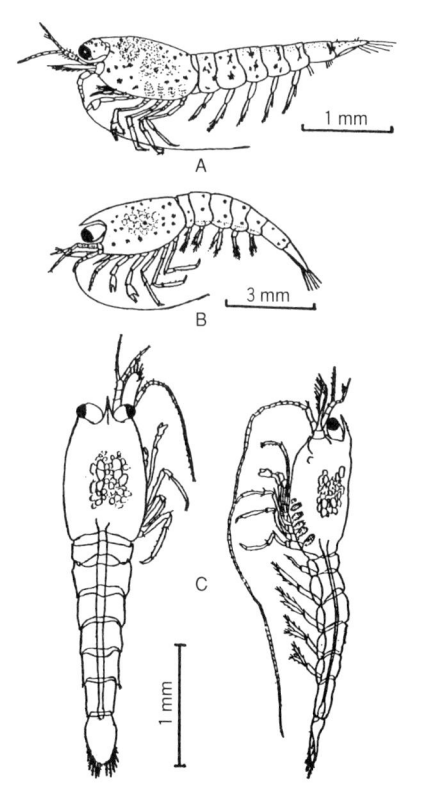

図5　大卵少産種―カワリヌマエビ類の直達発生型の幼生．A：イシガキヌマエビ（Shokita, 1976）．B：コツノヌマエビ（Shokita, 1973）．C：ミナミヌマエビ（背面と側面）（Mizue & Iwamoto, 1961）．

ただちに親の生息している周辺の流れの緩やかなところで脱皮して稚エビになる．この孵化直後の幼生は，ゾエア的な形質が尾節だけで，それ以外の付属肢がすべて発達しているので，直達発生型のヌマエビである（図5）．

カワリヌマエビの仲間は，完全に淡水に適応し子供や親は海水中では死んでしまうので，海を伝って他の島々に分布域を広げることはできなくなっている．また，この仲間は，南琉球（石垣島・西表島）・台湾・中国大陸・ベトナム・朝鮮半島・済州島・南西日本などの大陸や大陸島の主に東アジアを中心に分布しているので，分布が地史との関わりが強く，琉球列島の古環境を推定する格好の研究材料である．

これらの淡水への移行や繁殖戦略などについて，次の関連するテナガエビ類の所で述べることにする．

2. テナガエビ類の繁殖戦略

陸水産テナガエビ類は，日本に未記録種を含めるとスジエビ属 *Palaemon*（5種）とテナガエビ属 *Macrobrachium*（15種）計20種が生息している．琉球列島には19種が生息し，九州以北の7種に比べると断然多い．そのことは，この仲間は熱帯域が種の起源地と考えられているので，亜熱帯の沖縄に南方から多くのテナガエビ類が移住してきたことによると思える．

テナガエビ類は，水産上重要種でわが国ではテナガエビ *M. nipponense*・ミナミテナガエビ *M. formosense*・ヒラテテナガエビ *M. japonicum*・コンジンテナガエビなどが利用されている．イリオモテヤマネコはじめ多くの固有種が生息し自然が豊富な西表島では，島の人たちは，体重約200gに成長する大型のコンジンテナガエビやミナミテナガエビなどを捕獲して家庭料理や地域のイベントの際に利用している（写真2）．テナガエビ類は東南アジアに種類が多く，よく利用されている．とくに，大型のオニテナガエビ *M. rosenbergii* は養殖が盛んで，タイなどではレストランなどで水槽に生かして，炭火で焼いて売られている．最近，タイや台湾でこのエ

写真2　西表島で塩焼きにしているコンジンテナガエビ．

ビを釣り堀で釣らして，釣ったものは焼いたりフライにして食べさせ客を楽しませている．

　卵数と大きさ：テナガエビ属のエビ類は，国内外のものも含めて比較すると，卵の長径が0.7mm前後，1.2mm前後，2mm前後の3つのグループに分けられる．これらは小卵・中卵・大卵と称することができる．ヌマエビ類同様，小卵を産む種は卵数が多いので小卵多産種，大卵を産む種は卵数が少ないので大卵少産種，中卵を産む種は両者の中間であるので中卵中産種に分けられる．

　幼生と生活史：テナガエビ類は，卵から3つのグループに分けられたが，それぞれのエビ類からどのような子供が生まれてくるのでしょうか．琉球列島産のテナガエビ類の幼生あるいは初期生活史は，2つのタイプに分けられる．第一は，小卵を多数産む種で，幼生はゾエアとして孵化し，種類によって9〜13と齢期が異なり，デカポディド期を経て稚エビに変態する．このグループのエビ類の幼生は，孵化すると流れに流されて海にたどり，そこで浮遊生活をしながら変態し，稚エビになると河口に戻ってくる．いわゆる，川と海とを行き来する両側回遊性のエビである．ただし，スジエビやテナガエビのような湖沼に適応している種類は，そこを海代わりに利用し脱皮しながら変態する．

　ゾエアが13期前後と長いザラテテナガエビ *M. australe* やコンジ

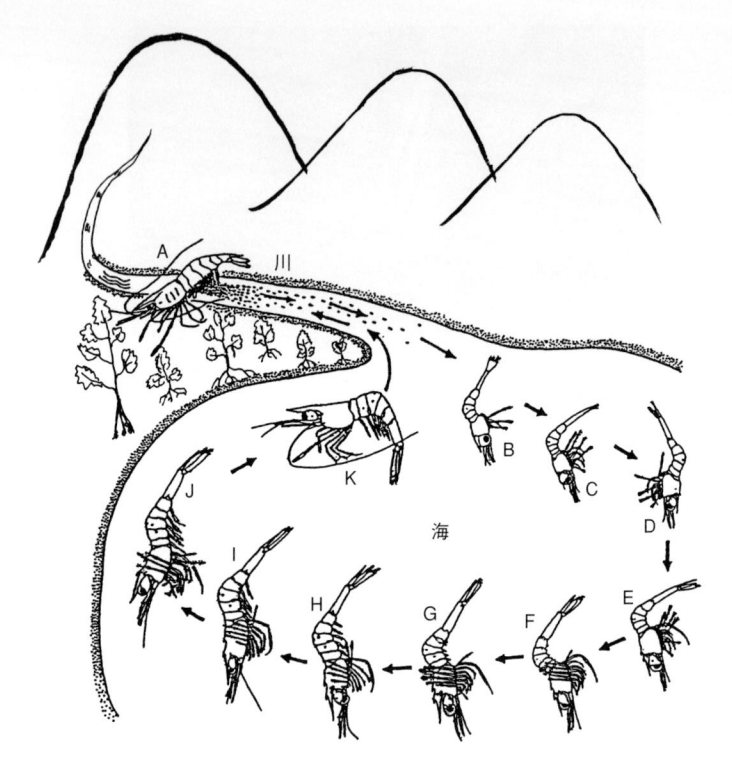

図6 小卵多産種—ミナミテナガエビの幼生と生活史．A：放卵中の母エビ．B～J：ゾエアI～IXで頭胸部を下にして遊泳．K：デカポディド幼生に変態して川へ戻る．

ンテナガエビなどは数カ月間にわたって浮遊生活をしているので，室内水槽で飼育するのは大変で忍耐が必要である．幼生飼育は，土日祭日でも餌や水換えをし，愛情をさんさん注ぐ必要があるので，学生には将来の良き子育ての訓練だと励ましている．

次に，第一のグループに属するミナミテナガエビを例に各ゾエア幼生の特徴について述べよう．孵化幼生（ゾエアI）は，図6に示すように，眼と頭胸甲が融合し，第1～3顎脚の外肢で遊泳し，尾節はほぼ三角形状で後縁に7対の小さな棘状羽状毛がある．ゾエアIIは，眼が動き，第1，2胸脚が二叉状（内肢と外肢）にでき，尾節後縁中央部に1対の小剛毛が出現し8対になる．ゾエアIIIは，

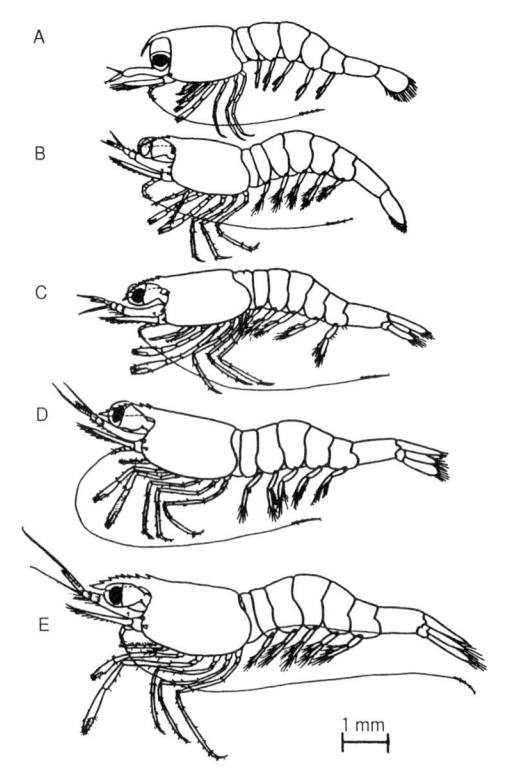

図7 大卵少産種—ショキタテナガエビの幼生と稚エビ．A〜C：デカポディド幼生．D：稚エビ I．E：稚エビ II．

尾肢ができ外肢に羽状毛が生じる．ゾエア IV は，第5脚が伸長し，尾肢の内肢にも羽状毛が生じる．ゾエア IX は，腹肢が原基的に出現し，胸脚が出そろう．ゾエア VII 〜 VIII にかけて，腹肢の内肢と外肢が発達し，体サイズも大きくなる．ゾエア IX の額角上に数個の小さな歯が生じる．これらのゾエア幼生は頭部を下にして遊泳している．デカポディド期になると，浮遊生活から底性生活に移行する．遊泳は，胸脚の外肢が退化するので，腹肢を使って水平に泳いだり，底面を歩くようになる．このデカポディド幼生は，後期幼生あるいはメガロパとも称されるが，まだゾエア的な形質がわずかに残っているので，ゾエアと稚エビの中間的な形態をしている．な

お,テナガエビ類は,夜間の8時から10時にかけて集中的に孵化する.
　第二は,大卵を数少なく産むグループで,西表島固有種のショキタテナガエビ M. shokitai を例に紹介しよう.このテナガエビの子供は,図7に示すように,孵化直後は眼が頭胸甲と融合し,尾節が扇状で後縁に33～35の羽状毛がある.その他の付属肢はすべてそろっているが,腹肢や口器などは機能的ではない.第2齢期は,尾節が前期とほとんど変わらず,扇状である.第3齢期は尾肢ができるが,口器はまだ機能的ではない.これらの1,2齢期は尾節がゾエアの形質をもっている以外はすべての付属肢がそろっていて,3齢期は口器が機能的でない以外は稚エビに似ているので,ゾエアと稚エビの中間的な齢期と見なされる.また,孵化直後から第3齢期までは,油球を吸収しながら脱皮成長するので,餌は食べない.それで,第1～3齢期はデカポディド期と見なすことができよう.これまでは,第1,2齢期はゾエアⅠ,Ⅱ,第3齢期はメガロパと見なされていた.
　前に述べた中卵中産のテナガエビ類は,日本には生息していないが,オーストラリアやタイなどの東南アジアなどに分布している.この仲間の幼生は,第一と第二の中間的な形質をもっている.大卵少産種同様,孵化後は親の生息する周辺の流れの緩やかな淵や川岸で脱皮しながら稚エビに変態する.したがって,子供は海へは行かず,海水中では死んでしまう河川性のエビ(陸封種)である.

3. 美味なノコギリガザミ類

　マングローブ林は,サンゴ礁と同じく熱帯や亜熱帯の特徴的な景観である.わが国では,マングローブは沖縄県と鹿児島県に生育している.とくに,西表島・石垣島・沖縄島・奄美大島に比較的大きなマングローブ群落が発達している.わが国には7種(メヒルギ・オヒルギ・ヤエヤマヒルギ・ヒルギモドキ・ヒルギダマシ・マヤプシギ・ニッパヤシ)のマングローブが生育している.マングローブの北限は鹿児島県の喜入町で,メヒルギが生育し国の特別天然記念物に指定されている.マングローブの起源地は東南アジアだといわ

れ，種類が多く群落規模も大きい．そこには，ウシエビ・ノコギリガザミ類・マングローブカキなどの二枚貝類・魚類等，水産上重要種が生息し，地域住民に利用されている．

これらの魚介類の中で，ノコギリガザミ属 *Scylla* は日本に 3 種（アミメノコギリガザミ *S. serrata*・アカテノコギリガザミ *S. olivacea*・トゲノコギリガザミ *S. paramamosain*）が生息しているが，肉の締まりがよく美味であるため，乱獲されて資源の枯渇が心配されている．減少した天然産ノコギリガザミ資源を補うために，わが国を初め東南アジアなどで増養殖が叫ばれている．日本栽培漁業協会八重山事業場では，このカニの栽培漁業を推進するために，稚ガニの大量生産研究が続けられて，100万単位の種苗生産技術が開発されている．また，沖縄島・宮古島・石垣島・西表島などの内湾やマングローブ水域に稚ガニを放流し，人工的にカニ資源を増やす事業が行われている．このように，ノコギリガザミ類の種苗大量生産技術がわが国で初めて開発されているが，発展途上国ではこの技術移転を要請している．次にアミメノコギリガザミの生活史について述べよう．

幼生と生活史：アミメノコギリガザミの成熟したメスオスは，マングローブ水路や内湾で交尾し，メスは深みに移動してゾエア幼生を孵化させる．メスは繁殖期に数回産卵し，1 回の産卵は100～500万粒といわれる．天然での幼生は，どこでどのように生活しているかについては不明であるが，メガロパになるとマングローブ域や河口域に戻ってきて，稚ガニに変態する．この稚ガニは，マングローブ域の水路や林内で脱皮しながら成長していく．このゾエア幼生は，前述のオカガニ同様に，頭胸甲に強大な棘が発達している．初期生活史は，図 8 に示すように，ゾエア V 齢期からメガロパを経て稚ガニに変態する．

ゾエア I は，眼が頭胸甲と融合し，額棘・背棘・側棘が発達．第 1，2 顎脚が発達．ゾエア II は，眼が可動．ゾエア III は，胸脚の原基が出現．ゾエア IV は，第 3 顎脚が出現し，腹肢が原基的に発達．ゾエア V は，全胸脚に節ができ伸長する．腹肢が伸長し，外肢

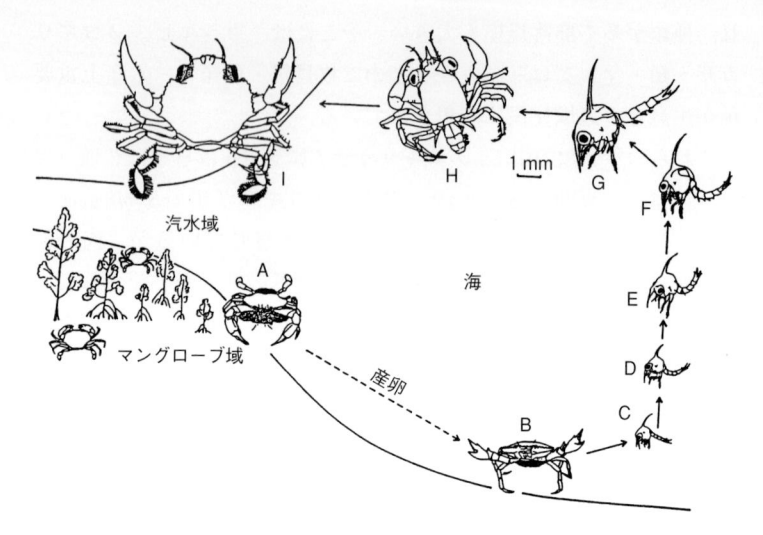

図8 ノコギリガザミの幼生と生活史. A：交尾. B：深みに移動した抱卵メス. C：ゾエアI. D：ゾエアII. E：ゾエアIII. F：ゾエアIV. G：ゾエアV. H：マングローブ水域（汽水域）に戻るメガロパ. I：稚ガニ.（大城，1988を改変）

に若干の毛が生じる．メガロパは，はさみ脚ができ，腹肢が有毛機能になり，稚ガニに似てくる．

4. 直達発生のサワガニ類

　サワガニ類は，甲殻類の初期生活史においてもっとも発生が進んだ稚ガニとして孵化してくる．この仲間は大卵を数少なく産み，ゾエア期やメガロパ期を母なる海に相当する卵の中ですごし，丈夫な稚ガニとして生まれる．生まれる子供は少ないが，小卵多産の未熟なゾエアとして浮遊生活をするうちに，ほとんどが捕食者に食われる多くのカニ類の生活に比べて，確実に子孫を残す繁殖戦略を選んでいると思える．

　サワガニ類は，わが国に未記載種も含めると，1科（サワガニ科）4属（サワガニ属 *Geothelphusa*・ミナミサワガニ属 *Candidiopotamon*・ポタモン属 *Potamon*・ヤエヤマヤマガニ属 *Ryukyum*）13種が生息している．九州以北には2種，種子島や屋久島以南に13種も生息している．とくに，中琉球（奄美諸島・沖

縄諸島）に9種が分布している．サワガニ類は，種類によって生息場所が異なりすみ分けている．たとえば，沖縄島ではほとんど水中で生活するアラモトサワガニ *G. aramotoi*，川岸や山地の湿地に生息するオキナワミナミサワガニ *C. okinawense* やオオサワガニ *G. levicervix*，石灰岩地帯の陸域に生息するヒメユリサワガニ *G. tenuimana* など，水界から陸界へと移行が見られる．

サンゴ礁から深海の十脚甲殻類

沖縄のサンゴ礁や内湾および深海には，様々な甲殻類が生息している．砂浜や波打際には，ツノメガニ・ナキオカヤドカリ・スナホリガニなど，隆起石灰岩の波飛沫がかかるところには，フナムシ・オオイワガニ・ミナミイワガニなど，礁池から礁斜面にかけて様々な異尾類・ヤドカリ類・シャコ類・カクレエビ類・テッポウエビ類・イセエビ類・セミエビ類・ガザミ類・クモガニ類・オウギガニ類・サンゴガニ類など，砂泥質の内湾にはクルマエビ類・セミエビ類・ガザミ類など，深海にはミノエビ・マツバガニ・オオヒラアシクモガニ・トウヨウモホラなどが，それぞれ生息している．また，近年沖縄トラフの熱水鉱床付近から眼が退化した白色のユノハナガニやゴエモンコシオリエビなどが発見されている．次に代表的な種類の幼生や生活史について紹介しよう．

1. エビの女王クルマエビ

遊び心で水産面から独断と偏見でエビ類のランク付けをすると，おいしさと縁起物としての価値から，イセエビを王様とすると，姿形が美しく躍り食いなどのうまさから，クルマエビは女王に該当すると思う．次に，クルマエビ類の幼生について述べよう．

フトミゾエビ：サンゴ礁海域の代表的なクルマエビの仲間は，白っぽいフトミゾエビ *Melicertus latisulcatus* である．その他，内湾にミナミクルマエビ *Penaeus canaliculatus*・ウシエビ *P. monodon*・クマエビ *P. semisulcatus*・モエビ *Metapenaeus moyebi* などが生息している．フトミゾエビは沖縄の方言で白いエビを意味する「シルセ

ー」あるいは「シルサイ」と称し，砂質底の浅海に生息している．このエビは釣り人に人気があり，魚の食いつきがよく釣具店でkg当たり7000円前後で売られている．また，てんぷらにして食べると，クルマエビに劣らずおいしい．

幼生と生活史：藤永元作博士は，クルマエビの生活史や養殖の詳細な研究を戦前から山口県の秋穂で行い，すばらしい業績を残された．彼は，今日の世界におけるクルマエビ類の養殖に多大な貢献をなされた．先生の生前に，私もクルマエビの種苗生産や養殖方法などについて教えていただいた．彼のクルマエビの生活史や養殖方法を応用して，沖縄産のフトミゾエビの母エビ養成や卵内発生および後期胚発生などの基礎的研究を行い，このエビの種苗生産に成功した．母エビは，室内水槽で稚エビから養成して産卵させた．1メスが数回産卵することも明らかになった．クルマエビ類は，カニ類やコエビ類などの十脚甲殻類が産卵した卵を腹肢につけて，孵化まで

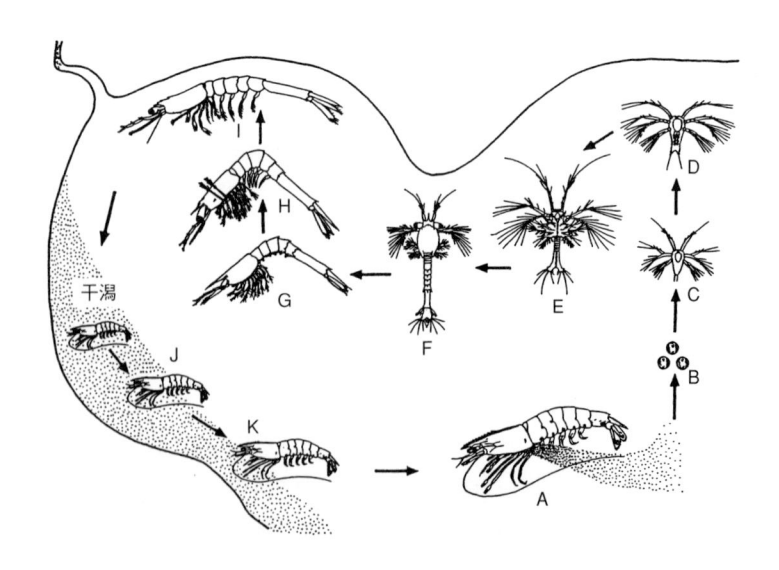

図9 フトミゾエビの幼生と生活史．A：深みで産卵．B：受精卵．C：ノウプリウスI．D：ノウプリウスV．E：ゾエアI．F：ゾエアIII．G：ミシスI（ゾエアIV）．H：ミシスIII（ゾエアIX）．I：デカポディド．J：稚エビ．K：若エビ．(Shokita, 1984を改変)

大事に育てるのに対し，保護せずに海中に直接放卵する．卵を守るグループは抱卵亜目に属し「母性愛型」，守らないグループは根鰓亜目で「無責任型」として類型化されている．

　フトミゾエビの孵化幼生は，図9に示すように，ノウプリウス（6期）・ゾエア（3期）・ミシス（あるいはゾエア）（3期）を経てデカポディド期に変態し着底する．デカポディドはまだ幼生の形質を残しているが，脱皮後には稚エビに変態する．ノウプリウスは一見クモを連想し親とはまったく違った形態をしている．この幼生は母エビからもらった油球を吸収し脱皮しながら形態を変えていく．この幼生は，単眼をもち，第1触角・第2触角・大顎の付属肢で遊泳する．脱皮ごとに体が伸長し，第1小顎・第2小顎・第1顎脚・第2顎脚の原基が発達する．ノウプリウスからゾエアに変態すると，形態もかなり変わり植物プランクトンなどの餌を食べ始める．

　ゾエアIは，腹部が伸長し，第1，2小顎が二叉状（内肢と外肢）で，ゾエアIIで第3顎脚・胸脚・尾肢の原基が，それぞれ出現する．ゾエアIIIでは尾肢の外肢と内肢先端部に羽状毛が生じる．ゾエアIIIからミシス期になると食性が動物食に変わり，人工的にブラインシュリンプやシオミズツボワムシなどを与えると，よく食べて脱皮成長する．

　ミシスI～III幼生は，胸脚が二叉状で外肢が有毛機能になり，腹肢も発達し，かなりエビの形に似てくる．デカポディド幼生は，胸脚の外肢が退化し，腹肢が有毛機能になり，水平に遊泳するようになる．稚エビから若エビの期間は，浅海ですごし，大きくなるにつれて深みへと移行する．

2．縁起物のイセエビ類

　イセエビ類は，古来結婚式や正月などのめでたい時に，縁起物として利用されてきた．イセエビ類とセミエビ類の幼生は，薄っぺらで透明なフィロソーマ幼生として孵化する．イセエビ *Panulirus japonicus* は，北里大学の橘高二郎博士らの研究によると，フィロソーマ幼生が孵化後10，11齢期を経て，340日と391日後に2尾がプ

エルルス幼生へと変態したという．幼生の餌は初期にブラインシュリンプ，後期にイガイの卵巣片を併用して与えている．フィロソーマ幼生は，飼育下では約1年前後の長期にわたる浮遊生活を送り，脱皮を繰り返しながら成長していく．フィロソーマ幼生は，海洋でクラゲ類に付着しているのが観察されているが，天然海域での詳細な生活は不明である．また，プエルルス幼生は底性生活に移行し，頭胸部前方にV字状の肝膵が見られる．この期間は摂餌せずにやがて脱皮して稚エビになるが，おそらくこの肝膵を栄養として利用していると考えられる．

イセエビの天然資源の減少に伴い，人工的に増やす試験研究が大学や水産試験場などで実施されてきたが，未だ大量種苗生産には至っていない．その原因は，フィロソーマ幼生が人口飼育下で1年前後も浮遊生活をし，生存率を高める適正な餌がなく，死亡率が高いことによるようである．本種の稚エビ生産は，ウナギの種苗生産同様に大変難しいが，21世紀のイセエビ類増養殖の進展に期待したい．

なお，沖縄のサンゴ礁海域にはイセエビ属 *Panulirus* の6種（イセエビ・カノコイセエビ *P. longipes*・シマイセエビ *P. penicillatus*・ゴシキエビ *P. versicolor*・ニシキエビ *P. ornatus*・ケブカイセエビ *P. homarus*）が生息し，カノコイセエビとシマイセエビが比較的多い．イセエビやその他のものは少ない．

以上，甲殻類の子供と生活史などについて述べたが，子供と親の形態の違いが何を意味しているのか，知的興味がわけば幸いである．

10章
巣穴の中の共生関係

伊谷 行

共生生活を営む甲殻類

　他の生物との共生を行う甲殻類として，何を思い浮かべるだろうか．おみそ汁や酒蒸しのアサリから白く柔らかいオオシロピンノというカニを見つけた経験は誰にでもあるだろう．あるいは，魚についた寄生虫をとっている，紅白の縞模様が美しいオトヒメエビの写真をご覧になったこともあるかもしれない．少し変わったものでは，ウミガメ類の甲羅にのみ付着するカメフジツボというフジツボ類や，ホタテガイの鰓に付着するホタテエラカザリというカイアシ類といった例をご存じであろうか．また，甲殻類が他の共生者の宿主となる例も多い．ソメンヤドカリがベニヒモイソギンチャクを貝殻につけていたり，ニシキテッポウエビの巣穴にハゼ類がすみついていたりする例が有名だろう．もっと身近には，魚屋でズワイガニの甲羅の上に黒くて丸いつぶつぶがついているのを見たこともあるはずだ．これはカニビルという環形動物がカニの上に産み付けた卵嚢であり，これも共生関係の1つである．このように，共生生活に関わっている甲殻類は非常に多く，枚挙にいとまがない．本章では，その中から，普段は目に触れることのない，干潟の巣穴の中で繰り広げられる共生関係について紹介をさせていただく．なお，共生関係には，寄生（一方が利益を得て，他方が被害をこうむる），片利（一方が利益を得るが，他方には利益も被害もない），相利（双方が利益を得る）などの関係がある．「共生」という言葉を「相利共生」の意味で使う場合もあるが，この章では利害の有無にかかわらず，これらすべての関係について，「共に生きる」という語源通りの意味で「共生」という言葉を用いることにする．

アナジャコがつくる生息空間

　干潟にしゃがみこんでしばらくじっと動かずに待っていると，巣穴の中からチゴガニやヤマトオサガニといったカニたちが干潟の上に出てきて，ハサミ脚を振り上げては振り落とし，またあるものは干潟表面の泥を口に運んでは器用に砂団子をはき出して，とても忙

しく動いている．そのめまぐるしい様子と対照的に，ウミニナ類が，その緩慢な歩みを泥の轍に残している．しかし，このように干潟表面に見えるものだけが干潟の生物ではない．深い巣穴をつくって奥深く暮らし，干潟の表面に出てこない生物もいる．そしてこのような生物の巣穴の中こそが，他の生物が共生する場所となっている．

干潟につくられた巣穴の中に様々な生物が共生している例でもっとも古くから知られているのは，米国のマクギニティ MacGinitie 博士らによってカリフォルニア湾で行われた，ユムシ動物門の一種，ウレキス・カウポ *Urechis caupo* の共生者群集である．このユムシは河口域に深さ50 cm ほどの U 字状の巣穴をつくり，水流を起こして懸濁物食を行うが，この巣穴内にはカクレガニ類やテッポウエビ類，環形動物のウロコムシ類，二枚貝類，ハゼ類などがすみ込んでいる．このような共生関係が日本の干潟にも見られるだろうか？

日本にもアメリカのユムシ類と同属のユムシが生息している．以前は日本各地の干潟に普通に見られ，発生学実験の材料としても頻繁に用いられていたが，現在は絶滅が危惧されるような希少な存在となっている．残念ながら，今まで共生生物に関する研究は行われていないし，今後の研究も難しい．しかし，先ほどの北米での研究例では，懸濁物食を行うアナジャコ類の一種ウポゲビア・プゲッテンシス *Upogebia pugettensis* の巣穴にもユムシ類とほぼ同様の共生者がいるらしい．そこで，これから日本の干潟に生息するアナジャコ *Upogebia major* の巣穴の中を見てゆこう．

アナジャコは体長10 cm ほどの十脚目甲殻類である．「穴にすむシャコだからアナジャコ」というようにいわれることがあるけれど，お寿司のネタになるシャコは口脚目に属していて縁遠い存在であるし，シャコ自身も穴にすんでいるので，そのような表現はまったく当たっていない．アナジャコは干潟の泥の中に巣穴をつくり，始終その中で生活をしている．アナジャコの密度は 1 m^2 に30個体を超えるところが多く，干潟が穴だらけになることも珍しくない（図1左）．東邦大学の木下今日子博士が巣穴構造を明らかにするために，東京湾の干潟でアナジャコの巣穴に樹脂を流し込んで鋳型を作成し

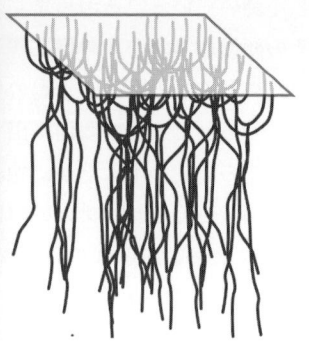

図1　左：アナジャコの巣穴のある干潟の表面．右：その地下の想像図．

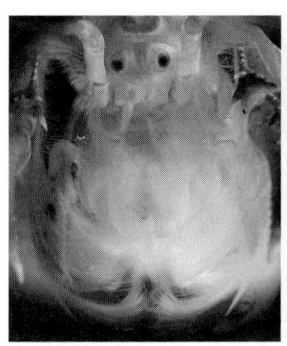

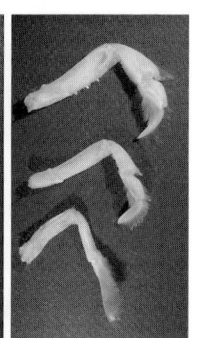

図2　左；懸濁物食を行うアナジャコ．剛毛の篩で懸濁物をとらえる．中：剛毛の密生する第1，第2胸脚．右：第3～第5胸脚．第5胸脚にはブラシ状の毛が生えており，鰓の中や体表面の掃除を行う．

たところ，上部に深さ30cmから50cmのU字の部分とその下に地中へ伸びるI字の部分があり，全体では深さ2mを超えるY字型をしていることがわかった．つまり，干潟の下には地表とは異なる巨大な空間が広がっていることになる（図1右）．共生者がすむには申し分ない広さだ．

　巣穴の中の環境はどうだろうか．巣穴は泥で裏打ちされて堅く締まっていて，丈夫で安定している．さらにアナジャコはU字部で腹肢を動かすことにより水流を起こし，直上の海水を引き入れる．

この海水は新鮮で酸素に富んでいるうえ,プランクトンやデトリタスなどの豊富な餌を巣穴に運んでくる.アナジャコは左右の第1胸脚（ハサミ脚）と第2胸脚に密生する剛毛で巨大な篩のかごをつくり,これらの餌を濾しとって食べるのだ（図2）.これらの餌と酸素は共生者が暮らしていくうえでも重要であるに違いない.

アナジャコの巣穴を利用する共生者

1. トリウミアカイソモドキ

　トリウミアカイソモドキ Acmaeopleura toriumii は,1974年に新種記載をされた,甲幅が5 mmから8 mm程度の小さなカニで,イワガニ科ヒメアカイソガニ属に属している.その名前はこのカニの標本を採集された東北大学の鳥海博士に由来している.当時は,このカニが宮城県の女川湾から採集されたことがわかっていただけで,生態に関する情報は何もなかった.その後,オーストラリアのクイーンズランド博物館のデイビー Davie 博士がこのカニをアナジャコ類やユムシ類の巣穴が密生する香港の干潟から採集したが,何の巣穴に共生していたのかはわからなかった.

　そこで,筆者は瀬戸内海の山口湾にある,アナジャコが密生する干潟で調査を行った.スコップで干潟の泥を掘り,篩でふるうと,確かにトリウミアカイソモドキが採集される.しかし,これだけでは,このカニがどのように暮らしているかわからない.そこで,アナジャコの巣穴を注意深くスコップで掘り進めると,口絵11-Aのように,トリウミアカイソモドキが巣穴の壁につかまっている様子を見ることができた.しかし,自由生活をするカニがたまたまアナジャコの巣穴に入っていたところを見つけただけかもしれない.

　そこで,トリウミアカイソモドキが自ら巣穴をつくる種でないことを確認するために,カニをスコップを使って採集して,すぐ近くの干潟表面に放してみた.カニが逃げたり,魚などの捕食者に食べられたりしないように,直径6 cm長さ10cmのパイプを干潟に埋め込み,その中にカニを1匹ずつ放して,上部には目合い1 mmの網をかぶせた.その24時間後に,どこにカニがいるかを調べたとこ

ろ，実験を行った23個体中，19個体のカニが巣穴をつくらず，地表から3cm以内の泥の中に埋もれていた．しかもそのほとんどは深さ1cm以内の泥の中にいて，泥の中にもぐったというよりも，泥をかぶった程度の状態で発見された．残りの4個体の場合は，パイプの中にぽっかり大きなアナジャコの巣穴の入り口があいてしまっていた．パイプをかぶせる時には，巣穴のないところを選んだつもりだったのだが，どうもその時にはアナジャコの巣穴の入り口が閉じていたらしい．行方不明のカニはきっとアナジャコの巣穴の中に入っていったのだろう．このことから，トリウミアカイソモドキは自ら巣穴をつくるカニではないらしい．

次に，トリウミアカイソモドキが，泥に埋もれて暮らす自由生活種でないことを明らかにするために，干潟の表面の泥を20cm四方深さ3cmまですくい取り，このカニがいるかどうかを調べた．干潟のあちこちで合計 $4m^2$ 分の面積からの採集を干潮時と冠水時の両方の時間帯に試みたが，このカニを採集することはできなかった．トリウミアカイソモドキは単独で暮らしているわけではなく，やっぱりアナジャコの巣穴に共生する種類だったのだ．

トリウミアカイソモドキを研究室に持ち帰って飼育すると，貝や魚の肉片，アナジャコの脱皮殻から熱帯魚の餌のテトラミンにいたるまで，何でもよく食べた．また，泥をつまんで口にもっていったり，長い顎脚を使って海水中に懸濁するものをとらえたりもした．きっと，アナジャコの巣穴の中にある，または巣穴の中に入ってくるありとあらゆる食物を利用して暮らしているに違いない．

2．クボミテッポウエビ

アナジャコの巣穴の中にはカニだけではなく，エビもすんでいる．アナジャコのすんでいる干潟の泥をスコップで掘り下げると，巣穴からたくさんの水が噴き出してくる．その水を篩で濾してみると，小さなテッポウエビ類の一種，クボミテッポウエビ *Stenalpheops anacanthus* が採集される（図3左）．干潟にも水のはけ具合により浅い潮だまりのようなものができるが，このエビを潮だまりで見る

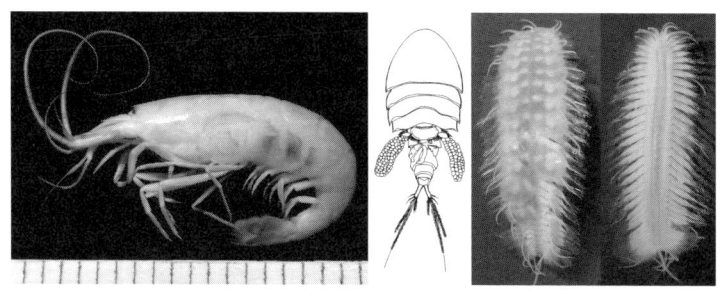

図3　左：クボミテッポウエビ．中：寄生性甲殻類のヘミキクロプス・ゴムソエンシス（体長2mm）．（伊東，2001より）　右：ゴカイの仲間のアナジャコウロコムシ（体長10mm）．

ことはない．クボミテッポウエビの共生関係は宮島水族館に勤めておられた故山下欣二氏により20年も前に発見された．このエビは，分類学的にも特異であり，1997年に新属新種として記載されたのだが，頭胸甲にくぼみがあることが特徴である．このくぼみは第1胸脚から第2胸脚の基部にあり，これらの脚が自由に動くことに役立っているようにも見えるが，その機能はわかっていない．また，このエビも，飼育をしてみると，何でも食べることがわかる．実際に巣穴の中でどのように生活をしているのか，トリウミアカイソモドキと競争関係にあるのかどうか，とても興味深い．

3．カイアシ類

　もっと小型の甲殻類もアナジャコの巣穴を利用することが，(株)水土舎の伊東宏氏によって報告されている．共生性のポイキロストム目のカイアシ類では，コペポディドⅠ期という浮遊幼生のみがプランクトン採集物から得られ，成体がわからない種が多いという．伊東氏は，東京湾の多摩川河口域で様々な生物の巣穴の中から水をポンプで吸い上げて採集し，また卵や幼生の飼育を行うことで，親子関係の確認と成体の生息場所を明らかにした．その結果，1991年に韓国のヤマトオサガニの巣穴から記載されたカイアシ類の一種，ヘミキクロプス・ゴムソエンシス *Hemicyclops gomsoensis* の成体が，ヤマトオサガニとアナジャコの巣穴からわんさかと採集されたので

ある（図3中）．さらに，アナジャコの巣穴を利用する未記載種のカイアシ類が採集され，伊東氏らにより2002年にヘミキクロプス・タナカイ *Hemicyclops tanakai* という名前で記載された．この種は，ニホンスナモグリやヤマトオサガニの巣穴からも稀に採集され，宿主の体表に付着していることもあるようだ．

4. アナジャコウロコムシ

　甲殻類以外の生物もアナジャコの巣穴を利用する．図3右はアナジャコウロコムシ *Hesperonoe hwanghaiensis* という多毛類の一種だ．この種が属するヘスペロノエ属のウロコムシ類は，北米太平洋岸ではユムシ類やアナジャコ類の巣穴に共生するものが知られていた．本種は1965年に中国の黄海沿岸の，アナジャコ類やスナモグリ類が分布する干潟で採集された標本をもとに記載されたが，共生関係の有無については確証が得られていなかった．その種が日本に分布し，アナジャコの巣穴に共生することが，近年，鹿児島大学の佐藤正典博士らの研究により確認された．このウロコムシも，ていねいにアナジャコの巣穴をくずしていくと，巣穴の内壁を滑るように歩いている姿を見ることがある．本種は極度に平べったくて，巣穴にはりついていても，おそらくアナジャコの邪魔にはならないように思われる．おもしろいことに，小型のウロコムシはアナジャコの体に付着し，腹部や胸部を自由に動きまわっている．

5. クシケマスオガイ

　巣穴を利用する共生生活には，共生者が巣穴の中にいない場合もある．北米では，クリプトミア・カリフォルニカ *Cryptomya californica* というオオノガイ科の二枚貝が，ユムシ類やアナジャコ類の巣穴に水管を伸ばして，巣穴の中の水を利用することが知られていた．オオノガイ科の二枚貝類ではオオノガイのように，太くて長い水管をもって，地中深くに潜っている貝が多いのだが，クリプトミアは水管が極度に短い．それにもかかわらず，深い砂泥の下にすんで捕食者を回避できるのは，ユムシ類やアナジャコ類の巣穴を

図4 左：アナジャコ類の巣穴に共生するクシケマスオガイ．その水管は極度に短く，斧足は発達している（殻長15mm）．(Itani & Kato, 2002より)　右：アナジャコの巣穴の鋳型．ホウキムシの一種フォロニス・パリダの棲管が無数にとりついている．アナジャコの巣穴はおよそ直径2cm．[写真提供：東邦大学木下今日子博士]

利用しているからだ．さて，日本には，このような共生生活をしている二枚貝はいるだろうか．筆者らが日本各地の干潟を調査したところ，クリプトミア属のクシケマスオガイ *Cryptomya truncata*（図鑑によっては，ベナトミア属とされる）が，やはりアナジャコや他のアナジャコ類の巣穴がたくさんある干潟から採集された．砂泥中の二枚貝と巣穴の位置関係が特定できたケースは少ないのだが，いくつかの個体はアナジャコ類の巣穴に水管を伸ばしているような状態で発見された（図4左上）．また，本種はクリプトミア・カリフォルニカと同様に水管が短く，斧足が発達している（図4左下）ことから，本種も地中でアナジャコ類の巣穴を求めて動きまわり，巣穴の中の水を利用して懸濁物食を行っているのではないかと推測される．

10章　巣穴の中の共生関係── 241

6. ホウキムシ類

東邦大学の木下博士が東京湾でアナジャコの巣穴の鋳型を採集した際，図4右の写真のように箒虫動物門のホウキムシ類の一種，フォロニス・パリダ Phoronis palida の棲管が巣穴のまわりに密生していることが確認された．ホウキムシ類はキチン質の棲管の中にすむ動物で，一見，環形動物門のカンザシゴカイ類に似ているが，体節や疣足などの構造はない．本種は，アナジャコの巣穴内に触手冠を広げて，懸濁物食を行うものと考えられる．

7. 巣穴を一時的に利用する生物

アナジャコの巣穴をていねいに掘っていると，セジロムラサキエビやヒモハゼといった生物が出てくることがある．これらは，干潟の潮だまりの中にも見られるため，巣穴を潮だまりの代わりとして使っていたのかもしれない．また，地表で活動している，ケフサイソガニやオサガニがわれわれの姿に驚いてアナジャコの巣穴に逃げ込む様を見ることもたびたびである．東京湾での木下博士の研究例では，チチュウカイミドリガニやエドハゼが鋳型の中に抱埋されていたという．また，長崎大学名誉教授の道津喜衛博士によると，ビリンゴなどのハゼ類がアナジャコの巣穴を産卵場所として利用することもあるらしい．これらのように，巣穴を一時的に利用する生物もたくさんいるようで，彼らにとってアナジャコなどの巣穴がどれほど重要であるのかも，今後の興味深い研究テーマであろう．

アナジャコの体を利用する共生者

1. マゴコロガイ

マゴコロガイ Peregrinamor ohshimai は1938年に新種記載された，アナジャコの胸部腹面に足糸で強固に付着する二枚貝である（口絵11-A, B）．この貝は，背腹に扁平な形をしており，この形からカワホトトギス科に分類されることもあるが，内部形態の観察からは共生性の種を多く含むウロコガイ上科に属すると考えられる．

ハート型をしていて胸のあたりについていることからマゴコロガ

イという和やかな名が与えられたのであるが，その生態は寄生的である．マゴコロガイは，アナジャコが懸濁物を集める第1，第2胸脚の剛毛の濾過かごの中に，水管を伸ばして，餌の横取りをするのである．口絵11-Bの写真を見るとアナジャコの胸の下にある空間は非常に窮屈であるが，マゴコロガイが宿主の餌を横取りするためにはどうしてもその場所にくっつく以外はない．そして，そのためには，マゴコロガイがあのような扁平な殻をもつ必要がある．一方，北米のアナジャコ類の一種，ウポゲビア・プゲッテンシスには，ウロコガイ上科プセウドピシナ属の二枚貝類の2種が付着することが知られている．これらの貝は普通の二枚貝の形をしているし，胸部ではなく，腹部に付着している．マゴコロガイの特殊な形態や行動の進化を明らかにするためには，その系統学的位置を定め，近縁種の形態や行動を調べる必要があるだろう．

マゴコロガイは新種記載以後，雌雄同体として知られていたが，近年，デンマークのリュッツェン博士らの電子顕微鏡による精細な観察から雌雄異体であることが明らかになった．その研究によると，これまで精巣と思われていた器官はオスから受け取った精子を貯める貯精嚢であるらしい．すなわちハート型をしたマゴコロガイはメスであるというのだ．そして，メスの足糸には小さな貝が複数くっついているのだが，この貝の内部には精子が充満しているため，こちらの小さな貝がオスであるようだ．

筆者らはミナミアナジャコという，日本では奄美諸島だけに分布している小型のアナジャコ類に，別種のマゴコロガイ類が共生していることを発見した．口絵11-B左上の写真のように，この貝は殻の腹面後方に大きな開口部をもつことと，そこから肉質の外套膜がはみ出していることから，マゴコロガイとは区別できる．奄美大島の南に隣接する加計呂麻島を舞台に書かれた島尾敏雄氏の小説『島の果て』にちなんで，シマノハテマゴコロガイという和名をつけた（学名は*Peregrinamor gastrochaenans*）．日本のあちらこちらには，まだまだ知られていない共生生物が巣穴の中でひっそりと暮らしているのである．

2. シタゴコロガニ

　筆者は山口湾で一連の共生生物の調査を行っている最中に，トリウミアカイソモドキとよく似たカニで，口絵11-A, Bのようにアナジャコの腹部にぶら下がっているものがいることを発見した．同じアナジャコと共生しながら，同属の2種のカニでまったく生態が異なっていることになる．まだ記載論文が印刷されていないので学名は与えられていないが，ここではマゴコロガイよりも下方の腹部についていることと，寄生的な生態をもつことから，シタゴコロガニという和名で呼ばせてもらおう．

　シタゴコロガニを実験室に持ち帰り，アナジャコと一緒の水槽にいれておくと，すぐにアナジャコの腹部にとりつく．そして，巣穴に見立てたビニールチューブの中にアナジャコを飼育して，その中にシタゴコロガニを入れて観察すると，多くの場合，カニは背後からアナジャコに近づいて腹部の下に潜り込み，第2腹肢をよじのぼって定位置についた．アナジャコは，第5胸脚を使ってカニをこぎ落とそうとするのだが，カニはその脚の根元あたりにいるため，うまく落とすことができない．アナジャコを横から見ると，第1から第2腹節のあたりにぽっかりと大きな空間ができている．マゴコロガイのような特別な事情がない限り，共生者が付着するには腹部がちょうどいいと思われる．

　一方，トリウミアカイソモドキをチューブに入れても，必ずアナジャコに見つかって，つまみ出されてしまう．シタゴコロガニはアナジャコにぶら下がることで，巣穴の中でアナジャコに追われる生活から抜け出すことができたのだろう．また，アナジャコの抱卵期には，トリウミアカイソモドキがアナジャコの卵塊の中に隠れていることがある．このような行動が前適応となってシタゴコロガニのような腹部にぶら下がる行動が進化したのかもしれない．

　シタゴコロガニを飼育していると，やがて付着しているアナジャコの腹部に黒い傷ができてくる（口絵11-B右下）．これはアナジャコの皮膚を傷つけた場合にできる，かさぶたのようなものだ．シタゴコロガニの行動をじっくり観察していると，カニがハサミを使っ

てアナジャコの腹部をつまんで口へ運ぶしぐさが見られるため，きっと表皮やこのかさぶたを食べているものと考えられる．野外のアナジャコでも山口湾では1割程度の個体に腹部の傷が見られるが，シタゴロガニのいない干潟では，傷をもつアナジャコは見つからない．

3. エビヤドリムシ類

　アナジャコを採集していると，鰓が膨れている個体が見つかることがある．その鰓室にはメタボピルス・オヴァリス *Metabopyrus ovalis* というエビヤドリムシ亜目に属する等脚類がすみついている（図5）．鰓室いっぱいに広がる大きな体をしているのがメスであり，その胸はたくさんの卵を抱いていて膨れている．一方，メスの腹部に付着する小さな個体がオスであり，必ずペアで暮らしている．等脚類はフナムシなどのように，浮遊幼生を出さないものが多いのだが，エビヤドリムシ類は複雑な生活史をもつ．まず，エピカリデア幼生という浮遊幼生が放出され，それは中間宿主のカイアシ類甲殻類に付着してミクロニスクス幼生に変態する．幼生は，さらに，クリプトニスクス幼生に変態後，カイアシ類を離れて最終宿主である十脚類に付着を行うのだ．エビヤドリムシ科に属する他の等脚類で行われた研究によると，はじめに鰓にたどり着いた幼生がメスに変

図5　アナジャコの鰓室の中に共生する甲殻類のメタボピルス・オヴァリス（体長7mm）．左が腹面，右が背面．雄は雌の腹部に付着している．

態し，後にたどり着いた幼生がオスに変態するのだという．エビヤドリムシ類は宿主の体に口器を差し込み，血や体液を吸う寄生者である．

巣穴の中の共生関係から

1. 巣穴に居候して暮らす

　これまで，アナジャコと共生するいくつもの生物を紹介してきたが，このような巣穴共生が進化する要因は何であろうか．砂泥堆積物の表面は構造に乏しく，隠れる場所が少ない．そこで多くの生物は自ら巣穴をつくったり，泥の中に潜ったりして，魚類や大型甲殻類からの捕食を逃れている．他の生物がつくった巣穴を利用する利点は，自ら巣穴をつくったり維持したりするために必要な労力をかけずに，捕食者から逃れることができることである．さらに，巣穴の宿主が積極的に巣穴を換水する場合，共生者は巣穴に流れ込んでくるデトリタスなどの栄養物と酸素に富んだ海水を利用することができる．このように他の生物の巣穴を利用する利益はきわめて高い．それを証拠に，ベントスの巣穴や棲管に特異な共生生物がすみ込んでいる例はアナジャコ類のほかにも多数知られており，このことは宿主が生息場所をつくり出し，また共生者が宿主に適応進化してきた結果であると考えられる．

　日本の干潟に巣穴を形成するベントスの中では，埋在性のナマコ類のトゲイカリナマコがアナジャコ類に次いで多種多様な共生者をもつものと考えられる．その巣穴にはアリアケヤワラガニや，ムツアシガニ，ヒメムツアシガニがすみ込んでおり，体表には二枚貝のヒナノズキンが共生するという．香港の干潟からはこのナマコを宿主とする共生者が他にも知られているため，日本でも調査が進めばさらに多くの共生者が見つかることであろう．

　巣穴の中に共生するカニとしては，カクレガニ科のカニ類がもっとも種数が多い．この科のカニは二枚貝の外套腔やナマコの消化管などにすむなど共生性の種が多いグループで，たとえば，ツバサゴカイの棲管にオオヨコナガピンノが，タマシキゴカイの巣穴にヨコ

ナガピンノが，またワダツミギボシムシの巣穴にはオオヨコナガピンノのほかにギボシマメガニが共生する．このように多様な宿主と共生することにより，このカニ類の種の多様性がつくられたのだろう．

　しかし，共生者にとって，利益ばかりがあるわけではない．細い巣穴の中で宿主とすむためには，体を小さくする必要がある．巣穴に共生するカクレガニ科のカニ類では，平たい体をして，甲を横に長くしたような形をしたものが多い．ゴカイ類の細い巣穴の中では，横長の甲羅を巣穴の上下方向に合わせることで，一番大きな体になることができる．アナジャコの巣穴は巨大であるため，空間の面では恵まれているが，こちらの場合は，宿主の行動が問題となる．アナジャコの巣穴に小石などを落としてやると，しばらくして小石が押し戻される．せっかく苦労して立派な巣穴をつくったわけであるから，余計なものが入ってくるのを排除するのは当然のことである．この巣穴の中で，トリウミアカイソモドキや他の共生者がどのようにアナジャコの妨害から逃れ，巣穴の中で暮らしていけるのか，まだまだわかっていないことが多い．

　巣穴の宿主にとって，共生者がいることによる影響はあるのだろうか．アナジャコがカニを排除しようとする行動は，実際にカニがアナジャコにとって害があるからなのかもしれないし，害はないけれど，他のアナジャコや外敵から巣穴を守ろうとする行動の一環として行われているのかもしれない．

　巣穴共生者の宿主への影響を調査した例はほとんどなく，米国のグローブ Grove 博士らが，ツバサゴカイとその巣穴共生者に関して行った研究が唯一のものであろう．彼らは，カクレガニ類やカニダマシ類といった共生者を棲管の中に入れたゴカイと，共生者を棲管から除去したゴカイを7カ月ものあいだ実験室で飼育して，その成長を比較したのである．共生者の存在は，棲管の中での障害物となって，宿主の懸濁物食の邪魔になると考えられたが，この実験の結果，共生者によって，宿主の成長が阻害されることはなかった．二枚貝の外套腔にカクレガニ類が共生する場合は宿主に悪影響

をおよぼすことが知られており，まったく対照的な結果となった．

　宿主への利益はないだろうか．テッポウエビ類の巣穴にハゼ類が共生する例では，ハゼ類は巣穴に住まわせてもらうかわりに，捕食者などの危険を宿主に伝えるという相利的関係が進化したといわれている．今のところ報告例はないが，研究がすすめば，共生者が巣穴の中の不要物や宿主の体についた異物などを食べてくれる，というような関係が明らかになるかもしれない．

2．甲殻類の体表に付着して暮らす

　巣穴を形成する甲殻類の体表は，巣穴の中にその生物がいる限り，外敵に対して比較的安全な場所に存在する付着基質であるため，これを利用する共生者が進化してきたことは不思議なことではない．二枚貝の例をあげると，日本からはこれまで，シャコの腹部に付着するコフジガイや，フタバオサガニの歩脚に付着するオサガニヤドリガイが知られている．世界的にも，二枚貝が甲殻類の体表に付着して生活する例はきわめて少ないが，いずれの場合もその宿主は巣穴内に生息する甲殻類に限られている．このことは，巣穴内に存在する甲殻類の体表という安全な付着基質に特異性をもつような形で二枚貝が進化してきたものと考えられる．

　また，エビヤドリムシ科等脚類は10亜科500種あまりが記載されており，その多くは十脚甲殻類の鰓室内という閉鎖された空間に付着する種であるが，腹部に付着する種類も3グループ知られている．コエビ類に共生する Hemiarthrinae 亜科，ヤドカリ類に共生する Athelginae 亜科，およびアナジャコ類に共生する Phyllodurinae 亜科である．ヤドカリ類の腹部は貝殻の中にあるため，保護された空間の中にある．コエビ類の腹部は，ホッコクアカエビ（いわゆるアマエビ）を想像していただければよいが，左右の側板という殻の一部が張り出していて，やはり，保護された空間となっている．側板の発達していないアナジャコ類の腹部にエビヤドリムシ類が共生しているということは，宿主であるアナジャコ類が常時，巣穴の中にいることにより，その体表が保護された空間として機能している

ことによるものと考えられる．

　一方，甲殻類の体表を生息場所として利用することには，やっかいな面も同時に存在する．甲殻類は，脱皮を繰り返すことで成長していくために，体表に付着する共生者は脱皮殻とともに脱ぎ捨てられてしまうことになるからだ．アナジャコの場合は短く堅い毛がブラシのようになっている第5胸脚を使って，体の隅々をきれいにしているため，めったにつくことがないが，カニやイセエビの甲羅には，ヒドロ虫類，ウズマキゴカイ類やエボシガイ類のような繁殖サイクルの短い付着生物が付着することが多い．また，逆にこのことを利用して，甲殻類が前回脱皮してから経過した時間を示す指標として，体表共生者の付着量が使われることもある．

　しかし，脱皮の際に脱ぎ捨てられる共生者の中には，繁殖期を宿主の脱皮が起こる季節に同期させる戦略をもち，幼生が脱皮直後の宿主に着底できるようにして，宿主の脱皮周期をできるだけ効率よく利用しようとする例がある．アナエビ類の付属肢に付着する外肛動物門の一種，トリケラ・コレニ *Tricella koreni* がその例だ．また，近年記載された動物門である有輪動物門の一種，シンビオン・パンドラ *Symbion pandora* は，アカザエビ類の口器に付着していて，普段は無性生殖を行うが，宿主の脱皮時期には有性生殖を行う．さらに，幼生の宿主探索能力を高める戦略をもつものもいる．ノコギリガザミなどの鰓に付着する蔓脚甲殻類の一種オクトラスミス・コル *Octolasmis cor* では，浮遊幼生が脱皮間近のカニに定位し，カニが脱皮するやいなや付着を行うという．

　多少とも移動能力のある共生者では，脱皮殻とともに脱ぎ捨てられてしまっても，移動して脱皮後の宿主に再び取り付くことができる．たとえば，オサガニヤドリガイは，宿主から離した場合でも，顕著な移動能力を示すことから，脱皮で捨てられた後でも再び着底できると考えられる．運動能力の高い共生者では，宿主の脱皮にかかわらず宿主個体間を移動できる．シタゴコロガニやカニヒモムシ類などがその例だ．

3. ほら脱げた，そら移れ

　スジエビ類の鰓室内に共生するエビヤドリムシ科等脚類の一種プロボピルス・パンダリコラ Probopyrus pandalicola では，宿主の脱皮後も特別移動を行うことなく，そのまま同じ個体の鰓室内に移っていたことが観察されている．しかし，腹部に共生するエビヤドリムシ類では，移動を行わないと脱皮殻とともに捨てられてしまうだろう．また，マゴコロガイも運動能力に乏しく，宿主からとりはずすと，再び宿主に付着することができない．

　そこで，マゴコロガイと腹部共生性のエビヤドリムシ類（アナジャコノハラヤドリ）を用いて研究を行った．後者は奄美大島に生息するミナミアナジャコの第2腹肢に付着する未記載種だ．共生者と宿主のサイズについては，マゴコロガイ，アナジャコノハラヤドリとも宿主ときわめて高い相関があった．すなわち，大きい宿主に小さい共生者がついたり，その逆であったりすることはなく，共生者が宿主の脱皮殻とともに捨てられて別の宿主に取り付くということは考えにくい．自分のサイズに見合った宿主を探しまわるほどの運動能力がないからだ．また，この結果は，宿主の脱皮の度に新しく共生者の幼生が定着を行うわけではないことを示している．大きなアナジャコに小さな共生者が付着しても，第5胸脚のブラシで落とされてしまうのだろう．したがって，共生者は，宿主が小さいうちに付着を行い，宿主の脱皮後も同じ宿主を利用すると推測される．

　次に，宿主の脱皮を直接観察するために，共生者の付着した宿主を実験室に持ち帰り，新鮮な海水を掛け流した水槽で飼育した．水槽内では，体長に見合ったサイズの透明なチューブに宿主を入れ，その行動をタイムラプスビデオを用いて記録した．その結果，マゴコロガイ，アナジャコノハラヤドリともに，宿主の平常時には移動を行わなかったが，宿主の脱皮の際に驚くべき行動を見せた．

　宿主の脱皮は，甲殻の頭胸部背面が持ち上がる，内部の新しい頭胸部が現れる，頭胸部の附属肢が殻から引き出される，腹部が殻から引き出される，の順に行われた（口絵11-C，図6）．これは，アナジャコ，ミナミアナジャコとも同様で，共生者を宿していない個

体でも同様だった．脱皮に要する時間は体長によって異なるが，3分から8分程度だった．大きな個体ほど脱皮時間は長い．

マゴコロガイは，宿主が脱皮を始めてから移動を開始した．宿主の頭胸部の殻が持ち上がると，マゴコロガイは斧足をシャクトリムシのように伸ばしたり縮めたりするクローリング運動を行って新しい頭胸部に乗り移り，そのまま胸の定位置にたどり着くまで移動を続けた．移動速度は，およそ毎分5～6 mmと速くないが，それでも脱皮時間中に移動を完了した．

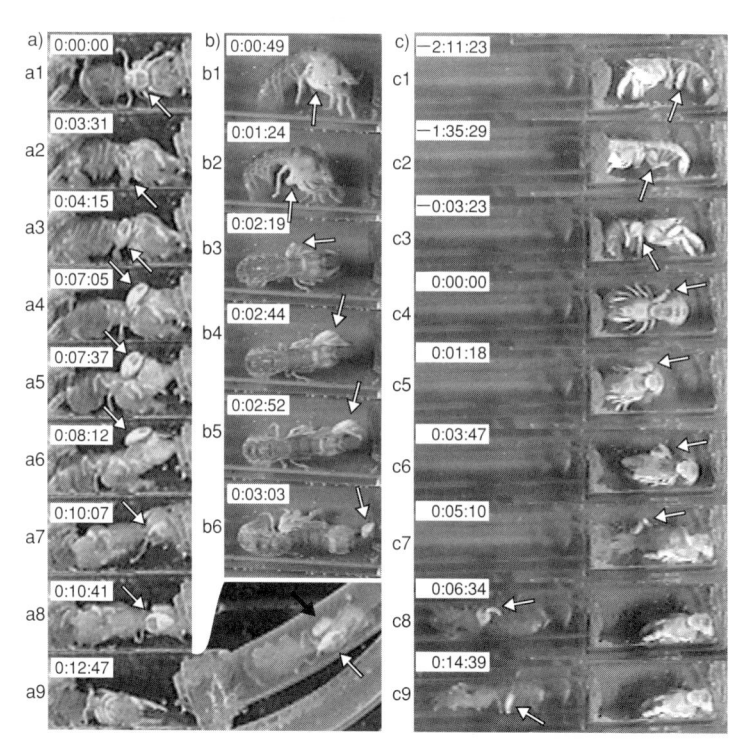

図6 宿主の脱皮と，その際にマゴコロガイと寄生性甲殻類のアナジャコノハラヤドリがとる行動．白い矢印が共生者の位置，時間は脱皮を始めてから経過した時間．(Itani *et al*., 2002より) a) 甲長17mmのアナジャコの脱皮とマゴコロガイの行動．アナジャコの腹面から撮影．黒い矢印は，甲殻類の鰓室性エビヤドリムシのメタボピルス・オヴァリスで，ほとんど動くことなく新しい体に移動している．b) 甲長8mmのアナジャコの脱皮とマゴコロガイの行動の一部．アナジャコの背面から撮影．c) 甲長10mmのミナミアナジャコの脱皮とアナジャコノハラヤドリの行動．マゴコロガイとは異なり，脱皮の始まる数時間前から移動を開始している．

一方，アナジャコノハラヤドリでは，宿主の脱皮が始まる1時間以上前から移動を開始して，腹部側面の前端部にたどりつくとしばらく運動を停止した．宿主の脱皮が始まるやいなや，現れた新しい頭胸部に乗り移り，宿主の脱皮が完了するのを待っていた．宿主の脱皮が完了すると腹部への移動を開始し，定位置に再び付着を行った．この移動すべてに要した時間は2時間以上におよぶ．

　これらの結果，マゴコロガイ，アナジャコノハラヤドリともに，宿主の脱皮時にのみ移動を行い，同一の宿主個体と共生関係を続けることが明らかになった．両者の行動に見られた相違は，マゴコロガイが宿主の脱皮直後に移動を開始したのに対し，アナジャコノハラヤドリが脱皮の数時間前から移動を開始した点にある．この理由は，マゴコロガイの付着部位は脱皮後の新しい頭胸部が現れる位置に近いため，あらかじめ移動をする必要がないのに対し，アナジャコノハラヤドリでは，付着部位が腹部の中央付近であるため，脱皮後の新しい頭胸部が現れる手前の位置に前もって移動する必要があることによると考えられる．また，アナジャコノハラヤドリでは宿主の血液を食べているため，宿主の脱皮に関連するホルモン状態を検知でき，宿主の脱皮時期の予測ができるため，脱皮前に移動を開始することが可能なのであろう．

　共生者が宿主を離れると，再び付着を行うまでに捕食者にさらされるうえ，宿主の防御行動を受けて付着できない可能性もある．甲殻類は脱皮中は無防備で無抵抗なため，わずかな移動能力があれば，宿主の脱皮中に移動することがもっとも安全であると考えられる．

4．巣穴は生物相互作用のるつぼ

　以上のように，生物の巣穴をめぐって様々な共生関係が存在することが明らかになってきた．また，その共生関係を続けるための様々な適応についても解き明かされつつある．この分野の近年の発達はめざましく，海外でも生物の巣穴に共生する多くの新種が記載され始めている．生物の歴史を振り返ってみると，このような共生関係は少なくとも4億年以前から行われてきたらしい．古生代シル

ル紀に，他の節足動物がつくったと考えられる巣穴の中に三葉虫類が生息していたことを示す化石記録が得られているからだ．シルル紀は，ウミサソリ類，頭足類，魚類などの捕食者が増加し，その捕食圧のために海洋生物の分類群と生態が多様化した時代である．生物の巣穴の中では，共生者や宿主が何度も様変わりしたであろうが，そのたびに共生関係の進化がいくどとなく繰り返し行われてきたのである．あっと驚くような未知の共生関係が，まだまだ，巣穴の中に隠れているはずである．

11章
知られざるニホンザリガニの生息環境

川井唯史

国内に分布する種類は？

　ニホンザリガニ *Cambaroides japonicus* を知る人間は稀有である．「ザリガニ」といえば最初に思い浮かぶのは真っ赤な体をしたマッカチン等と呼ばれるアメリカザリガニ *Procambarus clarkii* であり（図1），子供の頃，これを水田等で採集したご経験をお持ちの方は多いだろう．しかし国内には合計3種のザリガニ類が分布している．ニホンザリガニ，アメリカザリガニ，ウチダザリガニ *Pacifastacus leniusculus* の3種であり，これらのうちアメリカザリガニ以外はマイナーな存在といっても過言ではない．さて3種類のうち日本固有種はニホンザリガニだけでアメリカザリガニとウチダザリガニは昭和初期頃に北米から輸入された外来種である．これらの3種類の分布域と分類に関して最初に紹介したい．なおニホンザリガニの標準和名は「ザリガニ」である．しかし国内にはザリガニ類が3種分布しており，「ザリガニ」の和名を用いると，混乱を招きやすい問題点がある．そこで以下の本稿では便宜的に *C. japonicus* に「ニホンザリガニ」の名称を用い，「ザリガニ」は国内に分布する3種の総称を示すことにする．

1. ザリガニの3種の分布

　アメリカザリガニは日本全国に分布しているが，ニホンザリガニは北海道全域，青森県の広範囲，秋田・岩手県の県北部に分布が限られている（図2）．ウチダザリガニは，さらに分布が限られていて，北海道東部と滋賀県淡海池（当地域の個体群はタンカイザリガニの和名があり，詳細は後述）だけに分布する．これらの分布情報は意外と知られていない．インターネットのホームページで「ザリガニ」をキーワードにして関連サイト検索すると様々なホームページでザリガニのことが紹介されている．これらの中には「ニホンザリガニを関東の小川で採集した」との記述を目にすることが多い．ザリガニの分布域からして，この表現は誤りである．しかし，ホームページを作成した人間を弁護すると，国内に分布する3種のザリ

図2 ザリガニ類の分布．三角はニホンザリガニ，四角はタンカイザリガニ・ウチダザリガニ，丸はアメリカザリガニを示す．

ガニ類は姿が似ていて，一見しただけでは区別がつきにくいことも事実である．

2．ザリガニ3種の識別法

次に3種の識別法を紹介したい．まず，大型個体であれば体色で判断できる．真っ赤な個体はアメリカザリガニで，茶褐色がニホンザリガニ，暗緑色がウチダザリガニとなる（図1）．ところが，小型個体だと色彩が相互に類似しているので，色彩での区別が難しくなる．またザリガニ類は周囲の色に合わせて，自身の体色を変化させることがあり，色だけが種類の識別基準だと，種類の判別を誤ってしまうかもしれない．そこで次に注目するのは額角（両眼の間にある角状部，図1の上部参照）の部分である．アメリカザリガニと

ウチダザリガニはここがスマートであり，ニホンザリガニはずんぐりしている．この区別は形態を原産国の国民に対応させることで簡単に記憶できる．額角は両眼の間に位置するので人間の鼻に見立てることができる．日本在来種のニホンザリガニは鼻が低く日本人的であり，北米産の2種は鼻が高くアメリカ人的である．体形もニホンザリガニはずんぐりむっくりしていて体長も5cmほどと小柄であり，北米産の2種はスマートであり体長も10cm以上で大柄であり，原産地の国民の体型と対応している．この記憶法は私の「こじ付け」であるが，現場で簡単に種類を判別し，外来か在来かを区別するのには便利な覚え方であろう．なおウチダザリガニとアメリカザリガニでは，背中の筋の形が違うので簡単に区別ができる．

3. ニホンザリガニの概要

ニホンザリガニに関しては江戸時代の様々な書物には「ザリガニ」の名称が見られ，薬品等として利用されていたことが記述されている．当時の書物によると，本種の体内の胃に形成される白色で径が2～3mmほどの結石（胃石）等が肺病，漆かぶれ等の様々な病気に効く貴重な薬として利用されていた．当時ニホンザリガニは人間の生活と係わりの深い重要な生物であったのであろう．北海道に関する情報が記述されている江戸時代の書物を紐解き，本州へ運ばれた産物を調べてみると，ザリガニがしばしば目につく．江戸時代の物流事情は現在とは比較にならないほど不自由と思われるが，その時代に時間と手間をかけて北海道や東北の北部から各地へザリガニが運ばれたことから類推して，当時としてはザリガニがきわめて高価な薬品だったのであろう．また江戸時代の書物によると，ニホンザリガニは将軍家への献上品にもなり，外国に輸出までされていたという．

オランダから西洋医学を日本へ持ち込んだシーボルトもザリガニの胃石の薬効を認めていた．シーボルトは西欧の学術会に日本の動物相を初めて紹介した書物として有名な『ファウナ・ヤポニカ』の著者でもある．シーボルトの日記には「貴重な薬品であるニホンザ

リガニの標本を入手することは重要な使命であり，標本を山口県の下関市で弟子から寄贈された」と記述されている．この標本がオランダに持ち運ばれ，新種として記載されたのである．ちなみに，この標本は今でもオランダのライデン博物館で厳重に，その胃石とともに保管されている．ライデン博物館とは，江戸時代に日本から運んだニホンオオカミやトキ等の貴重な所蔵品を保管していることで有名な歴史のある博物館である．なお残念ながら，ニホンザリガニの胃石には未知の薬効がなく，ほとんどが単なる炭酸カルシュウムであることが現在の薬学により証明されている．

　さて，本種の和名であるが，ファウナ・ヤポニカにも本種の和名が「シャリカニ」と書かれている．すなわち「ザリガニ」との名称は長い歴史をもつ和名である．さてザリガニの語源を数多くある江戸時代の書物で探ると，退行する（シザル）蟹（カニ），がザリガニになったと解釈する例が多い．他にもぎこちなく歩行することを意味する「イザル」行動をするカニが，ザリガニになったとの説，他には体内に形成される白色の胃石が仏舎利に保管されている骨を連想させることからシャリカニになったとの説もある．ニホンザリガニの分布域は北日本であるためアイヌ人による名称もいくつかある，それらの1つには「ホロカレイエップ」があり，後退りする生き物を意味する．これは，ザリガニの語源と同じである．ただし，他のニホンザリガニのアイヌ語として，タピシトンペコルペ（鎧の武者の意味），テクンペコルカムイ（手袋をもつ神様の意味）等もある．これらは和名と語源が異なる．

4．ウチダザリガニの由来

　本種は大正末期から昭和初期（1926～30年），食料の増産を目的に当時の農林省が5回，北米のオレゴン州のポートランドやコロンビア産の個体を移入した．その他にも民間業者であるゼーケー兄弟商会や帝国水産会が本種を輸入していた記録がある．農林省が移入したものは，北海道から九州にかけての全国の水産試験場等に配布され，養殖技術の開発試験が行われた．各水産試験場による多大な

努力の成果としてウチダザリガニの飼育や繁殖技術の開発には成功した．しかし，養殖事業の普及には至らなかった．さらに少なくとも北海道の摩周湖，東京，福井県，滋賀県の淡海池等では本種の放流試験も行われ，北海道と滋賀県の淡海池において，現在，個体群が形成されている（図2）．北海道では摩周湖産の個体が持ち出され，これが放流されたようで，新しく個体群を形成し，最近では分布域が急速に広がっている．

次に民間による養殖事業であるが，国内では唯一，石川県の山岸善雄氏が事業化に成功した．昭和初期頃，山岸善雄氏は国内各地を始め，台湾，韓国，中国にウチダザリガニを配布する事業を展開するが，配布先では養殖事業に成功しなかった．さらに山岸善雄氏自身も養殖事業を中断し，現在では養殖池自体も埋立られている．

さて本種の学名と和名であるが，実は問題が多いのである．当初ウチダザリガニの学名を査定した故三宅貞祥九州大学名誉教授は国内に輸入された北米オレゴン産のザリガニ類は2種類と考え，北海道に分布する個体群にはウチダザリガニ *Pacifastacus trowbridgii*，滋賀県の淡海池に分布する個体群にタンカイザリガニ *P. leniusculus* の名前を与えた．ところが，その後 *Pacifastacus* 属の分類が変わり，両者は「種」として区分するほどの差異はなく，その1ランク下の亜種レベルの関係であると整理されてしまった．すなわちタンカイザリガニ *P. leniusculus* は *P. l. leniusculus* であり，ウチダザリガニ *P. trowbridgii* はその亜種 *P. l. trowbridgii* とされたのである．この説には疑問や反論があり，再検討の必要性が大きい．そこで国内に分布する北米オレゴン産ザリガニ類の種類を改めて精査したところ，亜種レベルの区別さえつかなかったのである．そのため，分類学上の問題解決は後回しとして，国内に分布する北米オレゴン産ザリガニ類の学名は亜種までの区別を行わず，種レベルである *P. leniusculus* までの記述にとどめる提案がある．

さらに北海道教育大学の蛭田眞一氏により，形態により亜種レベルでの区別がつかない *P. leniusculus* に与える和名は地域個体群の分布域に基づき，北海道に分布する個体群にはウチダザリガニ，滋

賀県の淡海池産の個体群にタンカイザリガニとする提案がなされた．なおウチダザリガニの和名の由来は，本種の分類研究に多大な貢献をした生前の内田　亨北海道大学名誉教授に献名されている．またタンカイザリガニの名前の由来は分布域の地名（滋賀県淡海池）である．これら2つの和名はウチダ＝日本人名，タンカイ＝国内の地名なので，一見して本種が日本在来種との誤解を連想させることがあり，注意が必要となる．

5．アメリカザリガニの由来

　本種は和名が示すように北米原産の外来種である．本種は元々，神奈川県鎌倉市大船地区で食用蛙の養殖事業を営んでいた河野卯三郎氏が訪米した際に，蛙の餌とすることを目的に1925年に持ち帰ったものである．当初は北米の太平洋側で採集した約100個体のアメリカザリガニを購入して，これらをビール樽に詰めて郵船の大洋丸で海上輸送をしたのだが，横浜港に到着した時には約20個体しか生存しなかったという．本種の発祥の地は大船地区岩瀬にあった食用蛙の養殖池であり，洪水等の時に，そこから脱走した個体が分散していたったらしい．

　ただしザリガニ類は一生を淡水域で生活するため，自力で陸上を歩いて他の水系に移動したり，幼生が海まで流されて，これが他の河川に遡上するなどして移動分散を行うことがない．すなわち移動能力に乏しい生き物である．そんな本種が日本全国に分散を成し遂げられた原因の1つは，人間による移植であろう．実際に，鎌倉市の大船地区ではアメリカザリガニを珍しい生物として販売していた記録や，関東以外の地方の人間がお土産として買い求めて，地元に放流したとの記録もある．本州とは海峡で隔てられている四国，九州等にもアメリカザリガニが分布している事実は人為的な移植が分散へ関与したことの強力な状況証拠であろう．

　他の原因として，主な生息域である水田が，彼らの故郷である北米ニューオリンズの湿地地帯と類似しており，競合する生物や天敵が少なかったこと等があろう．なお本種は水田を荒らす厄介者とし

て農民に嫌われたのは有名である．神奈川県の農業試験場では本種を水田の害虫駆除用の生物として有効利用する画期的な試みもあったが，普及には至らなかったようだ．

なおアメリカザリガニ発祥の地である鎌倉市大船地区岩瀬の食用蛙養殖池は2000年現在，埋め立てられグランドとなっている．現在ではグランドに，アメリカザリガニが最初に移入された場所を示す看板だけが残っている．しかし本種の移入に関係した方の遺族の敷地内では，本種の直系の子孫が2000年現在も大切に残されている．

ニホンザリガニの地理分布域

ニホンザリガニの地理分布域には謎が多い（図2）．ここで本種の分布に関して，より詳しく説明したい．ニホンザリガニはザリガニ類の一種なので，繁殖生態は直接発生である．卵から孵化した個体はプランクトン生活を送ることなく，親と同じ姿をした稚エビとして生まれ，速やかに底生生活を開始する．もちろん，一生を通じて河川で生活するので，海を渡ることはできない．ところが本州の北部は北海道と津軽海峡で隔てられているのに，ニホンザリガニが分布する．彼らは如何にして海を渡ったのであろうか？　なおニホンザリガニは古くから薬用とされてきた歴史がある．しかも本種は同じ淡水域の生物でも魚類と異なり，水がなくてもしばらくは生きていることができるので，輸送が容易な生物でもある．このような特性を踏まえると，本州北部の分布の由来は北海道から人為的に輸送して放流したものかもしれない．青森県でのニホンザリガニの分布は県の南部を除いて全域におよぶが，とくに港町周辺には多いそうである．船でニホンザリガニを運んだと仮定すると，最初に放流するところは港町の周辺であると推定される．そして青森県の港町周辺でニホンザリガニの分布が多いとの情報は，移植説の傍証となる．

ところが青森県の個体群は天然分布であることが近年の研究で明らかになった．まず，ニホンザリガニは移動性が少ない動物であるためか地域個体群間の交流が少ないらしく，地域によって形態の変

異が激しい．そして青森県と北海道の個体群は形態の一部が異なっているのである．これは両地区の個体群が異なった歴史を歩んできた証拠である．もし青森県の個体群が北海道由来であれば両者の形態は同様であるはずだ．つまり青森県の個体群の独自性は，個体群が移植に由来しない，在来の個体群であることを示している．

他にも証拠はある．ニホンザリガニには種特異的にミミズの仲間である，ヒルミミズ類が付着する．「ヒル」との名称から想像がつくように，ニホンザリガニの体表に付着し，一生を通じてニホンザリガニ上で生活する．ただし，本物のヒルのように，宿主であるニホンザリガニの体液を吸うことはなく，生活場所を依存しているだけである．その意味では寄生者よりも共生者と呼ぶべきであろう．さて，ヒルミミズ類の種組成は地域個体群により，異なっている．すなわち，ヒルミミズ類の種組成を明らかにすることで，個体群の由来の推定に利用できるのである．そして北海道と青森県のヒルミミズ類の種組成はまったく重複しない．

弘前大学の大高明史氏らの研究によると，北海道にはイヌカイザリガニミミズやウチダザリガニミミズ等が分布する一方，青森県にはアオモリザリガニミミズとツガルザリガニミミズだけが分布することが確かめられている．これは青森県の個体群は北海道由来ではなく，在来であることを強く支持している．ここで，人間がニホンザリガニを北海道から青森県に運んだ際，これに付着してヒルミミズ類も青森県に移入し，移入後に形態が変化し，ヒルミミズ類が青森県独自の種類に進化したとの考えをもつ方がいるかもしれない．しかし日本人が文明をもち，船等で交易を開始したのは約1万年前である．また1つの種から，種分化が起こり，新しい種ができるまでには最低でも数万年以上を要するのである．すなわち，人間が持ち込んだ生物から新しい種が進化した可能性はない．これで1つの問題は解決がついた．

しかし，青森県の個体群が在来であることが判明したことで，ニホンザリガニが津軽海峡をまたいで分布している理由は，再びわからなくなった．加えて，新たな疑問も浮かぶ．ニホンザリガニ

等，一生を淡水で生活する生物は海峡や山脈等が分布域の拡大を妨げる障害となる例が多い．実際，一生を淡水で生活する魚等では北海道と本州で種組成が異なり，津軽海峡が分布の境界線となっている種類が多い．すなわち，北海道に分布する種類は北海道全域に，本州に分布する種類は本州全体に分布する種類が多いのである．ニホンザリガニでは，本州での分布域が本州の北部だけに限られているのである．なぜ，ニホンザリガニは本州南部に分布しないのであろうか？　なおニホンザリガニは低水温を好む生物であり，本州中部以南が比較的高水温になることが分布を制限する要因の1つかもしれない．しかし，詳しいことはよくわかっていない．1つだけ明言できることは，ニホンザリガニの分布は他に例を見ないような奇妙な分布を示していることである．

ニホンザリガニの生息環境は？

1．ニホンザリガニの生息場所

　ニホンザリガニの生息環境（図3）を紹介する前に国内では一般的なアメリカザリガニの生息環境に関して簡単に復習しておきたい．本種の主な生息場所は水田等であり，流れが緩やかで水温が暖かく，底質が泥状で汚れた水でも平気である．彼らは，そんな生息地で生き抜ける生命力の強さを反映して飼育も容易であり，実験動物として利用されることも多い．

　アメリカザリガニとニホンザリガニは分類学上同じ「科」に属し，人間にたとえると従兄弟にあたる近しい関係にある．ところが両者の生息環境は正反対であるから不思議である．私は現在，北海道に住んでおり，本州から来た研究者等からニホンザリガニの生息地の案内を依頼される機会が多い．なおニホンザリガニの通常の生息地は，河川の源流部と湖沼に大別できる．そして，より一般的なのは源流部であり，私はここに来訪者を連れて行くことが多い．彼らは必ずといってよいほど，両者の生息環境の違いに驚く．

　まず，ニホンザリガニの生息地に行くためには真夏だというのに薄手のジャンパーやトレーナー等の長袖の衣類が必要となる．その

理由としてニホンザリガニの生息地は濃密な広葉樹林に囲まれている．ほとんどの樹木の樹幹は大人の一抱えほどもある大木である．そのために樹木の樹冠は生息地の上層を厚く覆ってしまう．そして本州に比較して柔らかい夏の日差しが遮られ，結構涼しいのである．しかも生息地は，広葉樹の大量の落ち葉が育む伏流水（湧水）を源とする小川の源流部なので，真夏でも水温は20℃以下に保たれている．採集のために10分も川水に手をつけていれば，冷たさで手がしびれて，体まで寒くなってくる．1時間も調査を行えば暖かい飲み物が恋しくなってくる．これが真夏の調査でも厚着の必要な背景である．

　生息地は，小川の源流部に位置するためきわめて小規模で，水深は1cmほど，川幅は30cm以下の細流となる．そして生息地は前述のように広葉樹林に囲まれているので，小川の水面は大量の落ち葉が堆積している．そのため，水面は完全に隠され，一見して水が見えないことすら多い．すなわち，ニホンザリガニの生息地とは地図にも示されていないような，源流部の細流なのである．そんな北の大地の人目につかないような環境下で，彼らはひっそりと生きているのである．

　さて，源流部の川岸は黒色ローム層と呼ばれる黒土である．一定した水量があるためか川岸は土であるが，川底には泥が溜まることもなく，砂礫質となる．底質環境も，アメリカザリガニ生息地の底土の主体がシルト（泥）なので，大きく異なる．また生息地は，上層が樹冠に覆われるためか，光があまり差し込まず，砂礫上には付着藻類がほとんど見られない．川底にはしばしば径10〜30cmほどの転石が見られ，この上には美しい緑色のミズゴケが敷き詰めるようにびっしりと生育し，涼しげである．ニホンザリガニは，このような転石の下に隠れていることもある．このような環境は，きれいで水温の低い湧き水が1年を通じて一定しているために形成されるのであろう．本州に生息するアメリカザリガニの一般的な生息環境に親しんだ来訪者は，北海道のニホンザリガニの生息環境とのあまりにも大きな違いに言葉を失ってしまう．

2. 生息環境の特徴

　さて，ニホンザリガニの生息環境の特色を詳しく説明したい．最近の研究により，本種は水温が20℃を上回ると斃死が見られることが確かめられている．そのため，夏でも20℃未満に保たれる湧水豊富な冷水域は，彼らにとって好ましい生息環境である．また冷水域だと冬になると完全に結氷してニホンザリガニが凍死することも懸念される．しかし本種の生息域の水温は冬でも5℃程度と意外と暖かいのである．当然，全域が凍りつくこともない．生息地では湧水が豊富なので，水温や流水量が年間を通じて安定しているためである．北国の大地に存在する，広葉樹に囲まれた湧水豊富な源流域は，夏でもニホンザリガニの致死水温を上回ることがなく，冬でも凍死する心配もなく，彼らにとっては意外と？　快適な住環境なのである．

　本種が湧水豊富な源流域にすむ利点は，他にもある．ニホンザリガニの体形は前述のように，「ずんくりむっくり」している．当然，流水の抵抗を受けやすく，速い流れの環境では生きられないと考えてよい．本種の生息環境である源流域では，湧水による影響が大きいためか緩やかな流れが，年間を通じて安定している．そのため，ここで生活している限り，流される心配はない．事実，実験室で流速を早めた水槽にニホンザリガニを収容すると，彼らはたちどころに流されてしまう．

　ニホンザリガニが，生息地の特性を上手に生かしている点は他にもある．まずは，本章を執筆するための裏話を1つ紹介したい．私は本章に利用する目的でニホンザリガニの水中での生態写真を撮ろうと考えた．先に説明したように，本種の生息域の水深は1cm以下が普通なので，生息域での水中写真の撮影は不可能である．しかたなく，水量が豊富な中流域での撮影を試みることとした．私が上流から失敬してきたニホンザリガニを水中に放した次の瞬間，被写体である個体が消えた？　のである．不思議に思って，予備の被写体を再び水中に放すと，マスがニホンザリガニを加えてすばやく泳ぎ去っていった．ニホンザリガニの生息域である源流域は，前述の

ように水系の規模が小さく，水深が浅いために魚類等の大型捕食者の侵入を防ぐ機能を有していたのである．実際，彼らの一般的な生息域で魚類等の捕食者はほとんど確認されない．しかもパソコンを用いた特殊な方法で彼らの死亡率を計算したところ，捕食による死亡がほとんど見られなかった．ニホンザリガニの全長は約5cmであり，源流部の生物としては最大の動物と考えてよい．そのため源流部で生活している限りは捕食される危険性はあまりないだろう．冒頭で紹介したように，本種は丸みを帯びた体形であり，動く時は腹部を引きずるようにして「退行」するので，動きが鈍く，捕食者からの逃避能力が高いとは思えない．動きが俊敏ではない本種が，捕食者の侵入できない，源流部に生息するのは理にかなっている．

さて，本種の生息域である広葉樹に囲まれた，湧水豊富な源流域の特徴は他にもある．水がきわめてきれいなことである．これは広葉樹から供給される「落葉」というフィルターにより濾過された湧水が生息地を流れているためであろう．実際，水系における有機物量等の汚濁状況を測定すると，ほとんど検出されず，市販の「＊＊の名水」と同じ値が出てくる．話は少々脱線するが，私はニホンザリガニ生息地での調査が終わった後に，そこの水を沸かして入れた日本茶を愛飲している．これを他人に勧めると，例外なく「美味い」の答えが返ってくる．われわれが普段，購入する「名水」で生活するニホンザリガニは，擬人的ではあるが，何とも贅沢な生活を送っている．

話はさらに脱線するが，最近ではザリガニ類を観賞魚として飼育する愛好者が増えているらしい．ニホンザリガニも飼育の対象種とされており，高額で販売されているそうである．希少種であるニホンザリガニを飼育することは決してお勧めできないが，中には大枚を叩いて本種を購入し，これを大切に飼育して繁殖を試み，保護に役立てようとしている奇特な方もいる．そのマニアの方によると「ニホンザリガニは水質の悪化にきわめて弱い」そうである．マニアの情報は科学的なデータに裏付けされてはいないが，真摯に飼育に取り組んでいる方の経験談には，信憑性がある．またきれいな湧

き水環境で生活しているニホンザリガニが水質の悪化に弱いのは，納得できる．

3. ニホンザリガニの食性

次に彼らの食料事情について触れてみたい．彼らの生息域は，水温が低く，日光があまり差し込まない．しかも，流れている水は有機物量が少なく，生物生産の基礎となる栄養塩類に乏しい．「水清くして魚育たず」の諺通り，ニホンザリガニの生息地では生物生産量が低いためか，生物相がきわめて単純で，同居生物としてはヨコエビ類くらいしか目につかない．ニホンザリガニは源流域で生活している限り，高水温や低水温で死ぬ心配，流されることや捕食される恐れもないが，唯一の問題は，彼らの食料事情ではないかと思える．

ところで本種は一体何を食べているのであろうか．少々，可哀相なのだが学問発達のため，彼らの胃を切り開く殺生をしてみた．胃の中は意外にも充満していて，これを顕微鏡で観察すると，そのほとんどは腐植した落葉であった．ニホンザリガニの生息地は濃密な広葉樹に囲まれているので，生息地の水面は，落葉や落ちた枝に覆われるほどである．彼らが落葉等を食べている限り食料に事欠くことはないだろう．ところで，落葉を常食としている彼らは栄養不足にならないのであろうか．近年の研究によると，腐植した落葉には速やかにバクテリア等が繁殖し，落葉をバクテリアごと食べると意外に栄養があるそうだ．すなわち，一見，栄養分に乏しそうな落葉を常食としても栄養的には何ら問題はない．彼らは，濃密な広葉樹林に由来する大量の落葉の保水力を起源とした湧水に住環境を依存し，さらには落葉を食べることにより食環境も広葉樹林に頼っていたのであった．ニホンザリガニの生息地を眺めていると，単なる1種類の生物学的特性だけではなく，森，そして森が育む川，さらに川が育むニホンザリガニといった，自然界の有機的な関係が自然に学べる．

図1　日本のザリガニ類.

図3　ニホンザリガニの生息環境.

4. ニホンザリガニの巣穴

　ニホンザリガニの生息環境の概要はわかった．次に，本種が通常，生息地のどんな場所に隠れているかを紹介したい．生息地に行って，川底の石や落葉をめくると，隠れていた全長1cmほどの小型の個体を採集することができる．ところが大型の個体はなぜか見つからない．そして，川岸の水面近くを見ると径2cmほどの穴が，いくつも開いているのに気づく．その1つを掘り返してみると，穴が掘られていて，これは地中深くまで続いている．しばらく穴を掘っていると湧水が出てくる．そして，大型の個体が穴の奥に隠れていることが多い．時に抱卵した個体が得られることもある．本種の大型化した成熟個体は巣穴の中に隠れており，そこで子育てをするようである．ただし，これだけの情報では巣穴の中の構造がどうなっているのかわからない．

　そこで特殊な樹脂を巣穴の開口部から流し込み，巣穴の内部の型を，とってみることにした（図4）．巣型をいくつかとってみると，次の点が共通していた．形は横道やくぼみがあって結構，複雑であるが，基本的には2つの開口部をつなげた「T」または「Y」字形を呈している．また巣穴は川岸の水面近くで，水の流れる方向に沿って掘られていることが多かった．本種は1つの巣穴に1個体だ

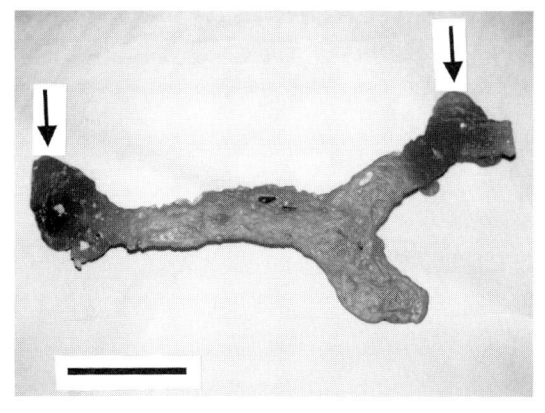

図4　ニホンザリガニの巣穴．横棒は10cmで，矢印は開口部を示す．

けが隠れていることが多かった．そしてニホンザリガニの巣穴の幅は約40cmであったが，通常の体長は5cmほどである．そのため，本種は体長の約8倍の住居にすんでいたことになる．ずいぶん広い生活空間であり，姿は日本人的な彼らも，持ち家の広さは日本人と大きく異なっているようだ．

ただし，室内水槽で彼らが好む住環境を確かめたところ意外な結果が出てきた．彼らに各種のサイズの巣穴を選ばせると，体長の3倍以上の巣穴を選んだのである．すなわち，一般的なニホンザリガニの体長は約5cmなので，彼らは生息地では，その3倍である15cmほどの長さの巣穴を掘るだけで十分なのである．ところが，実際は体長の約8倍もの広い巣穴で生活している．本種の生息地での住宅事情は，どうやら理想以上に広いようである．

5．ニホンザリガニの採集法

さて，そんな広い巣穴から，ニホンザリガニを採集するのは私にとっても，キツイ作業であった．ところが，ある江戸時代の図譜を見ると，大量に捕獲して薬用として輸出していたと記述されている．他の図譜を見ると，主に子供が採集していたと記されている．子供がどうして幅40cmほどの巣穴を掘り返すような大変な作業を行えたのか，私は不思議に思っていた．しかし，開拓時代前の北海道を探検した学者として有名な松浦武四郎氏の日誌を見て謎を解くヒントを見つけた．彼の探検日誌によると，「北海道の子供が味噌を川に流すとニホンザリガニが集まり，子供は，これを捕らえていた」，と書いてあった．にわかには信じがたいが，確かめてみる必要はある．

半信半疑の私が小さな屋外試験として，川底の中心部に味噌を置いてみた．しばらくすると，何と川岸の巣穴の開口部からニホンザリガニが顔を覗かせているのである．ニホンザリガニは，味噌の香りに誘き出されたようで，その後，巣穴から出てきて味噌の麹の部分を食べていた．私が短時間で多くの個体を捕獲できたのはいうまでもない．

この小さな野外実験で様々なことが解明した．まずは先般の生息地の環境を思い出してもらいたい．ニホンザリガニがすむ場所は，小規模な水系で流れが緩やかある．そのため水中に味噌を置いても，味噌は速やかに流されることがなく，しかも緩やかに水中に拡散していくので，巣穴に隠れるニホンザリガニを「ほどよく」誘き出してくれるのである．江戸時代の子供は，本種が長い巣穴の奥に隠れ，味噌を好むことを，一体どうやって知りえたのか，私は不思議でならない．

　さて味噌によるニホンザリガニの捕獲は特別な道具が不要である．しかも本種は全長が約5 cmほどと大型なのに，動きが鈍いので，巣穴から出ていれば特別な技術がない子供でも簡単に手づかみできる．それでいて，少量の味噌で高価な薬品であり，食品にもなるニホンザリガニが効率的に採集できるのである．しかも本種の生息地は小規模な水系であり，子供の落水事故の心配もない．子供にとって味噌によるニホンザリガニの採集は，まさにうってつけの作業である．

　江戸時代の各種の図譜や松浦武四郎氏による記述では，共通して「子供がニホンザリガニを採集していた」とされているが，これは納得できる．味噌による採集法の優れた点は他にもある．巣穴を掘り返すことがないので，ニホンザリガニの生息環境をまったく損なうことがないのである．江戸時代の子供はきわめて合理的で，環境に優しい採集法を実践していたことになる．これは高等教育を受けていない江戸時代の子供たちが，ニホンザリガニの生息環境や食性といった「甲殻類学」を自然の中で学んでいたとしか理解できない．自然環境とはきわめて優れた教育者であり，学校なのかもしれない．そんなすばらしい教育の場である，ニホンザリガニの生息地をわれわれは次世代へ残すことができるのであろうか．次に本種の生息地の現状について紹介したい．

生息地の現状は？

　今から半世紀以上前である1930年頃，北海道におけるニホンザリ

ガニの生息地調査が大規模に行われた．調査は市街地である比較的大きな都市の駅周辺で行われた．この結果として，市街地でも生息地が見つかった．加えて郊外にある比較的大きな湖沼やその流入河川でも分布が見られた．そのため報告では，ニホンザリガニが北海道全体に広く分布していると考察されている．ところが近年では分布の状況が大きく変化している．北海道の東部に位置する釧路市は，比較的大きな都市である．その市街地では1975年から1994年の20年間にかけて，生息地数は20%に激減している．すなわち北海道の市街地ではニホンザリガニの生息地が急激に減少しているのである．さらに北海道では郊外でも生息地数が激減している．北海道の西部に位置する厚田村は北海道最大の都市である札幌市の郊外に位置している．そこでは，1990年から2000年の10年間で生息地数が20%になった．以上のことから自然が多く残されている北海道でも市街地と郊外の両方でニホンザリガニの生息地数が激減している．

前述のように昭和初期にはニホンザリガニは比較的大きな湖沼で

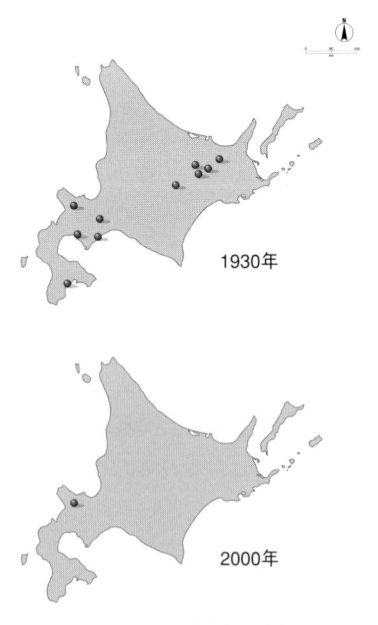

図5　湖沼の生息地数の変化．

ある屈斜路，倶多楽，大沼，洞爺，支笏，阿寒，ペンケトー，パンケトー，然別湖等で分布が見られた．ところが，2000年現在，これらの湖沼で生息が確認できたのは1カ所だけである（図5）．ほとんどの湖沼において，ニホンザリガニは湖岸から姿を消し，その流入河川のごく一部だけで子孫が生きている状態である．なお定量的なデータはないが，秋田，青森，岩手県でも北海道と同様に生息地数が激減している．そしてわずかに残された生息地でも密度は低下している．秋田県大館市の生息地は，残された個体群を保護する目的で，国指定の天然記念物になっている．青森県，岩手県でも各自治体がニホンザリガニを希少な生物と位置付ける指定を行っている．

一体どうしてニホンザリガニは急激に姿を消しているのであろうか？　ここで1つの生息地の消失例を紹介したい．北海道の西部に位置する余市町の小川ではニホンザリガニが高い密度を保っていた．そしてある年，その生息地の周辺の広葉樹林が伐採されてしまった．伐採に伴い，小川の水面を覆いつくしていた落ち葉が見られなくなった．また，落ち葉がなくなったことにより保水力が低下したのか，それまでは年間を通じて一定していた湧水量が，夏に減少するよう

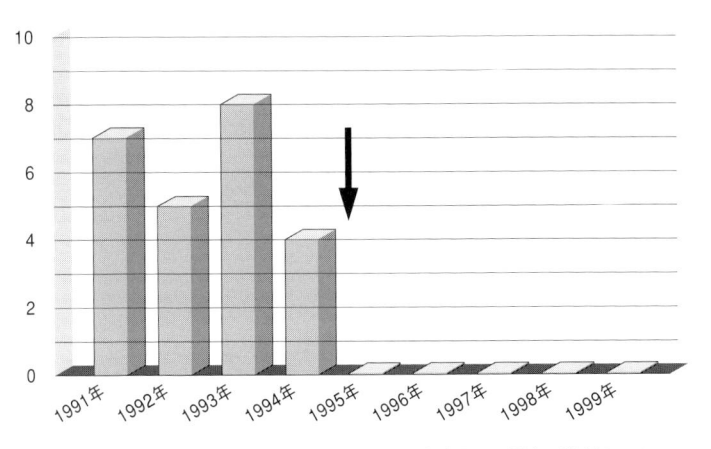

個体数／10m^2

図6　河川生息域の状況変化．1994年の秋に生息地周辺の樹木が伐採された．

になった.しかも夏には広葉樹により遮られていた日光が直接指し込むようになった.湧水量減少や直射日光等が原因して,夏にはニホンザリガニの生存に致死的な影響を与えることが示唆される水温である20℃を超えるようになってしまった.このような環境の変化に対応して,ニホンザリガニは伐採の翌年から一切,見られなくなってしまった(図6).先に述べたように,ニホンザリガニは住環境や食生活を濃密な広葉樹林に依存している生物である.彼らの生命線ともいうべき広葉樹林を失ったニホンザリガニの個体群は,速やかに姿を消したのであろう.彼らは源流部といった,安定した環境に十分に適応しているために,環境の変動にきわめて弱いのである.

憂慮すべきことに,姿を消してしまったニホンザリガニは伐採から5年以上を経過しても回復していない.回復には,かなりの時間を要するのであろう.彼らは移動性が少ない生物である.そのため個体群が一度姿を消すと,他の個体群から「種親」となる成体が移動してきて,これが翌年から子孫を産み始めて,一度消えた個体群を速やかに回復させることが期待できない.しかも最近の研究により,ニホンザリガニは繁殖力が弱いことも確かめられている.国内で急激に分布域を拡大したアメリカザリガニは,生まれた翌年から成熟サイズに達し,毎年1～2回繁殖し,産卵数は数百におよぶ.これに対してニホンザリガニは成熟サイズに達するまでに5年以上の長期間を要し,1年に一度しか繁殖せず,しかも産卵数も50粒程度しかない.すなわちニホンザリガニの繁殖力はアメリカザリガニより,桁違いに弱い.繁殖力の脆弱なニホンザリガニの個体群が一度絶滅すると,これを復活させるのは,長時間を要するために容易ではない.そして現存する個体群を保全することがきわめて重要である.

今から30年程前の日本には,北海道のみならず,各地で豊かな広葉樹に囲まれた湧水域が豊富であったと思う.これこそが,わが日本に清水が豊富であり,「日本は水と安全はタダの国」といわれた所以であろうと思う.ところが,きれいな湧き水は各地で消え去り

貴重品となり，われわれは市販品の名水を購入して飲むようになってしまった．広葉樹が育む湧水域にすむ動物の中では一際大きくなり，その意味では湧水域の主ともいえるニホンザリガニが急速に姿を消している現状は，比較的自然が残された北海道でさえも湧水域の環境が悪化している事実を象徴する出来事といえはしないだろうか？　一昔前には，どこにでもあったニホンザリガニがすめるような清水は，現在，本当に少なくなってしまった．

さて，消えつつある美味しい清水を次世代に残したいと願う人間は決して私一人だけではないだろう．湧水環境の保全のためには，まず湧水の環境を深く正確に理解することが第一歩となる．次世代の環境保全を担う子供に環境を理解させることはとくに重要である．湧水を生み出す豊かな自然環境を子供に理解させるには，ニホンザリガニを通じて行うのがよいのではないだろうか？　その理由は，すでに本章の中で示している．賢明な読者の皆さんはすでにお気づきと思うが，湧水域とは，「環境」を教えられる，優れた教育者であり教育の場なのである．次世代を担う子供に環境を理解させるには，湧水域に連れ出すだけで十分である．

私は各種の自然観察会等で地域の親子をニホンザリガニの生息地に案内することが多い．その時に，もっとも喜色満面で，しかも生息地の環境をすばやく理解することで多くのニホンザリガニを採集できるのは決まって子供である．ニホンザリガニのすむ小川で無邪気に遊びながら環境について学ぶ子供たちを見るたびに，この子供たちの中から環境にも精通した未来の「甲殻類学者」が育つような気がしてならない．

謝　辞

本稿作成に協力いただいた竹中　徹，荒井　健，田中真理，北海道大学の中田和義の各氏に深謝します．とくに癌の末期症状と闘いながら激励いただいた Tulane University Museum の J. F. Fitzpatrick, Jr. に喪心より感謝します．

おわりに

　まず最初にこの場を借りて，この本をつくるにあたって御玉稿をお寄せいただいた著者の皆様，写真や資料の提供を賜った方々に，厚く御礼申し上げます．今回の執筆者の大半は私と同世代か下の世代である．もっとも古い付き合いは横浜国立大学の菊池知彦氏で，彼は大学のクラスメートで私が18歳の時からの友人である．そのような中で私の師匠格にあたる御二人，すなわち諸喜田先生と山口先生にも僭越ながら執筆をお願いしたのはこの御二人の御研究は国の内外ですでに大変有名ではあるものの，私が手本とするその研究を，ぜひより広く読者の方々に知ってもらいたかったからである．そのことを（若干の自分個人のノスタルジーも含めて）少しだけ書いてみたい．

　今から25年ほど前私は横浜国立大学の学生で，まだご健在であった日本甲殻類学会初代会長の故酒井恒先生，および当時同大学教授で後に同学会三代目会長になられた鈴木博先生のカバン持ちで沖縄への調査旅行のお供をした．この時私たちは琉球大学の諸喜田茂充先生の研究室を訪問した．そこで酒井先生と，気鋭の甲殻類学者であった諸喜田先生は，琉球列島のカニ類について様々な議論を交わされた．それが諸喜田先生とお会いした最初であった．いや，正確には先生の研究室の隅っこで小さく縮こまっていただけであるが……．諸喜田先生といえば琉球列島の淡水域にどれだけ多種多様なエビ類がすみ，その生活史も多様であるかを明らかにしたことでつとに有名で，また琉球列島の甲殻類に関する様々な論文や本を著されておられる．淡水エビの御研究は幼生の飼育と記載という，まさに熟達した職人芸なくしてできない困難なもので，琉球列島の多数の種を一種また一種と地道にご研究され驚異の大研究を成し遂げられた．

　その後私は九州大学大学院に進み，天草臨界実験所の菊池泰二先生の御指導のもとでヤドカリ類の研究を行った．その時に，同じ天

草にある熊本大学臨海実験所の当時から精力的にハクセンシオマネキの生態の研究をされていた山口隆男先生と，知り合いになる機会に恵まれた．実験所のすぐ近くにハクセンシオマネキの一大生息地があり，山口先生は毎日そこに出かけてデータをとり，ビデオを撮影し，室内に大小様々な水槽を置いて実験を行い，時には夜通し観察しておられた．データは几帳面にノートに記され膨大な量となって，先生の研究室の書架に並べてあった．私は，先生の御研究にかける情熱，発見された驚くべき事実の数々に感嘆し，ただただ圧倒された．たとえばこの本の先生の論説には，ハクセンシオマネキの求愛メスを見つけるのに3年かかった，とあり，この求愛メスなるものはものの10～15分くらいしか出現しない，という．これがどれほど凄い文章であることか！ほとんど毎日フィールドと室内水槽で観察を続けている山口先生をして3年かかったのであるから，普通の人が観察していたら100年かかったかもしれない．

　しかし研究というのは，本来そのようなものではないだろうか？生物のある謎を解くのに1年かかる場合もあれば時には30年かかることもあるだろう．ところが最近の研究者論文業績主義をみていると，とにかくデータが取りやすい研究に走る傾向にあり，本当に難しい課題に長い時間かけて取り組むという姿勢が，だんだん薄らいでいるように思うことがある．また日本の生態学には不思議なことに流行というものがあり，生産生態学，生活史戦略論，行動生態学，社会生物学，と様々な流行があった．しかし，本当に地に足のついた後世に残る研究というのは，そのようなものに惑わされることなく，ひたすら己の道を歩み続けた結果やってくるものである．

　最後に，この本を手に取ったみなさんが，これをきっかけに甲殻類のことに，より興味を抱いていただけると幸いである．

朝倉　彰
千葉県立中央博物館

参考文献

1章

朝倉　彰（編），2001．総特集「甲殻類」．月刊海洋別冊，26：1-262.
Bowman, T. E., & Abele, L. G., 1982. Classification of the recent Crustacea. In: Abele, L. G. (ed.), The Biology of Crustacea, I. Systematics, the Fossil Record, and Biogeography. pp. 1-27. D. E. Bliss, New York.
Davie, P., 2002. Crustacea: Malacostraca. Zoological Catalogue of Australia, 19.3A: 1-551, 19.3B: 1-641.
Forest, J. (ed.), 1996. Traité de Zoologie. Anatomie, Systématique, Biologie. Crustaces. Tome VII. Fascicule II. Genealities (suite) et systeatique. 1002 pp. Masson, Paris.
Forest, J. (ed.), 1999. Traité de Zoologie. Anatomie, Systématique, Biologie. Crustaces. Tome VII. Fascicule IIIA. Crustacés Péracarides. Memoires de l'Institut Oceanographique Fondation Albert Ier, Prince de Monaco, 19: 1-450.
Martin, J. W., & Davis, G. E., 2001. An updated classification of the recent Crustacea. Natural History Museum of Los Angeles County Science Series, 39: 1-123.
McLaughlin, P. A., 1980. Comparative Morphology of Recent Crustacea. 177 pp. W. H. Freemand & Company, San Francisco.
三宅貞祥，1998．原色日本大型甲殻類図鑑（I）（部分改訂第 3 刷），261 pp．保育社，大阪．
西村三郎，1995．原色検索日本海岸動物図鑑（II），663 pp．保育社，大阪．
大塚　攻，1997．ヒメヤドリエビ *Tantulocarida*（Crustacea: Maxillopoda）の形態，生活環，系統分類について．タクサ，2：3-12.
大塚　攻，Grygier, M. J., 鳥越兼治，1999．海底洞窟性甲殻類の系統，動物地理，生態について．タクサ，6：3-13.
Schram, F. R., 1983. Method and madness in phylogeny. In: Schram, F. R. (ed.), Crustacean Issues 1: Crustacean Phylogeny. pp. 331-350. A. A. Balkema, Rotterdam.
Schram, F. R., 1986. Crustacea. 606 pp. Oxford University Press, Oxford.

2章

Aoki, M., 1996. Precopulatory mate guarding behavior of caprellid amphipods observed in Amakusa, Kyushu, Japan. Publications from the Amakusa Marine Biological Laboratory, 12: 71-78.
Aoki, M., 1997. Comparative study of mother-young association in caprellid amphipods: is maternal care effective? Journal of Crustacean Biology, 17: 447-458.
Aoki, M. & Kikuchi, T., 1990. *Caprella bidentata* Utinomi, 1947 (Amphipoda: Caprellidea), a synonym of *Caprella monoceros* Mayer, 1890, supported by experimental evidence. Journal of Crustacean Biology, 10: 537-543.
Aoki, M. & Kikuchi, T., 1991. Two types of maternal care for juveniles observed

in *Caprella monoceros* Mayer, 1890 and *Caprella decipiens* Mayer, 1890 (Amphipoda: Caprellidae). Hydrobiologia, 223: 229-237.

Barnes, R. D., 1980. Order Amphipoda. In: Invertebrate Zoology (4th ed.), pp. 769-779. Holt-Saunders Japan.

Borowsky, B., 1984. The use of the males' gnathopods during precopulation in some gammaridean amphipods. Crustaceana, 47: 245-250.

Duffy, J. E., 1996. Eusociality in a coral-reef shrimp. Nature, 381: 512-514.

Gamo, S., 1962. On the cumacean Crustacea from Tanabe Bay, Kii Peninsula. Publications of the Seto Marine Biological Laboratory, 10: 153-210.

Hayward, P. J., Isacc, M. J., Makings, P., Moyse, J., Naylor, E. & Smaldon, G., 1995. Crustaceans (Phylum Crustacea). In: Hayward, P. J. & Ryland, J. S. (eds.), Handbook of the Marine Fauna of North-West Europe, pp. 289-461. Oxford University Press.

Highsmith, R. C., 1985. Floating and algal rafting as potential dispersal mechanisms in brooding invertebrates. Marine Ecology Progress Series, 25: 169-179.

Laval, P., 1980. Hyperiid amphipods as crustacean parasitoids associated with gelatinous zooplankton. Oceanography and Marine Biology, Annual Review, 18: 11-56.

Marques, J. C., Martins, I., Teles-Ferreira, C. & Cruz, S., 1994 Population dynamics, life history, and production of *Cyanthura carinata* (Krøyer) (Isopoda/Anthuridae) in the Mondego Estuary, Portugal. Journal of Crustacean Biology, 14: 258-272.

Mattson, S. & Cedhagen, T., 1989. Aspects of the behaviour and ecology of *Dyopedos monacanthus* (Metzger) and *D. porrectus* Bate, with comparative notes on *Dulichia tuberculata* Boeck (Crustacea: Amphipoda: Podoceridae). Journal of Experimental Marine Biology and Ecology, 127: 253-272.

Murata, Y. & Wada, K. 2002. Population and reproductive biology of an intertidal sandstone-boring isopod, *Sphaeroma wadai* Nunomura, 1994. Journal of Natural History, 36: 25-35.

Shuster, S. M., 1991. The ecology of breeding females and the evolution of polygyny in *Paracerceis sculpta*, a marine isopod crustacean. In: Bauer, R. T. & Martin, J. W. (eds.), Crustacean Sexual Biology, pp. 91-110. Columbia Univ. Press.

Sieg, J., 1983. Evolution of Tanaidacea. In: Schram, F. R. (ed.), Crustacean Phylogeny, pp. 229-256. A. A. Balkema.

Tanaka, K. & Aoki, M., 2000. Seasonal traits of reproduction in a gnathiid isopod *Elaphognathia cornigera* (Nunomura, 1992). Zoological Science, 17: 467-475.

Thiel, M., 1999. Duration of extended parental care in marine amphipods. Journal of Crustacean Biology, 19: 60-71.

Yoda, M. & Aoki, M., 2002. Comparative study of benthic and pelagic populations of *Bodotria similis* Calman (Crustacea: Cumacea) from Izu Peninsula, southern Japan. Journal of Crustacean Biology, 22: 543-552.

3章

明仁・岩田明久・坂本勝一・池田祐二, 1993：ハゼ科. 中坊徹次編, 日本産魚

類検索，pp. 998-1116．東海大学出版会，東京．
Bruce, A. J., 1994. A synopsis of the Indo-West Pacific genera of the Pontoniinae (Crustacea: Decapoda: Palaemonidae) 172pp. Koeltz Scientific Books, Germany.
Chace, F. A., Jr., 1988. The caridean shrimps (Crustacea: Decapoda) of the Albatross Philippine Expedition, 1907-1910, Part 5: family Alpheidae. Smithsonian Contributions to Zoology, 466: 1-99.
Coutière, H., 1905. Les Alpheidae. In: Stanley Gardiner, J., The fauna and geography of the Maldive and Laccadive Archipelagoes, 2: 852-921.
De Man, J. G., 1911. The Decapoda of the Siboga Expedition, Part 2: Family Alpheidae. Siboga Expedition Monographs, 39a1: 133-465.
Duffy, J. E., 1996. Eusociality in a coral-reef shrimp. Nature, 381: 512-514.
橋本芳朗，1977．藍藻 *Microcoleus lyngbyaceus.* 魚介類の毒，pp. 214-219．東海大学出版会，東京．
林 健一，1994-1999．テッポウエビ科．日本産エビ類の分類と生態．海洋と生物，16(6)-21(1)．
広瀬弘幸，1965．藍藻綱．藻類学総説，213-233，内田老鶴圃新社，東京．
亀崎直樹・亀崎由美子，1986．クレナイヤドカリテッポウエビ *Aretopsis amabilis* De Man の生態に関する知見．南紀生物，28: 11-15.
Karplus, I., 1987. The association between gobiid fishes and burrowing alpheid shrimps. Oceanography and Marine Biology. Annual Review, 25: 507-562.
Knowlton, R. & Moulton, J. M., 1963. Sound production in the snapping shrimps *Alpheus* (*Crangon*) and *Synalpheus*. Biological Bulletine marine biological Laboratory, Woods Hole. 125: 311-331.
Knowlton, N. & Keller B. D., 1985. Two more sibling species of alpheid shrimps associated with the Caribbean sea anemones *Bartholomea annulata* and *Heteractis lucida*. Bulletin of Marine Science, 37(3): 893-904.
三矢泰彦，1995．テッポウエビ科．西村三郎編，日本海岸動物図鑑 II，pp. 314-330．保育社，大阪．
中嶋康裕，1987．甲殻類の性転換．中園・桑村編，動物・その適応戦略と社会(9)，魚類の性転換，pp. 221-245．東海大学出版会，東京．
野村恵一・朝倉 彰，1998，串本で採集されたテッポウエビ類とその分布，社会構造及び生活様式について．南紀生物，40: 25-34.
野村恵一（投稿準備中）．日本に産するハゼ類と共生するテッポウエビ類の予備的再整理．
Nomura, K., Nagai, S., Asakura, A. & Komai, T., 1997. A preliminary list of shallow water decapod Crustacea in the Kerama Group, the Ryukyu Archipelago. Bulletin Biogeographical Society Japan, 51(2): 7-20.
内田紘臣，1979．海のドラマ共棲（2）．海中公園情報，(45): 28-31．
Vannini, M., 1985. A shrimp that speaks crab-ese. Journal of Crustcean Biology, 5(1): 160-167.

4章

Bauer, R. T., 2000. Simultaneous hermaphroditism in caridean shrimps: a unique and puzzling sexual system in the decapoda. Journal of Crustacean Biology,

20: 116-128.
Bergström, B. I., 2000. The biology of *Pandalus*. Advances in Marine Biology, 38: 55-245.
Charnov, E. L., 1982. The Theory of Sex Allocation. Princeton University Press, Princeton NJ.
Charnov, E. L., Gotshall, D. W. & Robinson, J. G., 1978. Sex ratio: adaptive response to population fluctuation in pandalid shrimp. Science, 200: 204-206.
千葉　晋, 甲殻類の性転換. 中園明信編, 水産動物の性と行動生態, pp. 105-113. 恒星社厚生閣, 東京.
Fiedler, C. G., 1998. Functional, simultaneous hermaphroditism in female-phase *Lysmata amboinensis* (Decapoda: Caridea: Hippolytidae). Pacific Science, 52: 161-169.
福原晴夫, 1999. 甲殻類における性転換. 海洋と生物125, 21: 487-494.
Nakashima, Y., 1987. Reproductive strategy in a partially protandrous shrimp, *Athanas kominatoensis* (Decapoda: Alpheidae): sex change as the best of a bad situation for subordinates. Journal of Ethology, 5: 145-159.
中嶋康裕, 1998. 雌雄同体の進化. 桑村哲生・中嶋康裕編, 魚類の繁殖戦略 II, pp. 1-36. 海游舎, 東京.
Warner, R. R., 1975. The adaptive significance of sequential hermaphroditism in animals. American Naturalist, 109: 61-82.

5章

Aizawa, Y., 1974. Ecological studies of micronektonic shrimps (Crustacea, Decapoda) in the western North Pacific. Bulletin of the Ocean Research Institute, University of Tokyo, 6, 84pp.
林　健一, 1992. 日本産エビ類の分類と生態 I根鰓亜目（クルマエビ上科, サクラエビ上科）生物研究社, 302pp.
林　健一, 1997. 千原・村野編, 日本産海洋プランクトン検索図説, pp. 1227-1270. 東海大学出版会, 東京.
Iwasaki, N. & Nemoto, T., 1987. Biomass of pelagic shrimps in the Pacific Ocean. Bulletin of Plankton Society of Japan, 34: 84-86.
岩崎　望, 2001. 遊泳性エビ類の分類と生態, 月刊海洋, 号外27：156-163.
Kikuchi, T. & Omori, M., 1985. Vertical distribution and migration of oceanic shrimps at two locations off the Pacific coast of Japan. Deep-Sea Research, 32: 837-851.
Kikuchi, T. & Nemoto, T., 1986. List of Pelagic shrimps (Crustacea, Decapoda) from the western North Pacific. Bulletin of the Biogeographical Society of Japan, 41: 51-59.
Kikuchi, T. & Omori, M., 1986. Ontogenetic vertical migration patterns of pelagic shrimps in the ocean; some examples. Unesco Technical Papers on Marine Science, 49: 172-176.
Nishida, S., Pearcy, W. G. & Nemoto, T., 1988. Feeding habits of mesopelagic shrimps collected off Oregon. Bulletin of the Ocean Research Institute, University of Tokyo, 26 (Part I) : 99-108.
Omori, M., 1974. The biology of pelagic shrimps in the ocean. Advances in Marine

Biology, 12: 233-324.

6章

Asakura, A., 2001. A revision of the hermit crabs of the genera *Catapagurus* A. Milne-Edwards and *Hemipagurus* Smith from the Indo-West Pacific (Crustacea: Decapoda: Anomura: Paguridae). Invertebrate Taxonomy, 15: 823-891.

朝倉　彰，2002．ヤドカリ類の分類学，最近の話題 - ホンヤドカリ科．海洋と生物，142: 449-456.

Forest, J., 1987. Les Pylochelidae ou <<Pagures symetriques>> (Crustacea Coenobitoidea). Memoires du Museum national d'Histoire naturelle, Zoologie, 137: 1-254.

Lemaitre, R., 1995. A review of the hermit crabs of the genus *Xylopagurus* A. Milne Edwards, 1880 (Crustacea: Decapoda: Paguridae), including description of two new species. Smithsonian Contributions to Zoology, 570: 1-27.

Lemaitre, R., 1998. Revisiting *Tylaspis anomala* Henderson, 1885 (Parapaguridae), with comments on its relationships and evolution. Zoosystema, 20: 289-305.

Mayo, B. S., 1973. A review of the genus *Cancellus* (Crustacea: Diogenidae) with the description of a new species from the Caribbean Sea. Smithsonian Contributions to Zoology, 150: 1-63.

McLaughlin, P. A., 1997. Crustacea Decapoda: Hermit crabs of the family Paguridae from the KARUBAR Cruise in Indonesia. In: Crosnier, A. & Bouchet, P. (eds.), Resultats des Campagnes MUSORSTOM 16, Memoires du Museum national d'Histoire naturelle, Paris, 172, pp. 433-572.

McLaughlin, P. A. & Lemaitre, R., 2001. A new family for a new genus of hermit crab of the superfamily Paguroidea (Decapoda: Anomura) and its phylogenetic implications. Journal of Crustacean Biology, 21: 1062-1076.

Morgan, G. J., & Forest, J., 1991. A new genus and species of hermit crab (Crustacea, Anomura, Diogenidae) from the Timor Sea, north Australia. Bulletin du Museum national d'Histoire Naturelle, Paris 4^e serie, 13: 189-202.

Saint Laurent, M. de, 1972. Sur la famille des Parapaguridae Smith, 1882. Description de *Typhlopagurus foresti* gen. nov., et de quinze especes ou sous-especes nouvelles de *Parapagurus* Smith (Crusatcea, Decapoda). Bijdragen tot de Dierkunde, 42: 97-123.

Wolff, T., 1961. Descrpition of a remarkable deep-sea hermit crabs, with notes on the evolution of the Paguridea. Galathea Report, 4: 11-32.

7章

Crane, J., 1975. Fiddler crabs of the world, Ocypodidae: Genus *Uca*: i-xxiii. 1-736. Princeton University Press, Princeton.

Goshima, S. & Murai, M., 1988. Mating investment of male fiddler crabs, *Uca lactea*. Animal Behavior, 36: 1249-1251.

Ono, Y., 1965. On the ecological distribution of ocypoid crabs in the estuary. Memoirs of the Faculty of Science, Kyushu University, Series E. (Biology), 4:

1-60. plates 1-5.
Otani, T., Yamaguchi, T. & Takahashi, T., 1997. Population structure, growth and reproduction of the fiddler crab, *Uca arcuata* (De Haan). Crustacean Research, 26: 109-124.
和田恵次, 2001. 干潟における底生生物多様性の危機［要旨］. 日本ベントス学会誌, 56: 46-48.
Yamaguchi, T., 1977. Studies of the handedness of the fiddler crab, *Uca lactea*. Biological Bulletin, 152: 424-436.
Yamaguchi, T., 2001. The mating system of the fiddler crab, *Uca lactea* (De Haan, 1835) (Decapoda, Brachyura, Ocypodidae). Crustaceana, 74: 389-399.
Yamaguchi, T., 2002. Survival rate and age estimation of *Uca lactea* (De Haan, 1835) (Decapoda, Brachyura, Ocypodidae). Crustaceana, 75: 993-1014.

8章

Crane, J., 1975. Fiddler Crabs of the World. Princeton University Press, New Jersey.
Henmi, Y. & Kaneto, M., 1989. Reproductive ecology of three ocypodid crabs I. The influence of activity differences on reproductive traits. Ecological Research, 4: 17-29.
古賀庸憲, 1995. コメツキガニ *Scopimera globosa* (de Haan) の交尾行動と精子競争. 海洋と生物, 17: 314-321.
Koga, T., 1995. Movements between microhabitats depending on reproduction and life history in the sand-bubbler crab *Scopimera globosa*. Marine Ecology Progress Series, 117: 65-74.
Koga, T., 1998. Reproductive success and two modes of mating in the sand-bubbler crab *Scopimera globosa*. Journal of Experimental Marine Biology and Ecology, 229: 197-207.
Koga, T. & Murai, M., 1997. Size-dependent mating behaviours of male sand bubbler crab *Scopimera globosa*: alternative tactics in the life history. Ethology, 103: 578-587.
Koga T., Murai M. & Yong H.-S., 1999. Male-male competition and intersexual interactions in underground mating of the fiddler crab *Uca paradussumieri*. Behaviour, 136: 651-667.
Koga T., Murai M., Goshima S. & Poovachiranon S., 2000. Underground mating in the fiddler crab *Uca tetragonon*: the association between female life history traits and male mating tactics. Journal of Experimental Marine Biology and Ecology, 248: 35-52.
Koga, T., Backwell, P. R. Y., Jennions, M. D. & Christy, J. H., 1998. Elevated predation risk changes mating behaviour and courtship in a fiddler crab. Proceedings of the Royal Society of London, B., 265: 1385-1390.
Moriito, M. & Wada, K., 1997. When is waving performed in the ocypodid crab *Scopimera globosa*? Crustacean Research, 26: 47-55.
Murai, M., Goshima, S. & Henmi, Y., 1987. Analysis of the mating system of the fiddler crab, *Uca lactea*. Animal Behavior 35: 1334-1342.
Yamaguchi, T., Noguchi, Y. & Ogawara, N., 1979. Studies of the courtship behavior

and copulation of the sand bubbler crab, *Scopimera globosa*. Publications from the Amakusa Marine Biological Laboratory, 5: 31-44.

Wada, K., 1981. Growth, breeding, and recruitment in *Scopimera globosa* and *Ilyoplax pusillus* (Crustacea: Ocypodidae) in the estuary of Waka River, middle Japan. Publications of the Seto Marine Biological Laboratory 26: 243-259.

9章

Baba, K. & Williams, A. B., 1998. New Galatheoidea (Crustacea, Decapoda, Anomura) from hydrothermal systems in the West Pacific Ocean: Bismarck Archipelago and Okinawa Trough. Zoosystema, 20(2): 143-156.

Felder, D. L., Martin, J. W. & Goy, J. W., 1985. Patterns in early postlarval development of decapods. Crustacean Issues 2, Larval Growth, 163-225.

Fudinaga, M., 1942. Reproduction, development and rearing of *Penaeus japonicus* Bate. Japanese Journal of Zoology, 10: 305-422.

Kaestner, A., 1970. Invertebrate Zoology, Vol. 3. New York, Wiley.

Kittaka, J. & Kimura, K., 1989. Culture of the Japanese spiny lobster *Panulirus japonicus* from eggs to juvenile stage. Nippon Suisan Gakkaishi, 55: 963-970.

Mizue, K. & Iwamoto, Y., 1961. On the development and growth of *Neocaridina denticulata* de Haan. Bulletin of the Faculty of Fisheries, Nagasaki University, 10: 15-24.

沖縄県教育委員会編，1987．あまん．オカヤドカリ生息実態調査報告書，沖縄県教育委員会，254pp.

Shokita, S., 1973. Abbreviated larval development of the fresh-water prawn, *Macrobrachium shokitai* Fujino et Baba (Decapoda, Palaemonidae) from Iriomote Island of the Ryukyus. Annotationes Zoologicae Japonenses, 46: 111-126.

諸喜田茂充・藤田喜久・長井　隆・川上　新，2000．宜野湾市の甲殻類．「宜野湾市史」第9巻　資料編8「自然」，pp. 1-30.

Shokita, S., 1984. Larval development of *Penaeus* (*Melicertus*) *latisulcatus* Kishinouye (Decapoda, Natantia, Penaeidae) reared in the laboratory. Galaxea, 3: 37-55.

武田正倫，1995．エビ・カニの繁殖戦略．pp. 239．平凡社，東京．

内田　亨，1962．動物系分類学総論．内田監修，動物系統分類学1総論・原生動物，pp. 1-81．中山書店，東京．

Williamson, D. I., 1969. Names of larvae in the Decapoda and Euphausiacea. Crustaceana, 16: 210-213.

10章

道津喜衛，1954．ビリンゴの生活史．魚類学雑誌，3: 133-138.

Grove, M. W., Finelli, C. M., Wethey, D. S., & Woodin, S. A., 2000. The effects of symbiotic crabs on the pumping activity and growth rates of *Chaetopterus variopedatus*. Journal of Experimental Marine Biology and Ecology, 246: 31-52.

林　健一，1999．日本産エビ類の分類と生態（104）．テッポウエビ科—クボミ

テッポウエビ属・ミカワエビ科—ミカワエビ属. 海洋と生物, 120: 52-55.
Itani, G., 2002. Two types of symbioses between grapsid crabs and a host thalassinidean shrimp. Publications of the Seto Marine Biological Laboratoy, 39: 129-137.
Itani, G., & Kato, M., 2002. *Cryptomya* (*Venatomya*) *truncata* (Bivalvia: Myidae): association with thalassinidean shrimp burrows and morphometric variation in Japanese waters. Venus, 61: 193-202.
Itani, G., Kato, M., & Shirayama, Y., 2002. Behaviour of the shrimp ectosymbionts, *Peregrinamor ohshimai* (Mollusca: Bivalvia) and *Phyllodurus* sp. (Crustacea: Isopoda), through host ecdyses. Journal of the Marine Biological Association of the United Kingdom, 82: 69-78.
伊東　宏, 2001. 東京湾および多摩川感潮域のサフィレラ型カイアシ類—その正体と生態—. 月刊海洋, 号外26: 181-188.
Kato, M., & Itani, G., 1995. Commensalism of a bivalve, *Peregrinamor ohshimai*, with a thalassinidean burrowing shrimp, *Upogebia major*. Journal of the Marine Biological Association of the United Kingdom, 75: 941-947.
Kato, M., & Itani, G., 2000. *Peregrinamor gastrochaenans* (Bivalvia: Mollusca), a new species symbiotic with the thalassinidean shrimp *Upogebia carinicauda* (Decapoda: Crustacea). Species Diversity, 5: 309-316.
Kinoshita, K., 2002. Burrow structure of the mud shrimp *Upogebia major* (Decapoda: Thalassinidea: Upogebiidae). Journal of Crustacean Biology, 22: 474-480.
Lützen, J., Sakamoto, H., Taguchi, A. & Takahashi, T., 2001. Reproduction, dwarf males, sperm dimorphism, and life cycle in the commensal bivalve *Peregrinamor ohshimai* Shôji (Heterodonta: Galeommatoidea: Montacutidae). Malacologia, 43: 313-325.
MacGinitie, G. E., 1935. Ecological aspects of a California marine estuary. American Midland Naturalist, 16: 629-765.
Miya, Y., 1997. *Stenalpheops anacanthus*, new genus, new species (Crustacea, Decapoda, Alpheidae) from the Seto Inland Sea and the Sea of Ariake, South Japan. Bulletin of the Faculty of Liberal Arts, Nagasaki University (Natural Science), 38: 145-161.
Sato, M., Uchida, H., Itani, G., & Yamashita, H., 2001. Taxonomy and life history the scale worm *Hesperonoe hwanghaiensis* (Polychaeta: Polynoidae) newly recorded in Japan with special reference to commensalism to a burrowing shrimp *Upogebia major*. Zoological Science, 18: 981-991.

11章

Fitzpatrick, J. F., Jr., 1995. The Eurasian far-eastern crawfishes: a preliminary overview. Freshwater Crayfish, 8: 1-11.
上田常一, 1961. 日本淡水エビ類の研究. pp. 213. 園山書店, 松江市.
Kawai, T. & Scholtz, G., 2002. Behavior of juveniles of the Japanese endemic species *Cambaroides japonicus* (Decapoda: Astacidea: Cambaridae) with observations on the position of the spermatophore attachment on the adult females. Journal of Crustacean Biology, 22: 532-537.

Kawai, T., Nakata, K. & Hamano, T., 2002. Temporal changes of the density in two crayfish species, the native *Cambaroides japonicus* (De Haan 1841) and the alien *Pacifastacus leniusculus* (Dana, 1852), in natural habitats of Hokkaido, Japan. Freshwater Crayfish, 13: 198-206.

Ko, H. S. & Kawai, T., 2001. Postembryonic development of the Korean crayfish, *Cambaroides similis* (Decapoda, Cambaridae) reared in the laboratory. The Korean Journal of Systematic Zoology, 17: 35-47.

Nakata, K., Hamano, T., Hayashi, K-I., Kawai, T. & Goshima, S., 2001. Artificial burrow preference by the Japanese crayfish *Cambaroides japonicus*. Fisheries Science, 67: 449-455.

Nakata, K., Hamano, T., Hayashi, K-I., & Kawai, T., 2002. Lethal limits of high temperature for two crayfishes, the native species *Cambaroides japonicus* and the alien species *Pacifastacus leniusculus* in Japan. Fisheries Science, 68: 763-767.

三宅貞祥，1982．原色日本大型甲殻類図鑑 I．p. 74．保育社，大阪．

Okada, Y., 1933. Some observations of Japanese crayfishes. Science Rreports of the Tokyo Bunrika Daigaku, 1: 155-158. with plates XIV.

Scholtz, G. & Kawai, T., 2002. Aspects of embryonic and post-embryonic development of the Japanese freshwater crayfish *Cambaroides japonicus* (Crustacea, Decapoda) including a hypothesis on the evolution of maternal care in the Astacida. Acta Zoologica, 83: 203-212.

索引

Pandalus borealis　86
Pandalus jordani　86
y‐幼生　16

【あ】

アークチュルス・バッフィニ　36
アエグラ　155
アオモリザリガニミミズ　263
アカザエビ類　249
アカテノコギリガザミ　227
アカントソマ　209
アキアミ　102
アゴアシ綱　16
アシハラガニ　203
亜社会性　34
アスタシラ・ロンギコルニス　36
アタマエビ　118
アタマエビ属　117
アナエビ類　249
アナジャコ　235
アナジャコウロコムシ　240
アナジャコノハラヤドリ　250
アナスピデス目　24
アミメテッポウエビ　69
アミメテッポウエビ種群　66
アミメノコギリガザミ　227
アミ目　26
アメリカザリガニ　256
アラモトサワガニ　229
アランヤドカリ　155
アリアケヤワラガニ　246
アリマ型　209
アンチゾエア　209
アンフィオニデス目　29
イガグリホンヤドカリ　137
異規的体節性　4
イギョウシンカイヤドカリ　148
育房　33
イサザアミ　26

イシガキヌマエビ　221
イセエビ　231
イセエビ属　232
胃石　258
一夫一妻　43
イトウヒメヤドリエビ　19
イヌカイザリガニミミズ　263
イワホリコツブムシ　38
ウェイビング　187
ウオジラミ　20
ウオノエ　43
ウキコノハエビ　22
ウシエビ　229
臼　55
ウチダザリガニ　256
ウチダザリガニミミズ　263
ウポゲビア・プゲッテンシス　235
ウミクワガタ　28
ウミホタル　21
ウミホタル亜綱　22
ウミユリカクレムシ科　16
ウレキス・カウポ　235
ウンモンフクロムシ　19
エドハゼ　242
エドワールテッポウエビ（*Edwardsii*）群　63
エビ亜綱　24
エピカリデア幼生　245
エビ綱　22
エビ上目　28
エビスヤドカリ　131
エビ目　29
エビヤドリムシ科　245
エビヤドリムシ類　245
鰓尾亜綱　20
エラオ亜綱　20
エラフォカリス　209
エリクタス型　209
大顎　2, 8
オオイワガニ　229
オオオカガニ　214
オオサワガニ　229
オオシロピンノ　234
オオタルマワシ　39
オオナキオカヤドカリ　218

オオベニアミ　26, 118
オオヨコナガビンノ　246
オカガニ　214
オカガニ属　214
オカヤドカリ　218
オカヤドカリ科　124
オカヤドカリ属　218
オキアミ目　28
オキナワハクセンシオマネキ　186
オキナワミナミサワガニ　229
オキヒオドシエビ　113
オキヒオドシエビ属　105
オキヤドカリ科　124
オクトラスミス・コル　249
オサガニ　186, 242
オサガニヤドリガイ　248
オトヒメエビ　234
オニテナガエビ　222
オニナナフシ　36
オヨギチヒロエビ科　108

【か】

カイアシ亜綱　21
カイエビ　13
カイガラカツギ　154
貝形虫綱　21
カイケイヤドカリ　154
外肢　4
カイミジンコ亜綱　22
カイムシ綱　21
外葉　4
カクレイワガニ　217
カクレエビ亜科　58
カザリジンケンエビ　108
カシラエビ　15
カシラエビ綱　14
カスコ・ビジェロウィ　38
カスミエビ属　117
額角　6
顎脚　2, 9
顎脚綱　16
カニダマシ　132
カニビル　234
カノコイセエビ　232
カブトエビ　13
カメノテ　19

カメフジツボ　234
カリプトピス　209
カルイシヤドカリ　134
カワリヌマエビ　220
完胸上目　19
カンブリア・ビッグバーン　208
キカイシンカイヤドカリ　144
枝角亜目　14
キクイムシ　50
キコリヤドカリ　135
基節　4
キタノサクラエビ　103
杵　55
キノポリエビ　212
キプリス　19
ギボシマガニ　247
求愛ダンス　170
求愛メス　171
共進化　61
巨大ハサミ　160
キルトピア　209
キンチャクムシ科　16
キンチャクムシ下綱　16
クーマ目　28
クシケマスオガイ　240
クボミテッポウエビ　238
クマエビ　229
クマドリテッポウエビ　63
グラウコトエ　124
クラゲノミ類　27
クリスマスアカガニ　215
クリプトニスクス幼生　245
クリプトミア・カリフォルニカ　240
クルージング・メール　42
クレナイヤドカリテッポウエビ　59
クロニエヤドカリ　155
系統発生　212
ゲカルコイデア属　214
ケブカイセエビ　232
ケフサイソガニ　242
原節　4
ケンミジンコ　21
甲　6
口器　8
交接　40
合体節性　4
交尾　40

交尾後ガード　193
交尾前ガード　41
交尾嚢　192
コエビ下目　54
ゴエモンコシオリエビ　229
コールマンヤドカリ　125
コールマンヤドカリ科　125
小型遊泳生物　96
五口亜綱　20
ゴシキエビ　232
ゴジラ科　16
個体発生　212
個体発生の鉛直移動　112
コツノヌマエビ　221
コトブキテッポウエビ　63
コノハエビ亜綱　22
コフジガイ　248
コペポーダ　21
コムラサキオカヤドカリ　218
コメツキガニ　186
子守行動　34
根鰓亜目　101, 212
コンジンテナガエビ　222
根頭上目　19

【さ】
鰓脚綱　13
サイコクムカシエビ　24
ザイモクヤドカリ　135
サガミヒオドシエビ　105
サキシマオカヤドカリ　218
サクラエビ　102
坐節　5
サソリヤドカリ　133
サツマヤドカリ　131
ザラテテナガエビ　223
ザリガニ　256
サワガニ科　228
サワガニ属　228
サンゴカクレムシ科　16
サンゴテッポウエビ　59
シアンチュラ・カリナータ　45
シーボルト　161
シオマネキ　160
シカツノウミクワガタ　49
雌性先熟　43, 76
指節　5

シタゴコロガニ　244
シタムシ　20
シダムシ科　16
シマイセエビ　232
シマノハテマゴコロガイ　243
シャコ亜綱　22
雌雄異体　13
雌雄同体　13
シュウドゾエア　209
十脚目　29
鞘甲亜綱　16
小卵多産種　212
女王エビ　60
ショキタテナガエビ　226
触角　2
シラエビ　102
シラエビ属　105
シルサイ　230
シルセー　229
シロボシアカモエビ　92
真蝦上目　28
シンカイエビ　103
真社会　60
真社会性　35
真社会性テッポウエビ類　60
シンゾエア　209
真軟甲亜綱　24
シンビオン・パンドラ　249
巣孔内交尾　177
スジエビ属　222
ストマトポディト期　209
スナウミナナフシ　44
スナガニ　186
スナッピング　57
スナホリガニ　229
スニーカー　43
スフェロマ・テレブランス　38
スベスベチヒロエビ　108
スベスベチヒロエビ属　105
スベスベツノチヒロエビ　108
スベスベテッポウエビ *Crinitus* 群　66
スベスベワレカラ　42
スペリオグリフス目　24
スペレオネクティス科　16
精管　151

精子競争　192
生態学的地位　51
成長に伴う鉛直移動　111
性転換　43, 76
性の役割交代　76
生物群集　51
精包　82
セジロムラサキエビ　242
舌形亜綱　20
節足動物門　2
セトゲオナガムカシエビ　24
尖胸上目　18
先節　2, 8
前節　5
相利共生　59
ゾエア　124
ソケット　55
ソメンヤドカリ　234

【た】
第1小顎　2, 8
第1触角　2, 6
ダイオウグソクムシ　28
大鉗　54
耐性卵　13
第2小顎　2, 8
第2触角　2, 8
大卵少産種　212
タナイス　44
タナイス目　28
タラバエビ属　82
タラバガニ科　124
タルマワシ　39
単為生殖　13
タンカイザリガニ　260
端脚目　26
ダンゴムシ　28, 33
地下交尾　186
チゴガニ　186
チチュウカイミドリガニ　242
地表交尾　186
チヒロエビモドキ　108
チモールオオヤドカリ　129
中腸腺　170
中卵中産種　212
チョウ　20
彫甲下綱　16
長節　5
ツガルザリガニミミズ　263
ツノガイヤドカリ　137
ツノガイヤドカリ科　124
ツノナシテッポウエビ属　57
ツノナシテッポウエビ　66
ツノヒゲソコエビ　43
ツノメガニ　229
ツノヤドカリ　131
ツボミシ上目　18
ディオペデス・ポレクタス　38
ディオペデス・モナカンサス　38
底生区　97
底節　4
デカポディド　209
適応度　77
適応放散　58
テッポウエビ (*Brevirostris*) 群　62
テッポウエビ科　54
テッポウエビ属　57
テッポウエビ類　54
テナガエビ　222
テナガエビ科　58
テナガエビ属　222
デュリキア・ラブロプラスティス　36
テルモスバエナ目　25
同規的体節性　3
等脚目　28
頭胸部　6
同時的雌雄同体　76
頭楯　2, 6
トウゾクテッポウエビ　63
等体節性　3
頭部　2
胴部　2
トゥルカイヤドカリ　155
トガリツノガイヤドカリ　139
トゲイカリナマコ　246
トゲエビ亜綱　22
トゲノコギリガザミ　227
トゲワレカラ　35
トヤマエビ　86
トリウミアカイソモドキ　237
トリケラ・コレニ　249
ドロクダムシ類　42
ドロノミ　36

【な】
内肢　4
内葉　4
ナガフクロムシ　19
流れ藻　46
ナガレモヘラムシ　46
ナキオカヤドカリ　218
なだめ行動　59
軟甲綱　22
ニシキエビ　232
ニシキテッポウエビ　63, 234
ニスト　209
日周鉛直移動　109
ニッポノミシス　40
ニホンザリガニ　256
ヌマエビ属　220
嚢胸下綱　16
ノウプリウス　209
ノープリウス期　18
ノコギリガザミ属　227
ノドグチエビ科　21

【は】
ハーレム　42
背甲　2, 6
葉蝦亜綱　22
ハクセンシオマネキ　160
バシポデラ亜綱　19
ハダカホンヤドカリ　157
ハッチンソニエラ・マクラカンタ　14
ハッチンソニエラ科　14
原蝦上目　24
パラセルセイス・スカルプタ　43
ハンセノカリス下綱　16
ヒオドシエビ属　105
ヒゲエビ亜綱　21
ヒゲナガモエビ属　76
ヒゲナガヤドカリ属　142
尾叉　2, 10
尾肢　5
尾節　2, 5
尾扇　5
ヒナノズキン　246
ヒメサンゴモエビ属　84
ヒメシオマネキ　167
ヒメホンヤドカリ　131
ヒメムツアシガニ　246
ヒメヤドカリ　131
ヒメヤドリエビ亜綱　19

ヒメユリサワガニ　229
ヒモハゼ　242
漂泳区　97
表面交尾　177
表面様式　177
ヒラテテナガエビ　222
ヒルスチア科　26
ヒルミミズ類　263
ファウナ・ヤポニカ　258
フィロソーマ　209
ブエルルス　209
フォロニス・パリダ　242
副肢　4
腹肢　5
フクレソコエビ　43
フクロエビ上目　24
囊蝦上目　24
フクロエビ類　32
フクロムシ上目　19
フジツボ　19
フジツボ亜綱　16
フジツボド綱　18
フジツボ上目　19
付属肢　2
フタバオサガニ　248
不等体節性　4
フトミゾエビ　229
フナムシ　28, 33
ブラインシュリンプ　13
プランジャー　55
フルキリア　209
プロビーベイ科　145
プロボピルス・パンダリコラ　250
ヘミキクロプス・ゴムソエンシス　239
ヘミキクロプス・タナカイ　240
ヘリトリオカガニ　214
ベンケイガニ　217
鞭状部　5
偏利共生　59
保育囊　6, 33
ホウネンエビ　13
抱卵亜目　101, 212
放浪求愛メス　171
ホソソメタナイス　44, 47
ホソワレカラ　42
ホタテエラカザリ　234
ポタモン属　228
ボタンエビ　86
ホッカイエビ　82, 88

ホッコクアカエビ　86
ポドコーパ亜綱　22
ホワイトソックス　92
ホンエビ上目　28
ホンヤドカリ科　124

【ま】
マイクロネクトン　96
埋在種　54
マウンティング　82
マギレワレカラ　35
マゴコロガイ　242
マスティゴプス　209
マリンスノー　117
マルヒオドシエビ　105
マルミゾヒオドシエビ　108
蔓脚下綱　18
マングローブヌマエビ　220
ミオドコーパ亜綱　22
ミギヤドカリ　129
ミクトカリス科　26
ミクトカリス目　26
ミクロヤドカリ　132
ミシス　209
ミジンコ　13
ミジンコ亜目　14
ミジンコ綱　13
ミナミアナジャコ　243
ミナミイワガニ　229
ミナミオキヒオドシエビ　105
ミナミクルマエビ　229
ミナミサワガニ属　228
ミナミテナガエビ　222
ミナミナギサクーマ　48
ミナミヌマエビ　221
ムカシエビ上目　24
ムカシエビ目　24
ムカデエビ綱　15
ムツアシガニ　246
ムラサキオカガニ　214
ムラサキオカヤドカリ　218
ムラサキヤドリエビ　59, 85
メタノウプリウス　209
メタボピルス・オヴァリス　245
メナシヤドカリ　144
メリタヨコエビ類　42
モエビ　229

モノワレカラ　35
モンツキテッポウエビ　63

【や】
ヤエヤマヤマガニ属　228
ヤシガニ　218
ヤシガニ属　218
ヤシャハゼ　65
ヤッコヤドカリ　139
ヤドカリ科　124
ヤドカリ属　129
ヤドステヒメホンヤドカリ　157
ヤドリエビ属　85
ヤノダテハゼ　65
ヤマトオサガニ　186
ヤマトサクラエビ　108
雄性先熟　43, 76
遊弋雄　42
輸精管　151
ユノハナガニ　229
ユミナリヤドカリ　131
ヨコエビ目　26
ヨコナガピンノ　246

【ら】
ラキニア・モビリス　33
藍藻　66
隣接的雌雄同体　76
ルリマダラシオマネキ　189
レプトケイルス・ピングウィス　38
レプトミシス　40
連鎖体分散　68
ロウソクモエビ科　76
ロードキル　217
ロミス　132
ロミス上科　133

【わ】
ワックス・エステル　119
ワラジムシ　28, 33
ワラジムシ目　28
ワレカラ　34
ワレカラ類　27
腕節　5

執筆者紹介 (執筆順)

朝倉　彰 (あさくら　あきら)
別掲

青木優和 (あおき　まさかず)
1960年生，東北大学大学院農学研究科准教授．博士（理学）

野村恵一 (のむら　けいいち)
1958年生，串本海中公園センター副館長

千葉　晋 (ちば　すすむ)
1972年生，東京農業大学生物産業学部教授．博士（水産科学）

菊池知彦 (きくち　ともひこ)
1956年生，横浜国立大学大学院環境情報研究院教授．農学博士

山口隆男 (やまぐち　たかお)
1937年生，元熊本大学沿岸域環境科学教育センター教授．2013年逝去．理学博士

古賀庸憲 (こが　つねのり)
1963年生，和歌山大学教育学部教授．博士（理学）

諸喜田茂充 (しょきた　しげみつ)
1939年生，琉球大学名誉教授．理学博士

伊谷　行 (いたに　ぎょう)
1971年生，高知大学教育学部准教授．博士（理学）

川井唯史 (かわい　ただし)
1964年生，稚内水産試験場．農学博士

編著者紹介

朝倉　彰（あさくら　あきら）
1958 年 6 月 30 日生
九州大学大学院理学研究科博士課程修了（理学博士）
現在，京都大学フィールド科学教育センター瀬戸臨海実験所教授

主な著書
Traité de Zoologie: Crustacea: Decapoda（共著，Brill, The Netherlands, 2012）
New Frontiers in Crustacean Biology（編著，Brill, The Netherlands, 2011）
Decapod Crustacean Phylogenetics（共著，Taylor & Francis, New York, 2009）
北マリアナ探検航海記（編著，文一総合出版，1995）
潮間帯の生態学（訳，文一総合出版，1999）
　ほか多数

装丁　中野達彦

こうかくるいがく　甲殻類学　エビ・カニとその仲間の世界

2003 年 6 月 30 日　第 1 版第 1 刷発行
2014 年 8 月 20 日　第 1 版第 2 刷発行

編著者　朝倉　彰
発行者　安達建夫
発行所　東海大学出版部
〒 257-0003　神奈川県秦野市南矢名 3-10-35
TEL 0463-79-3921　FAX 0463-69-5087
URL http://www.press.tokai.ac.jp/
振替　00100-5-46614
印刷所　港北出版印刷株式会社
製本所　誠製本株式会社

Ⓒ Akira ASAKURA, 2003　　　　　　ISBN978-4-486-01611-3
Ⓡ〈日本複製権センター委託出版物〉
本書の全部または一部を無断で複写複製（コピーすることは，著作権法上の例外を除き，禁じられています．本書から複写複製する場合は日本複製権センターへご連絡の上，許諾を得てください．日本複製権センター（電話 03-3401-2382）